枯竭油气藏型储气库开发建设系列丛书

设计案例：文23储气库

刘中云　编著

中国石化出版社

图书在版编目(CIP)数据

设计案例．文23储气库／刘中云编著．—北京：
中国石化出版社，2021.6
ISBN 978-7-5114-6126-1

Ⅰ.①设… Ⅱ.①刘… Ⅲ.①油气藏-地下储气库-
设计-案例 Ⅳ.①TE972

中国版本图书馆CIP数据核字(2021)第094884号

中国石化出版社出版发行
地址:北京市东城区安定门外大街58号
邮编:100011　电话:(010)57512500
发行部电话:(010)57512575
http://www.sinopec-press.com
E-mail:press@sinopec.com
北京科信印刷有限公司印刷
全国各地新华书店经销
*
787×1092毫米 16开本 17.75印张 384千字
2022年7月第1版　2022年7月第1次印刷
定价:138.00元

序

我国天然气行业快速发展，天然气消费持续快速增长，在国家能源体系中的重要性不断提高。但与之配套的储气基础设施建设相对滞后，储气能力大幅低于全球平均水平，成为天然气安全平稳供应和行业健康发展的短板。

中国石化持续推进地下储气库及配套管网建设，通过文96储气库、文23储气库、金坛储气库、天津LNG接收站、山东LNG接收站、榆林—济南输气管道、鄂安沧管道以及山东管网建设，形成了贯穿华北地区的“海陆气源互通、南北管道互联、储备设施完善”的供气格局，为保障华北地区的天然气供应和缓解华北地区的冬季用气紧张局面、改善环境空气质量发挥了重要作用。

目前，国内地下储气库建设已经进入高峰期，中国石化围绕天然气产区和进口通道，计划重点打造中原、江汉、胜利等地下储气库群，形成与我国消费需求相适应的储气能力，以保障天然气的长期稳定供应，解决国内天然气季节性供需矛盾。

通过不断的科研攻关和工程建设实践，中国石化在储气库领域积累了丰富的理论和实践经验。本次编写的《枯竭油气藏型储气库开发建设系列丛书》即以中原文96储气库、文23储气库地面工程建设理论和实践经验为基础编著而成，旨在为相关从业人员提供有益的参考和帮助。

希望该丛书的编者能够继续不断钻研和不断总结，希望广大读者能够从该丛书中获得有益的帮助，不断推进我国储气库建设理论和技术的发展。

中国工程院院士 [signature]

前　　言

地下储气库是天然气产业中重要的组成部分，储气库建设在世界能源保障体系中不可或缺，尤其在天气变冷、极端天气、突发事件以及战略储备中发挥着不可替代的作用，对天然气的安全平稳供应至关重要。

近年来，我国天然气消费量连年攀升，但储气库调峰能力仅占天然气消费量的3%左右，远低于12%的世界平均水平，由于储气库建设能力严重不足，导致夏季压产及冬季压减用户用气量，甚至部分地区还会出现“气荒”，因此加快储气库建设已成业界共识。

利用枯竭气藏改建储气库，在国际上已有100多年的发展历史。这类储气库具有储气规模大、安全系数高的显著特点，可用于平衡冬季和夏季用气峰谷差，应对突发供气紧张，保障民生用气。国外枯竭气藏普遍构造简单，储层渗透率高，且埋藏深度小于1500m。我国枯竭气藏地质条件复杂，主体为复杂断块气藏，构造破碎、储层低渗、非均质性强、流体复杂、埋藏深，这些不利因素给储气库建设带来巨大挑战。

我国从1998年就已经开始筹建地下储气库，20多年来已建成27座储气库，形成了我国储气设施的骨干架构，储气库总调峰能力约$120\times10^8m^3$，日调峰能力达$1\times10^8m^3$，虽在一定程度、一定区域发挥了重要作用，但仍然无法满足日益剧增的天然气消费需求。

据预测，到2025年，全国天然气调峰量约为$450×10^8m^3$，现有的储气库规划仍存在较大调峰缺口。季节用气波动大，一些城市用气波峰波谷差距大，与资源市场距离远，管道长度甚至超过4000km，进口气量比例高，等等。这些都对储气库建设提出了迫切要求。

中石化中原石油工程设计有限公司(原中原石油勘探局勘察设计研究院)是中国石化系统内最早进行天然气地面工程设计和研究的院所之一，40年来在天然气集输、长输、深度处理和储存等领域积累了丰富的工程和技术经验，尤其在近10年，承担了中国石化7座大型储气库——文96、文23、卫11、文13西、白9、清溪、孤家子的建设工程，在枯竭油气藏型储气库地面工程建设领域形成了完整、成熟的技术体系。

本丛书是笔者在中国石化工作期间，在主要负责中国石化储气库规划和文23储气库开发建设的工作过程中，基于从事油气田开发研究30多年来在储层精细描述、提高油气采收率、钻采工艺设计、地面工程建设等领域的工程技术经验，按照实用、简洁和方便的原则，组织中原设计公司专家团队编纂而成的。旨在全面总结中国石化在枯竭油气藏型储气库开发建设中取得的先进实践经验和技术理论认识，以期指导石油工程建设人员进行相关设计和安全生产。

本丛书共包含六个分册。《地质与钻采设计》主要包括地质和钻采设计两部分内容，详细介绍了储气库地质特征及设计、选址圈闭动态密封性评价、气藏建库关键指标设计，以及储气库钻井、完井和注采、动态监测、老井评价与封堵工程技术等。该分册主要由沈琛、张云福、顾水清、张勇、孙建华等编写完成。《调峰与注采》主要包括储气库地面注采与调峰工艺技术，详细介绍了地面井场布站工艺、注气采气工艺计算、储气库群管网布局优化技术、调峰工况边界条件、紧急调峰工艺等。该分册主要由高继峰、孙娟、公明明、陈清涛、史世杰、尚德彬、范伟、宋燕、曾丽瑶、赵菁雯、王勇、韦建中、刘冬林、安忠敏、李英存、陈晨等编写完成。《采出气处理、仪控与数字化交付》详细介绍了采出气脱水及净化处理工艺技术、井场及注采站三维设计技术、储气库数字化交付与运行技术。该分册主要由宋世昌、丁锋、高继峰、公明明、陈清涛、郑焯、吉俊毅、史世杰、王向阳、黄巍、王怀飞、任宁宁、考丽、白宝孺等编写完成。《设计案例：文 96 储气库》为中国石化投入运营的第一座储气库——文 96 储气库设计案例，主要介绍了文 96 储气库设计过程中的注采工艺、脱水系统、放空、安全控制系统以及建设模式等内容。该分册主要由公明明、丁锋、李光、李风春、龚金海、龚瑶、宋燕、史世杰、刘井坤、钟城、郭红卫、李慧、段其照、孙冲、李璐良、荣浩然、吴佳伟等编写完成。《设计案例：文 23 储气库》为文 23 储气库设计案例，主要介绍了文 23 储气库建设过程中采用的布站工艺、注采工艺、处理工艺及施工技术。该分册主要由孙娟、陈清涛、高继峰、李丽萍、曾丽瑶、罗珊、龚瑶、李晓鹏、赵钦、王月、张晓楠、张迪、任丹、刘胜、孙鹏、李英存、梁莉、冯丽丽等编写完成。《地面工程建设管理》详细介绍了储气库地面工程 EPC 管理模式和管理方法，为储气库建设提供管理参考。该分册主要由银永明、刘翔、高山、胡彦核、仝淑月、温万春、郑焯、晁华、刘秋丰、程振华、许再胜、孙建华、徐琳等编写完成。全书由刘中云、沈琛进行技术审查、内容安排、审校定稿。

本丛书自2017年12月启动编写至2021年2月定稿，跨越了近5个年头，编写过程中共有40多人在笔者的组织下参与了这项工作，编写团队成员大都亲身参与了相关储气库开发建设过程中的地面工程设计或管理，既有丰富的现场实践经历，又有扎实的理论功底。他们始终本着高度负责的态度，在完成岗位工作的同时，为本丛书的付梓倾注了大量的时间和精力，力争全面反映中国石化在储气库建设领域的技术水平。

此外，本丛书在编纂过程中还得到了中国石化科技部、国家管网建设本部、中国石化天然气分公司、中石化石油工程建设有限公司和中国石化出版社等单位的大力支持，杜广义、王中红、靳辛在本丛书编写过程中给予了充分的关心和指导。在此，笔者表示衷心的感谢！

当前，我国的储气库建设已进入快速发展期，在本丛书编写过程中，由中原设计公司承担的中原油田卫11、白9、文13西储气库群，以及普光清溪、东北油田孤家子储气库建设也已全面启动，储气库开发建设的经验和技术正被不断地应用在新的储气库地面工程建设中。

限于笔者水平，书中不妥之处在所难免，敬请各位专家、同行和广大读者批评指正。

编著者

目　　录

第一章　设计思路及规模

第一节　研究背景简介

中原文23气田位于河南省濮阳市，地质储量采出程度81%，处于低压低产枯竭阶段，具备建设地下储气库的储层和盖层条件。根据“十二五”期间我国库址资源筛选及评价结果，我国东部地区的油气藏构造整体断裂系统复杂，构造破碎，地下储气库建设难度较大，而中原文23气田具有难得的建设大规模地下储气库的地质条件。中原文23气田上报探明含气面积12.2km^2，天然气地质储量132.79×10^8m^3，其中主块含气面积8.15km^2，储量为116.10×10^8m^3。主块含气面积大，储量大，原始地层压力38.64~38.87MPa，压力系数1.29~1.34，地层温度115~120℃，为干气藏。文23气田1988年开始产能建设，截至2013年12月底累积产气95.19×10^8m^3。自2001年开始，随着采气速度的提高，平均地层压力为4.44MPa，井口压力普遍在0.8~1.6MPa。根据气藏工程测算，中原文23储气库的剩余可采储量为5.95×10^8m^3。文23气田含气层系上部覆盖一套巨厚的文23盐，厚度大、岩性纯、封闭性好。沙三下亚段沉积的灰白色盐岩，盐膏厚度一般为200~600m。良好的区域盖层对文23气田的富集成藏起着重要作用，为储气库的建设提供了得天独厚的封闭条件。

文23气田贴近华北市场，建成储气库后可覆盖整个华北市场，对该区域天然气安全平稳供应具有重要的意义。中原文23气田地处河南省境内，位于华北和长三角两大用气中心的中间位置，储气库建设的地理位置非常优越。储气库建成后，不仅与周边的中国石化榆济线、鄂安沧管线、中开管线等主干管道相连，与豫北管网、山东管网、河北管网、山东液化天然气项目输气管道等区域管网相连通，还可以通过鄂安沧濮阳支干线及保定支干线与中国石油陕京输气系统连通(图1-1)，实现对整个华北地区的覆盖，调峰范围极大，将是中国石化在目标市场提高竞争力、获取增量市场的重要手段，将会为中国石化进一步做大天然气经营规模提供强有力的支撑。

图1-1　文23气田周边管道分布情况

储气库一期有效工作气量 $32.67\times10^8m^3/a$（标准，下同），注气能力按照一期平均注气量的 1.2 倍设计为 $1960\times10^4m^3/d$（含文 23 储气库先导工程已经具备的 $200\times10^4m^3/d$），需要新增 $1800\times10^4m^3/d$ 的注采气能力；天然气处理能力按照平均调峰气量的 1.6 倍设计为 $3600\times10^4m^3/d$。建设 1 座注采站、8 座丛式井场、5 座监测井场、站外集输管网等配套工程。

第二节　环境概况

一、地理位置

工程所在地文 23 气田位于河南省濮阳市文留镇北部（图 1-2），属中国石化中原油田天然气产销厂主管。文留镇属于黄河冲积平原的一部分，地势较为平坦，地面海拔 50m 左右。

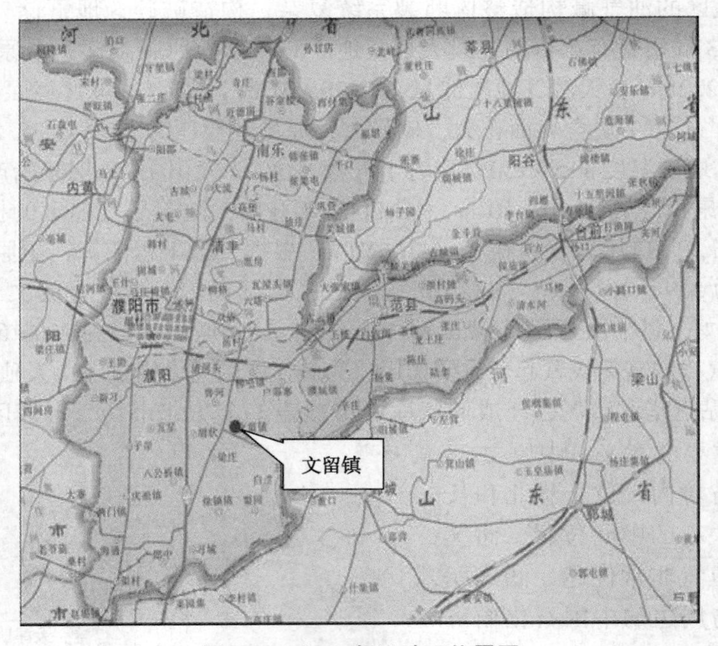

图 1-2　文 23 气田地理位置图

二、气候气象

河南省濮阳市位于中原地带，属于暖温带半湿润季风型气候，四季分明，春季干旱多风沙，夏季炎热雨量大，秋季晴和日照长，冬季干旱少雨雪。

三、水文地质

濮阳市属河南省比较干旱的地区之一，水资源不多。地表径流靠天然降水补给，平均径流量为 $1.85\times10^8m^3$，径流深为 432mm。境内浅层地下水总量为 $6.73\times10^8m^3$，其中可供开采的有 $6.24\times10^8m^3$。濮阳境内有河流 97 条，多为中小河流，分属于黄河、海河两大水系。过境河主要有黄河、金堤河和卫河。

第三节　设计规模

一、设计基础资料

（一）气源及组分

1. 注气气源

文 23 储气库周边中国石化的主干管道有已建的榆济线、中开线和规划中的鄂安沧输气管道濮阳支干线、新气管道豫鲁支干线。文 23 储气库一期工程注气气源主要为鄂安沧输气管道气、已建榆济线、中开线管道气（图 1-3），外部气源接入点位置与具体参数见表 1-1。

图 1-3　注气气源与文 23 储气库相对位置图

表 1-1　注气气源主要参数

序　号	接入点管线参数	鄂安沧州输气管道濮阳支干线	榆济管线	
1	位置	鄂安沧管线	清丰站至文 96 注采站管道巴庄村阀室	中开线文留阀室
2	口径/mm	*DN*1000	*DN*500	*DN*700
3	操作压力/MPa（表压）	5.0~9.8	5.0~7.6	5.0~7.6
4	操作温度/℃	5~25	5~25	5~25
5	设计压力/MPa	10	8	8

以上两种气源组分见表 1-2。

2. 原始气藏气

文 23 气田天然气成分以甲烷为主，相对密度 0.5811，文 23 气藏气组分详见表 1-3。

表 1-2　注气气源组分

序号	名称	摩尔分数/%			备注
		榆济管道气	鄂安沧管道气		
			天津 LNG 管道气	内蒙古煤制气	
1	C_1	92.43	91.0~99.9	96.38	
2	C_2	3.85	0.1~5	0.11	
3	C_3	0.98	0~2.5	0.1	
4	nC_4	0.30	0~1	—	
5	iC_5	0.19	0~0.1	—	
6	nC_5	0.15	—	—	
7	C_{6+}	0.13	—	—	
8	CO_2	1.16	$<100\times10^{-6}$	<2.0	
9	N_2	0.55	0~0.5	0.51	
10	He	0.03	—	—	
11	H_2	0.01	—	<1.0	
12	H_2S	—	<1ppm	$<6mg/m^3$	
13	总硫	—	—	$<60mg/m^3$	

注：投产三个月考虑气质中含饱和水的可能。

表 1-3　文23原始气藏气组成

序号	名称	含量	序号	名称	含量
1	天然气组分/%		1	C_5	0.18
	C_1	94.38		CO_2	0.95
	C_2	1.62		N_2	0.94
	C_3	0.37	2	高位热量/(MJ/m^3)	38.03
	C_4	0.26	3	低位热量/(MJ/m^3)	34.29

文23气田自1990年投入正式开发以来，水气比一直保持在0.1~0.3$m^3/10^4m^3$，地层水为高矿化度盐水，总矿化度26×10^4~30×10^4mg/L，Cl^-含量16×10^4~18×10^4mg/L，水型为$CaCl_2$型。

3. 采气组分(拟合)

储气库建成后，采出气组分可以根据管道来气、原始地藏气组分进行拟合。详见表1-4。

表 1-4　文23储气库采出气组分(拟合)　%

序号	组成	采气组分1	采气组分2	采气组分3
1	C_1	0.9291	0.9396	0.9440
2	C_2	0.0214	0.0129	0.0011
3	C_3	0.0110	0.0030	0.0010

续表

序 号	组 成	采气组分 1	采气组分 2	采气组分 3
4	nC_4	0.0042	0.0007	0.0000
5	H_2S	2.28×10^{-6}	3.13×10^{-6}	3.00×10^{-6}
6	H_2	0.0171	0.0196	0.0294
7	He	0.0000	0.0001	0.0000
8	N_2	0.0035	0.0030	0.0050
9	CO_2	0.0115	0.0180	0.0196
10	C_6	0.0000	0.0003	0.0000
11	iC_5	0.0000	0.0004	0.0000
12	nC_5	0.0000	0.0003	0.0000
13	H_2O	0.0022	0.0022	0.0000

注：采气组分 1，以 30%煤制气、70%天津 LNG 拟合；采气组分 2，以 60%煤制气、20%榆济、20%地藏气拟合；采气组分 3，100%煤制气。

（二）气井数据

井位部署如下：

根据地质方案，新钻 66 口井，利用老井 11 口，分别布置在 8 个井台内。每座井台管辖的井口数见表 1-5。

表 1-5 井台管辖井口数量表

井台号	总井数/口	新井井数/口	利用井/口	利用井位号
2	13	11	2	文 23-44、文 23-32
3	11	10	1	文 23-30
4	9	9	—	
5	8	7	1	文新 31
6	6	5	1	文 23-26
7	13	9	4	文 23-19、文 23-17、文 23-13、文 23-36
8	7	7	—	
11	10	8	2	文 23-34、文侧 105
合计	77	66	11	

（三）设计规模

1. 井场设计规模

井场设计规模需根据井场管辖的井口数与单井产量预测进行确定，井场处理规模预测详见表 1-6，考虑地层扰动系数，8 座丛式井场采气、注气设计规模见表 1-7。

2. 站场设计规模

本工程设注采站 1 座，注气期，接收长输管道来气，在注采站内经过滤分离、计量、增压后通过注采气干线输往各丛式井场，再通过单井管线注入注采气井；采气期，接收丛式井场来气，在注采站站内经冷却、分离、脱水、计量后输往长输管道。

（1）注气规模：$1800\times10^4m^3/d$。

（2）采气规模：$3600\times10^4m^3/d$。

表1-6　井场产能预测表

地层压力/MPa	采气能力 预计产能/($10^4m^3/d$)								
	2号井场	3号井场	4号井场	5号井场	6号井场	7号井场	8号井场	11号井场	合　计
15	116.4	127.9	66.9	79.6	32.2	73.2	48.6	90.2	635.1
20	216.8	238.2	124.6	148.3	60.0	136.4	90.6	168.1	1183.0
25	314.9	346.1	180.9	215.4	87.1	198.2	131.6	244.1	1718.3
30	406.5	446.6	233.5	278.0	112.4	255.7	169.9	315.0	2217.6
35	494.0	542.8	283.8	337.9	136.6	310.8	206.5	382.9	2695.4
38.6	555.5	610.4	319.1	379.9	153.7	349.5	232.2	483.28	3029.3
地层压力/MPa	注气能力 预计产能/($10^4m^3/d$)								
	2号井场	3号井场	4号井场	5号井场	6号井场	7号井场	8号井场	11号井场	合　计
15	421.8	463.4	242.3	288.4	116.7	265.4	176.3	326.9	2301.1
20	392.7	431.5	225.6	268.6	108.6	247.1	164.1	304.4	2142.7
25	351.3	386.0	201.8	240.3	97.2	221.0	146.8	272.3	1916.8
30	296.2	325.4	170.1	202.5	81.9	186.3	123.8	229.5	1615.8
35	220.9	242.7	126.9	151.1	61.1	139.0	92.3	171.2	1205.0

表1-7　站场设计规模8座丛式井场采气、注气设计规模

丛式井号	单井/口	利用井/口	总井数/口	最大注气量/($10^4m^3/d$)	最大采气量/($10^4m^3/d$)	注气设计规模/($10^4m^3/d$)	采气设计规模/($10^4m^3/d$)
2	11	2	13	421.8	555.5	350	600
3	10	1	11	463.4	610.4	350	700
4	9	—	9	242.3	319.1	200	400
5	7	1	8	188.4	379.9	200	450
6	5	1	6	116.7	153.7	100	200
7	9	3	12	265.4	349.5	200	400
8	7	—	7	176.3	232.2	150	300
11	8	3	11	326.9	483.28	250	550
合计						1800	3600

（四）产品要求

1. *产品指标要求*

储气库外供天然气，气质应满足《天然气》(GB 17820—2012)中的Ⅱ类气质标准要求。

通过对目前注入的管道气与原始地藏气分析，地温按6℃考虑，在输送条件下不会有烃析出，按照设计规范，水露点应不高于1℃，本次设计水露点按-5℃设计。

2. 注采能力要求

一期建成后注气能力$1800\times10^4m^3/d$，年注气期200d；采输气处理能力$3600\times10^4m^3/d$，年采气期150d，平衡检测期15d。

二、工程规模简介

（一）气藏描述

（1）文23气田含气层系上部覆盖一套巨厚的文23盐，厚度大、岩性纯、封闭性好。沙三下亚段沉积的灰白色盐岩，盐膏厚度一般为200~600m。良好的区域盖层对文23气田的富集成藏起着重要作用，也为储气库的建设提供了得天独厚的封闭条件。

（2）气田为复杂断块背斜构造形态，边界断层和分块断层具有封闭性，将气田分割为主块、西块、南块、东块等4个断块区，其中主块为最大的开发区块，从静态资料及30多年的开发动态资料证明分块断层具有封闭性，而主块内部次一级断层不具封闭性，块内整体连通，为储气库建设的目标区块。

（3）文23气田主块气层厚度大，含气层位为Es_4^{1-8}。其中，Es_4^{1-2}储层不发育，具有层状特征，下部泥岩隔层稳定，不作为库容考虑；Es_4^{3-6}储层发育，具块状特征，是储气库的主要储集空间；Es_4^{7-8}南北两个高点的储层天然裂缝发育，与上部层位连通良好。综合评价将主块Es_4^{3-8}层段作为储气库的储气单元。

（4）储层岩性以细粉砂岩-粗粉砂岩为主，孔隙类型以次生粒间溶蚀孔为主；酸敏、水敏中等，储层物性以低孔低渗为主，孔隙度8.86%~13.86%，平均空气渗透率0.27×10^{-3}~$17.12\times10^{-3}\mu m^2$。平面上主块中北部物性较好，向南物性变差。纵向上$Es_4^{3-5}$物性最好。

（5）主块是具底水的气藏，由于水层具层状特征与上部气层的隔层好且物性差，历年新钻井资料及开发动态资料表明，边底水能量弱，气水界面变化不大，对开发生产无影响，在方案设计中不考虑底水的影响。

（6）主块含气面积大、储量大，从1987年气田上报探明储量至今，储量认识一致。主块含气面积$8.15km^2$，地质储量为$116.10\times10^8m^3$。采用定容封闭弹性气驱气藏的物质平衡法，利用30多年来取得的开发生产数据建立了压降方程，计算主块的压降储量是$104.21\times10^8m^3$，即为储气库的最大库容量。

（二）气藏工程

（1）系统分析了气田开发动态特征。气田开发稳产阶段在生产压差5MPa左右时，气井自然稳定产量在3.5×10^4~$33.12\times10^4m^3/d$之间，个别气井自然产能高达$80\times10^4m^3/d$，具备较高的产能；内部连通性好，地层压力下降均衡，地层水能量弱，有利于储气库的建设与运行。

（2）利用产能试井资料，结合气井生产特征，平面上划分了高产、中产、低产三个产能区，建立了相应的产能方程，计算高中低产区的平均绝对无阻流量分别为$102\times10^4m^3/d$、$34.7\times10^4m^3/d$、$16.5\times10^4m^3/d$。通过定向井、水平井可有效提高单井产能，平均增产倍数是直井的1.3倍、1.9倍。

(3) 对气库参数进行了论证。考虑到最大利用库容，气田不被破坏，设计上限压力为原始地层压力38.6MPa，气库总库容为$104.21\times10^8m^3$；设计气库下限压力为15.0MPa，有效工作气量$57.25\times10^8m^3$，占库容的54.9%，基础垫气量$7.32\times10^8m^3$，附加垫气量$39.64\times10^8m^3$，补充垫气量$33.69\times10^8m^3$。

(4) 据中国石化北方市场对文23储气库提出的远景调峰高峰期日需求$4000\times10^4m^3/d$，年调峰气量$40\times10^8m^3$以上的要求，测算出整体方案需要新钻井103口，利用老井采气7口，共计110口注采井，确定了储气库注采井网的合理井距为300~520m，井型采用直井、定向井，布井方式采用丛式井，设计井台13个。年采气期150d，注气期200d，运行工作气量$44.68\times10^8m^3$，运行压力19.06~38.62MPa，补充垫气量$46.26\times10^8m^3$。

(5) 按照"分步(期)建设、滚动实施"的原则，结合中国石化多条长输管线的建设及需求情况，分两期建设。据中国石化北方市场对文23储气库提出的近期调峰高峰期日需求$3000\times10^4m^3/d$，年调峰气量$30\times10^8m^3$以上的要求，一期方案动用库容体积$84.31\times10^8m^3$，需要新钻井66口，老井采气利用6口，注采总井数72口，设计井台8个，运行压力20.92~38.62MPa，运行工作气量$32.67\times10^8m^3$，补充垫气量$40.90\times10^8m^3$。实施完毕后即可注气投产，其余5个井台37口新井根据市场需求，择机实施。

(三) 钻井工程

(1) 井身结构设计：根据储气库开发的地质特征，优选出一套三开次井身结构，一开采用Φ444.5mm钻头，下Φ346.1mm套管，设计井深为500m；二开采用Φ320mm的非标钻头，目的为了增大Φ273.1mm技术套管与井眼之间的环空间隙，提高固井质量，为了提高盐层段的套管强度，盐层段下入钢级TP95T、壁厚12.57mm、扣型为TP-CQ的特殊螺纹套管；三开采用Φ241.3mm钻头，生产套管选用Φ177.8mm气密封扣套管，考虑气源的多样化，悬挂器以下选用钢级P110-13Cr抗腐蚀套管，以上选用钢级P110的套管。

(2) 按照"分步(期)建设、滚动实施"的原则，分两期建设：一期方案动用库容体积$84.31\times10^8m^3$，需要新钻井66口，老井采气利用6口，注采总井数72口，设计井台8个，丛式井组布井方案(其中直井11口、定向井55口，钻井总进尺224400m)；轨道设计：定向井剖面设计采用"直-增-稳"或五段制剖面。实施完毕后即可注气投产，其余5个井台37口新井根据市场需求，择机实施。

(3) 微泡钻井液体系研究：通过发泡剂、稳泡剂等关键处理剂的开发，增黏剂、降滤失剂等配伍处理剂选择，形成了微泡钻井液体系。该体系密度低，流变性好，砂床(60~90目)实验测定封堵强度达15MPa，密度可控制在$0.85\sim0.95g/cm^3$，防漏能力强，综合成本低。

(4) 凝胶暂堵储层保护技术：以凝胶NFJ-Ⅱ为主剂，配合高强度矿物类骨架材料GW-1(主要成分为$SiO_2/Al_2O_3/CaO$)和填充材料XJ-1，凝胶聚合物作为功能性充填粒子，通过其弹性、韧性及可变形提高与漏失通道适应性，提高成功率；加量为3.5%暂堵剂与钻井液具有良好配伍性，60~90目砂床封堵强度达15MPa，15%盐酸酸溶率达95%。

(5) 采用下套管固井完井：固井采用先尾管悬挂后回接的工艺。

(6) 非渗透防漏防窜高强低密度水泥浆体系研究：根据颗粒级配及紧密堆积理论优选

外掺料及外加剂设计水泥浆，具有浆体稳定性好、防漏防窜性能好、水泥石顶部强度高等优点，用于二开固井。设计非渗透防窜增韧双凝水泥浆体系：根据微环隙-微裂缝气窜理论优选外加剂设计水泥浆，改善水泥石脆性，提高界面封固质量，提高水泥环长期防窜性能，用于盐层段及储层固井。

（7）编制了钻井过程中的 HSE 管理要求、危险因素分析及危害防治措施。文 23 气田在 30 多年的开发过程中，储层经过多次加砂压裂，裂缝发育不均衡，储层压力分布存在差异，若分期打井，气井控制风险大。因钻储层过程中要平衡气层压力，需关停所钻井周边的注采井，使储层压力稳定，确定钻井液密度平衡地层压力。该项目丛式井组“井工厂设计”，一个平台上两部钻机同时施工，钻井 1 年左右完成。

（四）注采气工程

（1）根据储气库开发的需要，对割缝衬管完井方式进行了钻井及投产等全面论证，经中国石化股份有限公司、中原油田分公司以及天然气分公司多次论证，最终不予采用。对于射孔完井方式的井，优先采用射孔-生产一体化投产方式；需监测注采气剖面的井采用射孔后，下完井管柱并采用分步投产方式；为实现最大限度的储层保护，减少入井液漏失，作业过程中最大限度使用不压井作业设备进行施工。

（2）设计了三种注采井完井管柱：射孔生产一体化且具备井筒安全控制功能的管柱（主要结构为井下安全阀+封隔器+射孔枪）；具有井筒安全控制功能的管柱（主要结构为井下安全阀+封隔器）；具有环空封隔保护功能的管柱（主要结构为循环滑套+封隔器）。

（3）设计了两种监测井完井管柱：新注采井监测完井管柱（主要结构为井下安全阀+监测装置+封隔器）；老井监测完井管柱（主要结构为油管+测试坐落接头）。

（4）注采气井口初步推荐采用 EE 级材质，井下配套工具采用 9Cr 材质。同时继续跟踪分析文 23 自产气及外输来气组分以及运行工况变化，开展管材的进一步优选。井口装置压力等级选用 34.5MPa，井下工具压力等级为 34.5MPa。

（5）采用地面与地下两级安全阀控制系统，对异常高压、低压、火灾等情况实现自动关井控制，确保安全生产。

（6）应用节点分析方法，根据气井的配产情况，分析了气井产量与井底流压、井口压力、井口温度、油管尺寸的关系，确定了不同注采条件下井口压力、温度。选择外径 88.9mm 的油管为主要生产管柱。

（7）针对长井段、文 23 气田储层的特点，主要采取油管传输射孔方式，通过室内岩心实验，从最大限度低压储层保护出发，确定完井工作液体系类型。

（8）进行了增产工艺可行性论证：由于储层酸敏不建议使用酸化工艺；压裂工艺方面，投产初期由于存在压裂液返排困难、出砂等问题，经各级别审查会，各级专家多次论证，在本方案中也不予考虑。

（9）优选了动态监测工艺：主要采用钢丝作业存储式监测工艺、重点井采用永置式监测工艺监测井下压力、温度；采用电缆作业测井工艺完成井间微地震、气水界面、注采剖面监测；采用示踪监测工艺技术进行井间连通性监测。

（10）编制了注采气工程过程中的 HSE 管理要求、危险因素分析及危害防治措施。

（五）老井利用与封井工程

（1）对文23气田所钻57口老井进行了系统的调查与井况分析，并进行了分类评价，筛选出35口废弃封堵井，22口拟利用井。为了监测主块与边块分块断层的封闭性，在气田东、西和南块还选择了3口井作为观察井，因此拟利用井总数为25口。

（2）为保证储气库安全运行，对25口（含边块用以监测断层封闭性的3口井）拟利用井编制了拟利用井检测方案，对于检测不合格的井转为废弃井进行封堵。

井眼轨迹复测：22口，利用陀螺测斜仪核实井眼轨迹，为储气库钻井防碰设计提供依据。

试压验套：25口，目的是判定油层套管、套管头是否存在渗漏问题，找出渗漏点，为判定气井可利用性提供依据。

井径：25口，采用多臂井径测井仪判定井筒套管变形状况。

套管腐蚀检测：25口，采用常规电磁探伤测井技术诊断判定井筒套管的腐蚀状况，为判定气井可利用性提供依据。

固井质量复测：主块22口，使用套后成像测井新技术进行固井质量复测，进一步评价确认拟利用井油层套管的管外封闭性，为编制利用井投产工程设计提供依据。

（3）对不同类型的废弃井，分别编制了封堵方案。

通过井况调查与评价，提出废弃封堵井35口，拟利用井22口，拟利用井通过系统的井况检测和评价，11口井因井况问题不符合利用标准，需实施封堵，封堵井总数为46口。

光油管合层挤堵：36口井，针对固井合格、无窜层可能的井。将光油管挤堵管柱下至井筒留塞设计深度，对全井段射孔层进行合层挤堵，同时完成井筒留塞。

合层挤堵+锻铣挤堵：5口井，可能窜层但无法分层封堵的井。下光油管挤堵射孔段，锻铣套管，下水泥承留器对锻铣段进行合层挤堵，上提管柱保压候凝，注灰至井筒塞面设计深度。

承留器合层挤堵：3口井，针对拟作为监测盖层封闭性的井，下水泥承留器挤堵管柱至挤堵目的层上部坐封，完成对全井段射孔层的合层挤堵，上提管柱保压候凝，注灰至监测射孔段深度以下20m。

承留器分层挤堵：1口井，针对可能窜层、可以分层挤堵的井。将水泥承留器挤堵管柱下至挤堵层上部，分别对Es_4^{1-2}和Es_4^{3-6}实施分层挤堵、保压候凝，井筒注灰。

空井筒合层挤堵：1口井，全井小套管井。直接从井口挤注实施挤堵。

（六）地面工程

1. 储气库规模

依据文23储气库地质、注采工程研究方案与天然气目标市场需求研究结果，在文23气田中心位置建设储气库，进行整体规划设计，分期实施。一期库容体积$84.31\times10^8m^3$，设计运行压力20.92~38.6MPa，运行工作气量$32.67\times10^8m^3$，补充垫气量$40.90\times10^8m^3$。采取周期运行方式，每年夏季为注气期、冬季为采气期，注气期200d，采气期150d，检测、维修平衡期15d。

文23地下储气库项目（一期工程）地面工程，设计注气能力$1800\times10^4m^3/d$、采输气能

力 $3600\times10^4m^3/d$。气源主要为鄂安沧输气管道气、榆济线管道气、中开线管道气。建设 1 座注采站、8 座丛式井场、5 座监测井场、站外集输管网和相关的总图、给排水、消防、供配电、道路、自控、通信、暖通、建筑、结构等配套工程。

2. 工艺路线

文 23 储气库一期工程，采用一级布站方式，工艺路线特点描述如下：

(1) 采用一级布站、气液混输、井口节流、双向计量、注采共用的集输工艺。

(2) 采用宽工况、多气源、多机组的注气工艺。

(3) 采用井口一级调压、井口流量控制、“节流+三甘醇脱水”的采气工艺。

(4) 井场采用无人值守，有人巡视，有人操作，远程紧急关断。

第二章　流程图及平面布置

第一节　工艺流程特点

文23储气库一期工程地面采用一级布站方式，主要工艺包括集输工艺、注气工艺、采气工艺，工艺路线特点描述如下：

（1）采用一级布站、气液混输、井口节流、双向计量、注采共用的集输工艺。

（2）采用宽工况、多气源、多机组的注气工艺。

（3）采用井口流量控制、不加热不注醇、“节流+三甘醇脱水”的采气工艺。

总体流程框图，如图2-1所示。

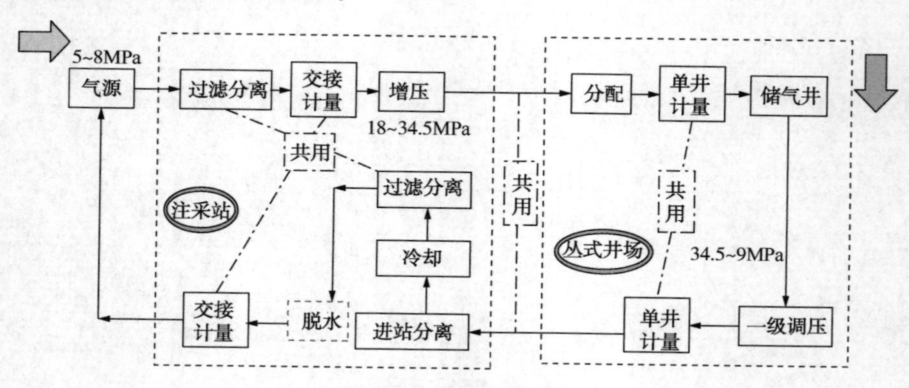

图2-1　总流程框图

第二节　工艺流程简述

一、注气

（一）注气流程

从长输管道来的天然气（压力5~8MPa、温度5~25℃）进入注采站，分三路进入旋风分离器及过滤分离器，分离计量后分12路进入压缩机系统压缩，经注气压缩机组两级压缩至34.5MPa（表压）、冷却至65℃后送到注气汇管分配，分成多路送入集输干线管网至丛式井场，由丛式井场经单井输气管线注入地下储气库。

（二）注气压缩机设计参数

1. 注气规模

注气处理规模$1800\times10^4m^3/d$。

2. 压缩机进口压力

文23储气库周边中国石化的主干管道有已建的榆济线、中开线和规划中的鄂安沧输气管道濮阳支干线、新气管道豫鲁支干线。文23储气库一期工程注气气源主要为鄂安沧输气管道气、已建的榆济线、中开线管道气。根据表1-1，压力范围为5.0~9.8MPa，同时考虑长输管道运行压力范围等因素，注气期压缩机进口压力为5.0~8.0MPa(表压)。

3. 压缩机出口压力

根据地质资料，注入垫底气后地层压力约为15~38.6MPa。考虑注气井井身结构、注气井深度等造成的注气沿程摩阻，上限压力为34.5MPa(最高操作压力)，下限压力约为18MPa(表压)左右。压缩机出口压力为18~34.5MPa。同时，压缩机组运行应考虑垫底气注入运行工况要求，出口压力范围为10~18MPa(表压)。

4. 注气压缩机处理量

为使压缩机操作、维护方便，应力求选用同一型号的压缩机。一方面，通过调研分析国内已投运的储气库，最大电机功率为4500kW(国内已建储气库注气压缩机组设计参数见表2-1)。另一方面，注气压缩机组设计应能保证在进气压力5.0~8.0MPa，排气压力范围18~34.5MPa(表压)工况下高效运行。通过多工况核算，确定文23储气库注气压缩机组单台排气量为150×10^{4}m^3/d。根据一期工程注气规模为1800×10^{4}m^3/d，配置12台。

表2-1 国内已建储气库注气压缩机组设计参数

储气库名称	入口压力/MPa	出口压力/MPa	排量/(10^{4}m^3/d)	配套电机功率/kW	台数/台	压缩机生产厂
相国寺储气库	7.0~9.5	30	166	4000	8	普帕克
呼图壁储气库	9	28	200	4000	8	普帕克
京58储气库	4	18	90	1500	4	艾斯德伦
文96储气库	5.0~7.0	23.5	62	1550	2	艾斯德伦
双六储气库	4.0	26	142	4500	8	普帕克
苏桥储气库	4.5	35	115	4000	12	普帕克

二、采气

(一) 采气流程

来自气井的湿天然气(34.5~12MPa)，经井口电动角式节流阀调压至15MPa、靶式流量计计量后，汇入井场采气汇管，气液混输送至注采站采气汇管，经段塞流捕集器、空冷器冷却、旋风分离器、过滤分离器分离其中的游离水及杂质后，进入三甘醇脱水装置，脱水后天然气经调压至9.5MPa、计量后送入外输管网，脱水后水露点<-5℃(交接压力下，地温按6℃考虑)。在采气后期，由于地层压力降低至12~8MPa，脱水后天然气经调压至7.0MPa(表压)，井口角式节流阀开度至全开。

(二) 采气工艺参数

1. 采气规模

采气处理规模3600×10^{4}m^3/d。

2. 采气压力系统

因单井来气采用井口三级节流、湿气输送工艺，为保证储气库向鄂安沧或榆济管道平稳供气，采气工艺压力系统采用两级节流保证注采站出口压力稳定。一级节流位置设置在单井采出管线上，设电动角式节流阀，电动调流阀与阀后靶式流量计联锁，通过调节阀门开度控制单井采出气流量；三级节流位置设在脱水撬块三甘醇分离器后，设调压阀，稳定脱水撬块吸收塔的运行压力。采气初期井口压力较高为12~34.5MPa，三级节流阀控制阀前压力为9.5MPa，阀后压力与管线外输背压相同。一级节流阀调节阀后压力15MPa，阀前压力与气井压力相匹配。随着采气过程继续，气井压力为9~12MPa时，三级节流阀控制阀前压力为7.0MPa(表压)，二级节流阀开度逐渐变大至全开。

(三) 脱水工艺系统

1. 脱水工艺

由于该储气库在采气初期，一部分水会以小液滴的形式随着天然气夹带出地面，另一部分水会在天然气中以饱和水蒸气的形式存在。夹带出的液滴可通过旋风分离器、过滤分离器过滤分出。而天然气中的饱和水蒸气则需要通过降低天然气中的水露点，使天然气达到外输标准。同时随着采气量的不断增大，储气库底部存留的水量会逐渐减少。

降低天然气水露点的方法有很多种，一般分为溶剂吸收法、固体干燥剂吸收法、直接冷却法、注防冻剂法、化学反应法等。本项目根据工程需要采用溶剂吸收法的三甘醇脱水工艺。主要脱水设备包括吸收塔及三甘醇再生撬。

2. 脱水工艺流程简述

湿天然气(9.7MPa、25℃)由吸收塔下部的天然气进口进入三甘醇脱水吸收塔，与塔顶流下的贫三甘醇溶液充分接触，脱水后由塔顶天然气出口出塔，然后进套管换热器与进塔贫甘醇换热后，再经过分离器和顶部压力控制阀后出装置。控制阀前压力(即吸收塔的工作压力)为9.5MPa。

富三甘醇由吸收塔底部富液出口出塔，部分进入三甘醇再生塔塔顶盘管，被塔顶蒸汽加热至40℃后进入三甘醇闪蒸罐，闪蒸分离出溶解在甘醇中的天然气。再生塔塔顶盘管两端连接有手动旁通调节阀，用以调节富甘醇进盘管的流量，从而调节再生塔塔顶的温度。三甘醇由闪蒸罐下部流出，经过闪蒸罐液位控制阀，依次进入三甘醇二级过滤分离器(滤布)及三甘醇三级过滤器(活性炭)。通过滤布过滤器过滤掉富甘醇中5μm以上的固体杂质；通过活性炭过滤器过滤掉富甘醇溶液中三甘醇再生时的降解物质。两个过滤器均设有旁通管路。在过滤器更换滤芯时，装置可通过旁通管路继续运行。经过滤后富甘醇进入贫/富三甘醇换热器，与由再生重沸器下部三甘醇缓冲罐流出的热贫甘醇换热升温至160℃后进入三甘醇再生塔。

在三甘醇再生塔中，通过提馏段、精馏段、塔顶回流及塔底重沸的综合作用，使富甘醇中的水分分离出塔。塔底重沸温度为170~195℃，三甘醇质量百分比浓度可达97%~99%。塔顶水蒸气经富三甘醇溶液冷却后，进入冷凝水缓冲罐。重沸器中的贫甘醇溢流至重沸器下部三甘醇缓冲罐。贫三甘醇液从缓冲罐进入板式换热器，与富甘醇换热，温度降至48.5℃左右进三甘醇循环泵，由泵增压后进套管式气液换热器与外输气换热至35℃进吸收塔吸收天然气中的水分。三甘醇富液闪蒸罐顶部闪蒸气引出后进入燃料气管网。

3. 脱水撬配置

根据采气规模$3600\times10^4m^3/d$，设3列装置，单列装置吸收部分最大处理能力为$1200\times10^4m^3/d$，单列装置再生部分三甘醇循环量为$Q=10m^3/h$。

第三章　主要设备技术规格书

第一节　进站分离器

一、概述

本技术规格书规定了用于文 23 地下储气库工程的进站分离器的设计、材料、制造、检验和试验的最低要求。

二、相关文件

（一）规范性引用文件

下列文件对于本文件的应用是必不可少的。凡是标注日期的引用文件，仅注日期的版本适用于本文件。凡是不注日期的引用文件，其最新版本(包括所有的修改单)适用于本文件。

《压力容器》(GB/T 150.1~150.4—2011)；

《固定式压力容器安全技术监察规程》(TSG 21—2016)；

《承压设备用碳素钢和合金钢锻件》(NB/T 47008—2010)；

《承压设备用焊接工艺评定》(NB/T 47014—2011)；

《压力容器焊接规程》(NB/T 47015—2011)；

《承压设备产品焊接试板的力学性能检验》(NB/T 47015—2011)；

《承压设备无损检测》(NB/T 47013—2015)；

《流体输送用不锈钢无缝钢管》(GB/T 14976—2012)；

《高压化肥设备用无缝钢管》(GB/T 6479—2013)；

《压力容器涂敷与运输包装》(JB/T 4711—2003)；

《钢制管法兰、垫片、紧固件》(HG/T 20615~20635—2009)；

《钢结构工程施工质量验收规范》(GB 50205—2001)；

《钢制对焊无缝管件》(GB/T 12459—2017)；

《容器支座》(JB/T 4712—2007)。

（二）业主文件

业主应把本技术规格书及与本技术规格书相关的文件提供给供货商。与本技术规格书相关的文件如下：

《进站分离器数据表》(DDS-0401 集 01-27)。

（三）优先顺序

(1) 应遵照下列优先次序执行：

① 数据表。

② 技术规格书。

③ 相关的标准和规范。

（2）若技术规格书、数据表、图纸以及相关标准和规范出现矛盾时，应按最为严格的要求执行。

三、供货商要求

（1）供货商应通过ISO9001质量体系认证或与之等效的质量体系认证，以及HSE体系认证，证书必须在有效期内。

（2）供货商或由供货商委托的分包商应具有与本工程设计压力相配的压力容器的设计和制造资质。

（3）供货商或由供货商委托的分包商应在近5年来，具有与本工程设计压力相配的压力容器不少于3台的设计和制造业绩，同时应针对以上业绩，提供相应的实际现场应用证明。

（4）供货商应能提供良好的售后服务和技术支持，并具备提供长期技术支持的能力。

（5）供货商若有与第三章第一节“相关文件”所提及的文件不一致的地方，应在其投标书中予以说明，若没有说明，则被认为完全符合上述文件所有要求。即使供货商所提供的进站分离器符合本规格书的所有条款，也并不等于解除供货商对所提供的设备及附件应当承担的全部责任，所提供的设备及附件应当具有正确的设计，并且满足规定的设计和使用条件及当地有关的健康和安全法规。

（6）除非经业主批准，进站分离器应完全依照技术规格书、数据表、其他相关文件及标准和规范的要求。技术文件中的任何遗漏都不能作为解脱供货商责任的依据，所有改动应提交给业主批准。对于不能妥善解决的问题，供货商有责任以书面形式通知业主。

四、供货范围

（一）概述

（1）供货商应对进站分离器的设计、材料采购、制造、零部件的组装、图纸、资料的提供以及与各个分包商间的联络、协同、检验和试验负有全部责任。供货商还应对进站分离器的性能、安装、调试负责。

（2）供货商所提供的进站分离器必须是供货合同签订以后生产的，在此之前生产的进站分离器严禁使用在本工程上。

（二）供货范围

（1）供应商应提供3套进站分离器，结构形式为卧式，设备位置与位号见表3-1。

表3-1 进站分离器数量表

位　置	设备名称(位号)	规　格	数量/台
分离单元	进站分离器(D-010201/02/03)	组合撬装式	3

（2）每台进站分离器的供货范围应包括但不限于以下部分：

① 设备主体，包括壳体、支座、吊耳、与外部连接的接管及法兰。

② 附件包括安全阀、压力表、液位计、液位开关、液相关断阀、调节阀及配套阀门、接线箱等。

③ 捕雾器等分离元件。

④ 液相关断阀、调节阀装置1套及管道支架等，液相管线的保温伴热(自动)。

⑤ 地脚螺栓及配套螺母。

⑥ 铭牌。

⑦ 便于操作及维修的外部操作平台及梯子。

⑧ 防腐及保温。

⑨ 备件及专用工具。

⑩ 开车及两年用备品备件。

⑪ 设备运输及现场附件安装。

⑫ 服务(设备调试及技术培训)。

⑬ 相关文件。

(三) 备品备件

调试及试运行用的备品备件及润滑油等消耗品由供货商提供，并提供两年运行用的备品备件清单供业主选择。

(四) 交接界限

(1) 管道系统。所有与进站分离器连接的管道接口，采用法兰连接的配对法兰由供货商提供(包括垫片、螺栓和螺母等)。设备本体上不与外部管道连接的管口(包括高点放空和低点排凝管口)供货商应配置截止阀门及丝堵。

(2) 电气系统。业主负责提供一路380V供电电源至现场接线箱，供货商提供外接电缆的接线端子(密封格兰头)，以便对外连接电缆。接线箱至所有用户点的连接电缆由供货商负责提供，所有接线箱及用电设备的安装附件均由供货商配套提供。

(3) 仪控系统。业主负责提供控制室至现场接线箱的所有控制电缆，供货商提供外接电缆的接线端子(密封格兰头)，以便对外连接电缆。接线箱至所有现场仪表的连接电缆由供货商负责提供，所有接线箱及现场仪表的安装附件均由供货商配套提供。

(4) 基础。供货商应提供进站分离器对基础的载荷及连接尺寸详图，并提供地脚螺栓、螺母及垫片。

五、通用条件

(一) 安装区域

进站分离器安装在××工程工艺装置区内为地面露天环境安装。

(二) 区域划分

进站分离器布置区域的防爆危险区域为2区，电气防护等级为IP55，仪表防护等级为IP65，仪表防爆等级为ExdⅡBT4。

(三) 环境数据

本工程建设于河南省濮阳市，濮阳市位于中原地带，属于暖温带半湿润季风型气候，四季分明，年平均气温为 13.4℃，月平均最高气温在 7 月份，气温为 39.5℃，月平均最低气温在 1 月份，气温为-4.3℃，年极端最高气温为 42.3℃，极端最低气温为-20.7℃。年平均降水量为 534.5mm，年最大降水量为 1067.6mm，月最大降水量为 419.5mm，日最大降水量为 276.9mm，年最小降水量为 246.5mm(表 3-2)。

表 3-2 气象数据统计表

序号	项目名称		数据	备注	序号	项目名称		数据	备注
1	气温/℃	年平均气温	13.4		4	风速/(m/s)	全年平均风速	2.8	
		历年最高气温	42.3				多年最大风速	15.3	
		历年最低气温	-20.7		5	年平均气压/mbar		1010.5	
2	多年平均相对湿度/%		68.3		6	积雪、冻土	多年最大积雪深度/cm	20	
3	平均年总降水量/mm		534.5				多年最大冻土深度/cm	41	

濮阳市所在区域属东濮地堑，东有兰聊断裂，西有长垣断裂，黄河断裂贯穿中间，属于邢台—河间地震带的一部分，是华北平原地震活动较频繁的一个区域。根据中国地震烈度区划图，该地区抗震设防烈度 8 度。

(四) 介质条件

本工程进站分离器的入口气源来自井口气井，气质中主要为含有采出水的天然气，同时含有少量的砂质颗粒。其中天然气组分见表 3-3。

表 3-3 气组分(拟合物质的量分数)

序号	组成	采气组分 1(系数)	采气组分 2(系数)
1	C_1	0.9291	0.9396
2	C_2	0.0214	0.0129
3	C_3	0.0110	0.0030
4	nC_4	0.0042	0.0007
5	H_2S	2.28×10^{-6}	3.13×10^{-6}
6	H_2	0.0171	0.0196
7	He	0.0000	0.0001
8	N_2	0.0035	0.0030
9	CO_2	0.0115	0.0180
10	C_6	0.0000	0.0003
11	iC_5	0.0000	0.0004
12	nC_5	0.0000	0.0003
13	H_2O	饱和	饱和

注：采气组分 1，以 30%煤制气、70%天津 LNG 拟合；采气组分 2，以 60%煤制气、20%榆济、20%地藏气拟合。

采出水组分见表 3-4。

表 3-4 采出水组分表

K^++Na^+/(mg/L)	Mg^{2+}/(mg/L)	Ca^{2+}/(mg/L)	Cl^-/(mg/L)	SO_4^{2-}/(mg/L)	pH 值	总矿化度/(mg/L)	水型
105190	879	10835	183993	210	6	301180	$CaCl_2$

（五）公用工程

（1）氮气：压力为0.4～0.6MPa，温度为常温。

（2）仪表风：压力为0.4～0.8MPa，温度为常温。

（3）电源：380V/50Hz/三相。

（4）仪表信号：电信号：4～20mA。

六、技术要求

（一）工艺设计要求

1. 设计参数与功能要求

（1）处理能力：$1200\times10^4m^3/d$（最大）。

（2）含水量：水气比$0.1\sim0.3m^3/10^4m^3$。

（3）分离精度要求：实现分离液滴直径不大于200μm的气液分离。

（4）分离器底部具有自动排液功能。

（5）分离器底部管线自动伴热功能。

2. 撬内流程描述

含采出水的天然气进入进站分离器入口，在分离器内部实现液滴直径不大于200μm的气液分离，分离后的天然气经进站分离器顶部出口进入下一单元，分离后的采出水经进站分离器底部进入排污单元。在分离器顶部设安全阀，实现进站分离器本体的超压放空，同时在安全阀处设旁通，作为检修时的手动放空用。同时在罐体顶部设就地压力表及远传压力变送器，实现对罐内天然气压力的就地与远程显示。罐一侧封头处设液位计，与液相出口处设有的调节阀联锁，实现对分离器液位的调节控制，同时在分离器筒体一侧设液位开关，与液相管线的切断阀进行联锁，实现低液位的紧急切断。

（二）设备布置

供货范围内所有设备均在撬内合理紧凑布置，分离器尺寸应不大于2400mm×8400mm×76mm，所有接口引至撬边。供货商应对设备进行设计核算，若无法满足分离要求，应采取增加内件等方式满足设计要求。

（三）受压元件要求

进站分离器的主要受压元件的材料除应符合“第一节　相关文件”中的有关标准规范要求外，还应满足以下要求。

1. Q345R钢板

Q345R钢板板除应符合《锅炉和压力容器用钢板》（GB/T 713—2014）的规定外还应满足以下要求：

（1）钢板应采用氧气转炉或电炉冶炼，并经炉外精炼的本质细晶粒镇静钢。

（2）Q345R钢板的使用状态为正火状态，钢板必须具有出厂合格证。

（3）Q345R钢板应逐热处理张进行-20℃夏比（V形缺口，缺口轴线垂直于刚才表面）低温冲击试验，试样取样方向为横向，三个试样冲击功的平均指标为$KV_2\geq41J$，单个试样的最低冲击功KV_2不得低于31J，取样位置在$T/2$。

（4）厚度方向（Z 向）拉伸试验，取样 3 件，位置为 $T/2$，其断面收缩率 $Z \geqslant 35\%$（三个试样平均值≥35%，其中一个试样的最低值≥25%）。

（5）钢板拉伸试验试样位置为 $T/2$ 处，试样方向为横向，试验结果应符合 GB/T 713 的有关规定。

（6）所有厚度的钢板都应进行冷弯试验。

（7）钢板出厂前应逐张进行硬度检测，沿钢板宽度方向和长度方向各均布取 3 点，测量结果应均不大于 HB200。

（8）钢板须按 NB/T 47013.3 的要求逐张进行超声检测，100%扫描。钢板超声检测结果应不低于Ⅱ级。

（9）钢板表面缺陷不允许用焊接法修补。

2. 16Mn 锻件

锻件除应符合 NB/T 47008 的规定外还应满足以下要求：

（1）锻件所用的 16Mn 钢应采用电炉冶炼加炉外精炼，或其他高质量冶炼方法冶炼的本质细晶粒度镇静钢。

（2）16Mn 锻件的使用状态为正火（允许加速冷却）+回火的状态。

（3）16Mn 锻件应进行−20℃低温夏比（V 形缺口）冲击试验。试样取样方向为横向，三个试样冲击功的平均指标为 $KV_2 \geqslant 41J$，单个试样的最低冲击功 $KV_2 \geqslant 31J$。

（4）锻件晶粒度应符合 GB/T 6394 的规定，其实际晶粒度为 6 级或更细。

（5）锻件非金属夹杂物按 GB/T 10561 中检验方法 B、评级图Ⅱ，要求 A、B、C、D 和 Ds 类夹杂物均不大于 1.5 级，A+C 类夹杂物不大于 2.5 级，B+D+Ds 类夹杂物≤2.5 级，且总和≤4.5 级。

（6）所有锻件应逐件进行超声检测，检测结果应符合 NB/T 47008 表 4 的规定。锻件中不得有裂纹和白点。接管锻件按同行锻件要求进行超声检测。

（7）所有 16Mn 锻件机加工后的表面应逐件按 NB/T 47013.4 进行磁粉检测，其检测质量等级Ⅰ级为合格。

3. 焊接材料

（1）制造单位应根据主体材料的性能，经焊接工艺评定确定合适的焊接材料和焊接工艺，焊条应为低氢型焊材，并应符合《承压设备用焊接材料订货技术条件》（NB/T 47018）的规定。

（2）用于容器承压零部件上的所有焊接材料均应有合格的化学分析质量保证书。

（3）所选用的 Q345 焊接材料应保证用相应的焊接方法焊成的焊接接头与母材有相匹配的化学成分并满足相关要求。

（4）每批焊条、每炉焊丝以及每一种焊丝和焊剂组合的熔敷金属均应进行化学成分分析和力学性能试验（包括常温拉伸、−20℃冲击和冷弯）。

（四）进站分离器设计

进站分离器的设计必须考虑到设备能在给定的环境条件和户外长期安全运行，其使用寿命应大于 20 年。

（五）人孔

设备开设人孔，人孔开设位置应合理、恰当，便于进出和清理内部。

（六）液位计、液位开关

进站分离器设置远传液位计、液位开关。

（七）进站分离器选用材料

进站分离器所有选用的材料应符合相应的标准规范且满足相关技术规格书的要求。供货商应保证所选材料适用于本设备的工作介质和工作环境。

（八）自控仪表设计要求

所有仪表需满足现场使用环境，并提供仪表数据表报批。

现场仪表风供气，仪表、阀门的动力源为仪表风。

（1）自控仪表部分的要求参见仪表专业相应技术规格书，SPE-0401 仪 01-04 压力、差压变送器技术规格书，SPE-0401 仪 01-10 自力式调节阀技术规格书，SPE-0401 仪 01-05 液位仪表技术规格书，SPE-0401 仪 01-09 气动调节阀，以及 SPE-0401 仪 01-13 气动执行机构。

（2）撬块的所有带现场显示的仪表，在安装时，仪表盘或指示器应面向容易观察的方向。

（3）气动切断阀需上传阀位信号和远程切断。气动执行机构应具有权威专业部门认证的、不低于 SIL2 的等级证书或报告。供货商应提供权威专业机构出具的有效 SIL 证书或报告。

（4）气动调节阀的出口流速和噪声水平必须符合相应规范要求。

（5）模拟量接线箱、开关量接线箱分开设置，每个接线箱留有 20%的余量。每个独立的接线端子和端子板，应根据接线图正确地做好标志，接线端子和端子板必须保证完全的电气连接。接线盒(箱)外壳应设保护接地端子。

（6）接线箱材质为铝合金或 316SS，防爆等级和防护等级不低于 ExdⅡBT4、IP65。进出接线箱电气接口撬块厂商应配隔爆 GLAND，防爆等级不低于 ExdⅡBT4。多余的电气接口应配金属丝堵。

（九）制造要求

1. 一般要求

（1）容器应按本技术规格书及相关标准的要求进行制造。

（2）容器各种类别的焊接工作必须由持有相应类别的有效焊工合格证的焊工担任，焊工考试应遵照原国家质检总局颁发的《锅炉压力容器压力管道焊工考试与管理规则》进行。

（3）容器各种方法的无损检测工作，必须由持有按照《特种设备无损检测人员考核与监督管理规则》的要求取得Ⅱ级或Ⅱ级以上的无损检测资质的人员担任。

2. 焊接工艺评定

（1）正式焊接以前，必须按《压力容器焊接工艺评定》(NB/T 47014)进行焊接工艺评定，评定的项目应包括常温拉伸试验、-20℃冲击试验和 180°冷弯($D=3a$)试验。

① 焊接工艺评定试样进行的力学性能检验项目、试样数量、位置及热处理状态应符合如下要求：

a. 常温拉伸试验3件，其中1件为全焊缝金属、其轴线平行于焊缝轴线，另2件为焊接接头，其轴线垂直于焊缝轴线(试板厚度超过试验设备能力时，按NB/T 47014规定分层取样)。

b. 焊接接头弯曲试验，侧弯4件(试板厚度超过试验设备能力时，按NB/T 47014规定分层取样)。

c. -20℃夏比(V形缺口，试样取在*T*/2处，缺口轴线垂直钢板表面)焊接接头冲击试验3套，每套3件。其中1套试样缺口开在焊缝金属上；另一套试样缺口开在母材上，第3套试样缺口开在热影响区上。

d. 试板应经模拟焊后热处理(PWHT)。

② 力学性能实验结果应满足NB/T 47014的规定。

③ 经模拟焊后热处理PWHT(600~620℃，1倍容器实际热处理保温时间)后，试板表面上检测硬度(包括母材、焊缝金属、热影响区)。母材和焊缝金属的硬度值不得大于200HB；在热影响区检测点附近测出的3个测量数据的平均值不得大于200HB。

④ 焊缝金属应具有与钢板相近的化学成分。

(2) 评定试验所用的母材试板、焊接材料、热处理状态均需与产品制造一致。

3. 焊接

(1) 所有受压元件的焊接可采用埋弧自动焊(SAW)、手工电弧焊(SMAW)、气体保护钨极电弧焊(GTAW)，不得采用电渣焊(ESW)。

(2) 焊接前的预热温度和层间温度不得低于焊接工艺评定采用的温度。

(3) 所有承压对接焊缝应采用全熔透结构形式，因位置限制无法进行双面焊时，应采用氩弧焊打底的单面焊全焊透结构。除图面上已规定者外，其坡口形式和尺寸应满足GB/T 150及HG/T 20583的要求。

(4) 焊接接头的坡口应采用机械加工切除，坡口表面不得有裂纹、分层、夹杂等缺陷。

(5) 除注明者外，所有搭接焊缝和角焊缝的焊脚高度均等于较薄件厚度，并须是连续焊。

(6) 容器焊接接头的表面质量应符合下列要求：

① 形状、尺寸以及外观应符合有关标准和设计图样的规定。

② 焊缝表面不得有咬边、裂纹、未焊透、未熔合、表面气孔、弧坑、未填满和肉眼可见的夹渣等缺陷，焊缝上的熔渣和两侧的飞溅物必须清除。

③ 焊缝与母材应圆滑过渡。

④ 角焊缝的焊脚高度，应符合有关标准和图样要求，外形应平缓过渡。

(7) 容器受压元件的表面不得打硬印标记。

4. 筒体、封头

(1) 封头宜采用整张板制造，热成型工艺。若采用拼板制造时，成型前应按相关要求进行无损检测，且必须附加代表该焊接接头的产品焊接试板。

（2）封头成型后应按 NB/T 47013.3 进行 100%超声检测，按 100mm 间距网格扫查，Ⅱ级合格。封头热成型后应进行正火处理，并带热处理验证试板，热成型和热加工过程不能代替正火处理。

（3）图中所注筒体和封头的厚度是指设备的产品最小厚度，投料厚度由制造厂决定。

5. 法兰和法兰盖

（1）法兰和法兰盖密封表面应光滑，不得有刻线、划痕等降低法兰强度和密封性能的缺陷。

（2）螺栓孔中心圆直径极限偏差为±1.6mm，相邻螺栓孔中心距的极限偏差为±0.8mm，任意两螺栓孔中心距的极限偏差均为±1.5mm。

（3）法兰端面应与轴线垂直，其偏差不得超过 30′。

（4）密封面应进行磁粉或渗透检测，密封面表面不允许存在任何影响密封可靠性的缺陷。

6. 法兰连接用螺柱、螺母和椭圆垫

（1）为防止螺柱过载或预紧不足，要求人孔的法兰和法兰盖采用能控制预紧力的专用工具(例如带指示的液压螺栓上紧器)来紧固法兰连接的双头螺柱；法兰连接螺柱的上紧顺序应按《压力容器上高压法兰螺柱紧固程序》(SPC-0100 制 03)的规定。

（2）螺纹应符合 GB/T 196—2003 的规定(要求圆根螺纹)，螺纹公差应符合 GB/T 197 的规定。

（3）30CrMoA 钢制螺母制造完毕后，应在其端部打上材料标记“CrMo”字样；35CrMoA 钢制全螺纹螺柱制造完毕后，应在其端部打上材料标记“35CrMoA”字样。

（4）金属环垫应采用 S30408 钢锻件，经热处理和机械加工而成。化学成分及力学性能应符合 GB/T 1220 的规定，锻件检验及验收应不低于 NB/T 47008 的Ⅲ级要求，环垫不允许拼焊而成。

（5）金属环垫产品的硬度须比匹配法兰密封面的硬度至少低 30HB，且其最大值不得超过 160HB。硬度值在密封面以外测量，每个环垫至少测 3 点。

（6）每个环垫的尺寸至少每隔 60°测量一次，每次测量结果均应在 HG/T 20633 规定的公差范围内。

（7）金属椭圆环垫的表面不得有划痕、磕痕、裂纹和疵点，环垫应进行 PT 检测。

（8）金属环垫应按型式、序号、材料分别包装，交货时应附有产品质量检测合格证，且每个金属环垫外侧应以钢印标记，内容包括规格和材料。

7. 热处理试件和产品焊接试件

（1）热处理试件。热加工或热成型的封头和弯管应制备母材热处理试件。试件的要求应符合 GB/T 150.4 的规定，试件的尺寸、截取及检验和评定应按照 NB/T 47016 的要求进行，并应符合相关规定。

（2）产品焊接试件。容器应逐台制备产品焊接试件。试件的要求应符合 GB/T 150.4 的规定，试件的尺寸、截取、检验和评定应按照 NB/T 47016 的要求进行。

8. 焊后热处理

（1）本设备在全部焊接工作(包括修补)结束，并经全部检查合格后在水压试验前进行焊后整体热处理。

(2) 容器应按照GB/T 30583、NB/T 47015和设计文件的要求进行焊后热处理。焊后整体热处理应在炉内进行，推荐热处理温度为600~620℃，最低温度不得低于600℃。

(3) 不允许采用降低热处理温度延长保温时间的方式。

(4) 产品试板(包括母材及焊接接头)应随产品一起进行同炉热处理。

(5) 所有与设备相焊的固定件都应在热处理前焊接完毕，热处理后不允许再在壳体上施焊。

(6) 在热处理之后，对筒体和封头上的每条A类、B类焊接接头、每个接管与筒体(或封头)的焊接接头均各做1组硬度检测，其值≤200HB。每组硬度值包括焊接接头的焊缝金属，热影响区和母材三个部位。

(十) 外保护板要求

保温的外保护板用不锈钢板制作。

(十一) 其他产品要求

若用到以下产品，应按以下规定选用：所选用的调节阀和执行机构应采用国外知名品牌产品，液相切断阀应采用国内知名品牌，变送器应采用国际知名产品；PLC控制器应为国际知名公司产品。

七、检测和试验

(一) 一般要求

进站分离器的检测和试验要遵循本技术规格书及相关标准规范。

(二) 无损检测(NDT)

所有A类、B类焊接接头应按表3-5的要求进行无损检测。

表3-5 A类、B类焊接接头无损检测

检测项目	PWHT前	PWHT后	水压试验后	执行标准	缺陷评定等级
射线检测	100%			NB/T 47013. 2—2015	Ⅱ级
超声检测	100%	20%	20%	NB/T 47013. 3—2015	Ⅰ级
磁粉检测	100%	100%	100%	NB/T 47013. 4—2015	Ⅰ级

1. 射线检测(RT)

(1) 接管与法兰的对接焊接接头在热处理(PWHT)前按NB/T 47013. 2进行100%射线检测，检测结果不低于Ⅱ级。

(2) 封头与筒体间的焊接接头检测技术等级为B级，其余焊接接头射线检测技术等级为AB级。

2. 超声检测(UT)

封头与筒体间的焊接接头检测技术等级为C级，其余焊接接头超声检测技术等级为B级。

3. 磁粉检测(MT)

(1) 容器热处理(PWHT)以后检测部位如下：

① 所有A类、B类、D类焊接接头的外表面和*DN*<250mm接管与法兰的对接焊接接头、坡口的表面。

② 所有非受压部件与受压部件连接的焊接接头。

③ 临时附件拆除后的部位(指PWHT以后拆除的附件)。

④ 鞍座与壳体连接焊接接头的外表面。

(2) 水压试验后检测部位如下：

① 所有A类、B类焊接接头的外表面和接管与法兰的对接焊接接头。

② 所有非受压部件与受压部件连接的焊接接头。

③ 临时附件拆除后的部位。

④ 鞍座与壳体连接焊接接头的外表面。

(三) 压力试验

(1) 进站分离器制造完毕，并按规定的项目检验合格后再进行水压试验。水压试验应符合GB/T 150.4的要求，试压之前应将设备内部的脏物、碎片、焊渣等彻底清除干净。

(2) 试验压力为13.125MPa(卧式)，水温不低于5℃。

(3) 水压试验时，符合下列情况为合格：

① 无渗漏。

② 无可见的变形。

③ 试验过程中无异常的响声。

(4) 水压试验合格后应立即将水排净、吹干，并封闭全部开口。

(四) 制造公差

进站分离器的外形尺寸偏差、形状和位置公差应符合NB/T 47042—2014的规定。

(五) 入厂检验

业主有权指定检查人员进入工厂，作为生产期间有关检查和验收等事务的代表。

(六) 检验结果提交

检验和测试的所有结果都应提交业主，业主有权验证检验和测试过程，并有权按要求接受或拒绝检验和测试结果。

(七) 检验计划

供货商应和业主一起制订详细的检验计划。

(八) 到货检验

1. 一般要求

按本规格书供货范围和合同要求进行设备和材料检查，包括但不限于以下内容：

(1) 包装(包装是否完整、合格)、标识检验。

(2) 设备运输到现场后供货商负责解体检查，检验后应恢复至原包装。

(3) 对每台设备逐个进行外观检验：设备表面不得有变形、毛刺、裂纹、锈蚀等缺陷；法兰密封面应平整光洁；零部件齐全完好。

（4）品种、规格、数量及质量检查。

（5）产品说明书、检测报告、安装图纸等资料检查。

（6）焊接接头无损检测的检查要求和评定标准。

2. 安装检查

安装时，应对设备、材料进行核对和检查，不合格的设备、材料不允许投入安装。

3. 证书

（1）进站分离器设计、制造许可证。

（2）受压元件材料的质量证明书。

（3）检验证书：供货商提供工厂出具的具有效力的检验证书一式两份。

（4）出厂合格证书：每台进站分离器及所带附件必须具有合格证书，并注明型号、规格制造商名称、生产日期等。

八、铭牌

每台进站分离器应设置铭牌。铭牌应采用奥氏体不锈钢材料制成，并牢固的安装在设备的醒目之处。安装应采用支架和螺栓固定，不能直接焊到设备上。铭牌至少应包括以下各项：

（1）产品名称。

（2）制造单位名称。

（3）制造单位许可证书编号和许可级别。

（4）产品标准。

（5）主体材料。

（6）介质名称。

（7）设计温度。

（8）设计压力、最高允许工作压力。

（9）耐压试验压力。

（10）产品编号。

（11）设备代码。

（12）制造日期。

（13）容积。

九、油漆、包装和运输准备

（一）防腐要求

容器的除锈、防腐、管线的保温的防腐要求见 SPC-0100 腐 01。

（二）运输包装要求

（1）设备及文件资料的运输包装按 JB/T 4711 的规定，应适宜海运、铁路及公路运输。

（2）包装应考虑吊装、运输过程中整个设备元件不承受导致其变形的外力，且应避免海水和大气及其他外部介质的腐蚀。

(3) 由供货商供货的所有仪表配件，运输时应独立包装，设备到现场后再安装。

(三) 发货要求

当所有的检验和试验已经全部完成且产品已准备发运时，供货商应通知业主，并请求业主采购部的授权人员签名下达放行指令。对在收到业主指令前放行的产品，业主有权拒收。

十、备品备件及专用工具

(1) 供货商应提供用于现场安装、调试、开车等所需的备件，并提供备件清单。

(2) 制造厂应附带安装试运用备品备件，并将所有备品、备件标记清楚，单独包装。

(3) 附加法兰、紧固件、垫片等设备上所有可拆的零部件应标记清楚，单独包装。

(4) 产品出厂时，需要对所有垫圈、法兰密封面进行保护，以避免大气腐蚀或机械损伤。所有裸露的法兰面要用带氯丁橡胶垫片的盖板保护，盖板应由12mm厚的木板或4mm厚的钢板制成，并用50%数量(至少4个)全尺寸的螺栓固定。

(5) 密封用石棉带应按图纸上的尺寸、规格、形状要求制好，编号装袋发运。

(6) 每个包装箱均应有包装清单，包装箱外应标记出设备位号。

(7) 供货商应提供2年运行使用的备件推荐清单，并单独报价。清单内容应包括备件名称、数量、单价等。

(8) 供货商应提供设备维修所需的专用工具，包括专用工具清单和单价。

十一、文件要求

1. 语言

所有文件、图纸、计算书、技术资料等都应使用中文。对于国外订货的设备，所有文件、图纸、计算书、技术资料等都应使用中英文对照，供货商应对翻译的准确性负责。

2. 单位

供货商提供的所有文件和图纸，包括计算公式的单位制应是SI单位。

3. 文件要求

供货商在合同签订生效2周内，设备制造前，应向业主提供下列技术文件(至少6份)，并在收到带意见的图纸后2周内重新提交升版后的图纸和文件；提交图纸和文件时，必须提交相应的图纸和文件目录并注明版次。在得到业主和设计认可后，方可进行设备制造。因图纸、文件未送审而造成的问题由供货商负责。

送审文件应用A4纸，送审图应采用A3纸、A2纸或A1纸。要求所有送审及完工图纸及文件必须能用静电复印清楚。

主要报批图纸、文件如下：

(1) 设备外形尺寸、基础尺寸、接管尺寸、设备安装图。

(2) 设备自重、设备充水重等。

(3) 进站分离器数据表。

(4) 设备性能及参数描述。

(5) 工艺计算书：结构参数计算书、流动阻力计算书。
(6) 设备计算书。
(7) 主要受压元件的强度计算书。
(8) 设备制造图(包括装配图、零部件图及对设备基础的要求)。
(9) 风险评估报告。
(10) 设备制造、检验方法和质量保证措施。

4. 交货文件

发货时，供货商应提供交货文件6份，交货文件包括但不限如下内容：
(1) 交货清单。
(2) 设计计算书。
(3) 主要受压元件原材料质量证明书及材料复验报告。
(4) 主要受压元件原材料无损检测报告。
(5) 焊接工艺评定报告、焊接接头质量的检测和复验报告。
(6) 所有子供货商的供货目录、相关图纸和资料。
(7) 子供货商供应的部件及其他所有部件的检验证书。
(8) 热处理报告及压力试验报告。
(9) 操作维护手册。
(10) 机械制造档案。
(11) 质量保证档案。
(12) 设备竣工图。
(13) 产品合格证和质量证明书。
(14) 2年用备件清单。
(15) 专用工具清单。

十二、服务与保证

(一) 服务

供货商应提供的售后服务包括：
(1) 现场安装指导、调试及投产运行。
(2) 现场操作人员的技术培训。
(3) 使用后的维修指导等。

当业主通知供货商需要提供服务时，供货商应在24h内作出响应，必要时，应在48h内到达现场。供货商应派有经验的技术人员到现场指导工作，提供技术支持。

(二) 保证

(1) 供货商应对其供货范围内的所有事项进行担保，确保设计、材料和制造无缺陷，完全满足技术文件的要求。并应保证设备自到货之日起的18个月或该设备现场运行之日起的12个月内(以先到者为准)符合规定的性能要求。设备因质量不良而发生损坏和不能正常工作时，供货商应该免费更换或修理，如因此造成人身伤害和财产损失的，供货商应对其予以赔偿。若在保证期内有任何缺陷，供货商应提供必要的更换和维修，并赔偿相关费用。

（2）供货商购自第三方的主要零部件应由业主批准。

（3）如果整套设备的全部或部分不满足担保要求，供货商应立即对设备中的缺陷进行修改、补救、改进或更换设备，直到设备满足规定的条件为止。

第二节 三甘醇再生装置

一、工作环境

（一）安装区域

三甘醇再生撬安装在××工程注采站工艺装置区内为地面露天环境安装。

（二）区域划分

三甘醇再生撬布置区域的防爆危险区域为 2 区，电气防护等级为 IP55，仪表防护等级为 IP65。

（三）环境数据

本工程建设于河南省濮阳市，濮阳市位于中原地带，属于暖温带半湿润季风型气候，四季分明，年平均气温为 13.4℃，月平均最高气温在 7 月份，气温为 39.5℃，月平均最低气温在 1 月份，气温为-4.3℃，年极端最高气温为 42.3℃，极端最低气温为-20.7℃。年平均降水量为 534.5mm，年最大降水量为 1067.6mm，月最大降水量为 419.5mm，日最大降水量为 276.9mm，年最小降水量为 246.5mm（表 3-2）。

濮阳市所在区域属东濮地堑，东有兰聊断裂，西有长垣断裂，黄河断裂贯穿中间，属于邢台—河间地震带的一部分，是华北平原地震活动较频繁的一个区域。根据中国地震烈度区划图，该地区抗震设防烈度 8 度。

（四）介质条件

本工程工作介质为三甘醇、水、天然气。

（五）主要设计参数

1. 工艺进口条件

三甘醇与水的混合物95%，流量为 $10m^3/h$，压力为 0.3MPa（表压），温度为40℃，密度为 $1120kg/m^3$，黏度为 15.45mPa · s。

2. 工艺出口条件

再生后三甘醇重量浓度不低于 99%，流量为 $10m^3/h$，压力为 9.8MPa（表压），温度 45℃。

3. 公用工程条件

（1）氮气：压力为 0.4~0.6MPa，温度为常温。

（2）仪表风：压力为 0.4~0.8MPa，温度为常温。

（3）燃料气：压力为0.2~0.6MPa，温度为常温，燃料气量充足。

（4）电源：380V/50Hz/三相。

（5）仪表信号：电信号为4~20mA。

二、相关文件

装置设计执行《天然气脱水设计规范》(SY/T 0076—2008)，压力容器的设计和制造应取得中国国家质量技术监督局颁发的压力容器设计和制造许可证。

装置的设计、制造和施工，包括所有的压力容器、调节阀、阀门、管线、配件、电动机和通用设备，应遵循以下相关的、最新的技术标准、规范和规程，在报价文件中列出执行的标准规范清单。

下列文件中的条款通过本技术规格书的引用而成为本技术规格书的条款。凡是注日期的引用文件，其随后所有的修改单或修订版均不适用于本技术规格书，然而，鼓励根据本技术规格书达成协议的各方研究是否可使用这些文件的最新版本。凡是不注日期的引用文件，其最新版本适用于本技术规格书。

《天然气脱水设计规范》(SY/T 0076—2008)；

《甘醇型天然气脱水装置规范》(SY/T 0602—2005)；

《天然气》(GB 17820—2012)；

《工业金属管道设计规范》(GB 50316—2000)；

《流体输送用无缝钢管》(GB/T 8163—2008)；

《钢制对焊无缝管件》(GB/T 12459—2005)；

《石油天然气工程设计防火规范》(GB 50183—2004)；

《工业设备及管道绝热工程设计规范》(GB 50264—2013)；

《大气污染物综合排放标准》(GB 16297—1996)；

《环境空气质量标准》(GB 3095—2012)；

《恶臭污染物排放标准》(GB 14554—1993)；

《钢制压力容器》(GB 150—2011)；

《压力容器焊接规程》(JB/T 4709—2000)；

《固定式压力容器安全技术监察规程》(国家质量技术监督局)；

《过程检测和控制流程图用图形符号和文字代号》(GB/T 2625—1981)；

《油气田及管道仪表控制系统设计规范》(SY/T 0090—2006)；

《天然气净化装置设备与管道安装工程施工及验收规范》(SY/T 4060—2000)；

《自动化仪表工程施工及验收规范》(GB 50093—2013)；

《石油化工仪表工程施工技术规程》(SH 3521—2007)；

《石油化工计量泵工程技术规定》(SH/T 3142—2016)；

《计量泵》(GB/T 7782—2008)；

《容积泵零部件液压与渗漏试验》(JB/T 9090—2014)；

《机动往复泵试验方法》(GB 7784—2006)；

《旋转电机　定额和性能》(GB 755—2008)；

《爆炸性环境　第1部分：设备　通用要求》(GB 3836.1—2010)；
《爆炸性环境　第2部分：由隔爆外壳"d"保护的设备》(GB 3836.2—2010)；
《爆炸性环境　第3部分：由增安型"e"保护的设备》(GB 3836.3—2010)；
《爆炸危险环境电力装置设计规范(附条文说明)》(GB 50058—2014)；
《铝制板翅式热交换器》(JB/T 4757—2009)；
《铝制焊接容器》(JB/T 4734—2002)；
《变形铝及铝合金化学成分》(GB/T 3190—2008)；
《流体输送用不锈钢无缝钢管》(GB/T 14976—2012)；
《高压化肥设备用无缝钢管》(GB 6479—2013)；
《压力容器涂敷与运输包装》(JB/T 4711—2003)；
《阀门制造及检验参照标准》(API6D)；
《阀门检验标准》。

若本技术规格书与有关的其他规格书、数据表、图纸以及上述规范和标准出现相互矛盾时，应遵照下列优先次序执行：

(1) 中国国家及地区的法律、标准或规范。

(2) 技术规格书。

(3) P&ID 和图纸。

(4) 签署的技术合同附件。

(5) 其他供参考的国内、国际规范。

对于不能妥善解决的矛盾，供货商有责任以书面形式通知业主。

供货商若有与以上文件不一致的地方，应在其投标书中予以说明，若没有说明，则被认为完全符合上述文件的所有要求。

即使供货商符合技术规格书的所有条款，也不等于解除供货商对所提供的设备和附件应当承担的责任，所提供的设备和附件应当具有正确的设计，并且满足特定的设计和使用条件以及国家/当地有关的健康和安全法规。

三、供货范围

设备名称：三甘醇再生装置(撬装)。

设备台数：3套。

安装位置：室外。

供货商提供3套专为用户设计的撬装式三甘醇再生装置，每套三甘醇再生能力为 $10m^3/h$。再生后三甘醇质量浓度不低于99%，三甘醇循环泵出口压力9.8MPa(表压)。

每套三甘醇再生装置成撬块供货运输。

每套三甘醇再生装置(撬装)包括(不限于)以下内容：

(1) 三甘醇再生组合设备(三甘醇闪蒸罐、再生塔、三甘醇重沸器、三甘醇缓冲罐、过滤器、贫/富三甘醇换热器、空冷器、冷凝水缓冲罐、三甘醇循环泵等)1套。

(2) 撬块内管道、设备防腐。

(3) 撬块内配电箱，控制柜、就地仪表和二次仪表，仪表可根据流程调整。

（4）撬块钢结构支架和底盘，含地脚螺栓。

供货商应按经业主最终确认后的P&ID及合同供货。所有与撬块连接的工艺管道和仪表配管均接至撬边，提供用户接口处的配对法兰、螺栓、螺母和金属缠绕垫片。提供必要的撬上供操作和维护的操作平台。

四、总体技术要求

本章仅对三甘醇再生撬提出总体技术要求。

三甘醇再生撬应是一个"交钥匙"工程。供货商应为本工程提供适应工程需要、技术先进、性能可靠、稳定、性价比高的三甘醇再生撬。该撬应能完全满足设计要求的全部功能和设计中遗漏但在实际生产过程中需要的功能。在技术规格书所列的范围内如果有遗漏的部分，供货商应提出遗漏事项并报业主和设计确认后实施。

三甘醇再生撬主要由三甘醇闪蒸罐、再生塔、三甘醇重沸器、三甘醇缓冲罐、过滤器、贫/富三甘醇换热器、空冷器、冷凝水缓冲罐、三甘醇循环泵等，压力控制、计量以及相应的管道、阀门、管件等组成。供货商所提供的三甘醇再生撬至少应满足以下要求：

（一）概述

出卖人提供的设备应功能完整、技术先进并能满足人身安全和劳动保护条件。

所有设备均应正确设计和制造、在正常工况下均能安全、持续运行，不应有过度的应力、振动、温升、磨损、腐蚀、老化等其他问题，设备结构应考虑方便日常维护（如加油、紧固等）及维修的需要。

设备零部件应采用先进、可靠的加工制造技术，应有良好的表面几何形状及合适的公差配合。买受人不接受任何带有试制性质的部件。

外购配套件，必须选用国内外知名品牌、节能、先进产品，并有生产许可证及生产检验合格证。严禁采用国家公布的淘汰产品。对重要部件需取得买受人认可或由买受人指定。对目前国内产品质量尚不过关的部件，可选用进口产品，并在投标时列出需进口设备部件的清单，由买受人确认。

易于磨损、腐蚀、老化或需要调整、检查和更换的部件应提供备用品，并能方便地拆卸、更换和修理。所有重型部件均应设有便于安装和维修用的起吊或搬运设施（如吊耳、环形螺栓等）。

所用的材料及零部件（或元器件）应符合有关规范的要求，且应是新型和优质的，并能满足当地环境条件的要求。

所有外露的转动部件均应设置防护罩，且应便于拆卸，人员易达到的运动部位应设置防护栏，对需要维护的工作点应有足够的空间和立足点，必要时可设平台，当高度>1.0m时，需装设栏杆，但不应妨碍维修工作，护栏设置应符合标准《机械安全　进入机械的固定设施　第3部分：楼梯、阶梯和护栏》（GB 17888.3—2008）的相关规定。

所有的驱动装置均应装设可靠的制动装置。电动机、减速机质量在25kg以上时应提供环形螺栓、吊钩或其他能安全起吊的装置。

所设计的设备应满足详细设计的要求，设备将能承受来自驱动装置或负荷突然变化而产生的最大加速度。设备的驱动装置能够平稳地传递加速度和减速度。设备能每天 24h 连续运行。

设备及部件的噪声、各设备工作点的粉尘浓度必须符合国家有关规定要求。

(二) 工艺及配管

1. 三甘醇循环泵

(1) 所选用的泵为往复泵。应包括泵、驱动电机、安全阀、缓冲罐等所有辅助设备的整个泵机组。

(2) 三甘醇循环泵的额定流量至少≥最大(操作)流量的 110%。轴功率不超过额定轴功率的 20%。年连续运行时间 8000h 以上。填料寿命在 8000h 以上。

(3) 泵的效率不低于 85%。泵在 30%~100%额定流量范围内可调节，且在 30%~100%流量范围内计量的稳定性精度、线性度和复现性精度均在±1%以内。

(4) 所有承压零件(包括进口压力影响区域)应按泵送温度下允许最大出口压力设计泵体的设计压力不小于安全阀的设定压力。

(5) 压力泵壳应设计成具有一定的腐蚀裕量以符合实际工况的要求，最小腐蚀裕量应为 3mm(不锈钢的腐蚀裕量为 0mm)。与填料接触部分的柱塞杆或柱塞段表面应硬化并磨光。

(6) 泵均应采用稀油润滑，以确保长周期安全运行。

(7) 泵和驱动电机的轴承应为标准形式，不得采用制造厂自行制定的非标轴承，且在额定工况下连续运转寿命应不少于 25000h。

(8) 对于泵口和泵壳上的其他接头，螺纹管法兰禁止使用，应采用带颈对焊法兰连接。

(9) 泵系统所有材料的选择应符合设计方的要求和规定的操作条件，如需更改材料，制造商应提交买受人审核，并得到书面认可。

(10) 泵、电机及其辅助设备应在安装现场的最低和最高环境温度下适用于户外启动和连续操作。

(11) 供货商要保证同规格泵的常规零部件具有互换性。

2. 燃料气系统

需带 1 台燃料气缓冲罐，以及计量仪表，自动调压，可计量自耗天然气，数据上传至控制室 DCS 系统。

燃料气系统在燃料气缓冲罐出口设置总切断阀，在停车条件下，由控制室给出紧急关断信号(触点信号)，关断三甘醇再生装置的燃料气。

应采用国内外知名品牌微正压燃烧器，具备自动吹扫、自动点火、熄火自动关断控制功能。

3. 贫富液换热器

优选换热器的结构形式，适当提高换热器存液量，保证富液流量波动时三甘醇循环泵进口(贫液)温度不高于 70℃。

4. 消耗

正常操作期间，三甘醇损耗量宜小于 15mg/m^3 天然气。

5. 废气

要求对再生撬顶部排放的蒸气进行回收处理，回收的凝结水排至冷凝水罐，排至撬块外污水系统。供货商提供排放气成分和排放气量。废气、燃烧尾气排放必须满足《大气污染物综合排放》（GB 16297—1996）。含烃类的废气严禁排放至大气环境中。

6. 污水排放

开停车时，撬体内所有污水应汇集到污水管线中，并引至撬体边缘，与整个工程污水系统连接后统一处理。

在正常运转时，冷凝水通过冷凝缓冲罐自流至采出水罐。

三甘醇发泡时，撬内三甘醇通过管线自流之三甘醇回收罐。

7. 法兰连接

撬体与界区接线均为法兰连接，撬体附带配对法兰。法兰应符合 HG 20615—2009 的要求。具体接管尺寸待中标后双方核实。

8. 设备管线安装

撬体上设备管线的安装要方便操作及检修。

9. 撬体上选用设备

撬体上所选用设备必须是国内外知名品牌厂家的设备。

10. 运行寿命

三甘醇再生撬主要设备最低运行寿命为 20 年。

(三) 电气

(1) 装置由卖方根据撬装设备功能的要求自带电控箱。

(2) 以供货商提供撬体的配电箱作为电气供货边界。

(3) 装置上每个用电设备应配有 HOA 开关（HAND/OFF/AUTO）。

(4) MCC 与机组间的接线由业主完成，供货商提供端子型号、导线规格、功率等。

(5) 撬体内电气设备均为防爆型，防爆等级不低于 ExdⅡBT4 Gb，防护等级不低于 IP55 F1。

(6) 电控箱明显位置需有设备铭牌及接线图。

(7) 撬装设备内配线由厂家安装完成，电缆采用阻燃型电缆。

(8) 配管或配线槽均采用金属材质。

(四) 自控仪表

(1) 供货商应该为每套三甘醇再生装置提供一套完整的仪表控制系统，满足生产安全需要，PLC 柜和控制阀安装在撬块上。

(2) 采用的设备、系统及材料应是技术先进、性价比高，能满足所处环境和工艺条件，在工业应用中被证明是成熟的产品。

(3) 每套装置的控制系统应能就地独立完成该装置的控制功能，并将下列信号上传至用户提供的 DCS 系统，贫三甘醇再沸器温度远传至控制室显示、报警。燃料气流量远传至控制室指示、积算。

(4) 所有模拟量数据采用 4~20mA 标准信号。所有仪表及人机界面均为 FM 认证，适用于 Class Ⅰ、Division Ⅱ、GroupD 使用环境。

（5）所有仪表指示值均应采用 SI 制。

（6）压力变送器应配置二阀组并带就地显示。高压就地压力表应配置截止放空阀。

（7）所有现场安装仪表应满足ⅡB 级别 T4 组别或等同标准的要求。

（8）现场仪表防护等级不低于 IP65。

（9）供货商提供的仪表制造商清单需经用户批准。

（10）仪表精度。

① 就地仪表为压力表，双金属温度计的精度为 1.5 级(标定量程)。

② 变送器为 0.075%(标定量程)。

（11）供货商应采用 PLC 控制，PLC 控制系统安装在 PLC 控制柜内，其硬件配置至少应有 20%的余量，软件配置应技术成熟，且其使用权应无限制期限。PLC 控制柜安装在撬上，以控制柜作为供货界面，仪表控制系统与控制室 DCS 系统通信采用 MODBUS-RTU 协议，接口为 RS485；控制室可以显示三甘醇再生装置的重要运行参数、故障报警信号，并可实现远程紧急停机。三甘醇再生装置仪表控制系统与 DCS 系统出现通信故障时，装置仍能正常连续操作。

（12）控制系统的设计应使其不易受其他电气系统的干扰。

（13）由供货商提供撬内所需的电缆、接头及配件。撬内设备之间的连接电缆及仪表风管线由供货商提供。由供货商负责整套仪表控制设备安装、调试。

（14）三甘醇再生装置的检测点见表 3-6，该表为基本最低要求，允许厂商在此基础上增加检测点。

表 3-6　三甘醇再生装置的检测、控制、报警一览表(不限于)

检测项目	就　地	远　传	类　型	信　号	控　制	报警 H	报警 L
三甘醇过滤器进出口差压	√	√	AI	4~20mA		√	
三甘醇再生塔(塔顶、塔底)温度检测及调节	√	√	AI、AO	4~20mA	√	√	√
三甘醇缓冲罐液位就地显示	√	√	AI	4~20mA		√	√
燃料气调压	√						
燃料气流量检测	√	√	AI	4~20mA			
三甘醇循环泵流量	√	√	AI	4~20mA		√	√
三甘醇循环泵出口压力	√	√	AI	4~20mA		√	√
阀门切断		√	DO	数字量	√		
温度开关		√	DI	数字量		√	√

（五）钢结构

（1）承重结构采用的钢材应具有抗拉强度、伸长率、屈服强度和硫磷、含量的合格保证，对焊接结构尚应具有碳含量的合格保证。

（2）焊接承重结构以及非重要的非焊接承重结构采用的钢材还应具有冷弯试验的合格保证。

(3) 钢材的屈服强度实测值与抗拉强度实测值的比值应不大于0.85。

(4) 钢材应具有明显的屈服台阶，且伸长率应大于20%。

(5) 钢材应具有良好的可焊性和合格的冲击韧性。

除以上要求外，钢结构还应符合《钢结构设计规范》(GB 50017)、《碳钢焊条》(GB/T 5117)、《钢结构工程施工质量验收规范》(GB 50205)、《涂装前钢材表面锈蚀等级和除锈等级》(GB/T 8923)的要求。

(六) 安全和环境保护

1. 环境空气的质量标准

供货商应保证所有烟囱(如果有的话)及排气管所排放的气体符合中国现行标准的规定。

在操作条件下，污染物的排放浓度不超过以下标准规范要求：

(1)《环境空气质量标准》(GB 3095—2012)。

(2)《恶臭污染物排放标准》(GB 14554—1993)。

(3)《大气污染物综合排放》(GB 16297—1996)。

2. 噪声标准及要求

噪声等级为距撬块1m处≤85dB。

3. 安全工作规定

在设计和制造时，装置应具有很高的安全性和可靠性。为了达到这一目的，在工程建设的基础阶段，供货商应对承包装置进行有关安全性和可靠性分析。

(七) 其他

站内三甘醇再生撬的所有切断阀应选用球阀，对球阀的技术要求应依照其专用技术规格书中的要求执行。

五、管道安装检验要求

(1) 设备、阀门、管材等材料的检验、验收按照《石油天然气站内工艺管道工程施工规范》(GB 50540)执行。

(2) 管道安装、焊接执行《石油天然气站内工艺管道工程施工规范》(GB 50540)、《石油天然气建设工程施工质量验收规范　站内工艺管道工程》(SY 4203)中的相关要求。

(3) 管道焊接应根据供货商自身的焊接工艺进行评定。工艺管道焊接中应对所使用的任何钢种、焊接材料和焊接方法进行焊接工艺评定。异种钢、不锈钢焊接工艺评定应符合现行国家标准《现场设备、工业管道焊接工程施工及验收规范》(GB 50236)，其余钢种焊接工艺评定应符合现行行业标准《石油天然气金属管道焊接工艺评定》(SY/T 0452)的有关规定，并根据合格的焊接工艺评定编制焊接作业指导书。

(4) 所有焊缝应进行100%外观检查，100%射线检测，返修焊缝的对接焊缝和未经试压的管道连头口焊缝及管道最终的连头段的对接焊缝应进行100%的射线检测和100%的超声波无损检测。焊缝无损检测应按照《石油天然气钢质管道无损检测》(SY/T 4109)进行检测和等级评定，合格等级为Ⅱ级。不能进行超声波或射线检测的焊缝，按《石油天然气钢质管道无损检测》(SY/T 4109)进行渗透或磁粉探伤，无缺陷为合格。

(5) 管道系统安装完毕后，必须进行吹扫和试压，清除管道内部的杂物和检查管道及焊缝的质量，吹扫、试压应符合《输气管道工程设计规范》(GB 50251)、《石油天然气站内工艺管道工程施工规范》(GB 50540)相关规定。

(6) 强度试验应以洁净水为试验介质，试验压力应为设计压力的1.5倍。试压宜在环境温度5℃以上进行，当环境温度低于5℃时，应有防冻措施。严密性试验应采用空气或其他不易燃和无毒的气体作为试验介质，试验压力为设计压力。管线设计压力以工艺管道仪表流程图的标注为准。

(7) 撬块试压完成后应清除管道、设备内的游离水。

六、验收试验

(一) 工厂验收试验

撬块在出厂前应根据有关规范进行工厂试验，以证明所提供的单项设备和整套系统在各方面均能完全符合业主的要求。必要时，业主及其代表有权利到供货商工厂进行监督试验及验收，供方应提前两星期以书面方式通知业主及其代表。撬块应依据各种仪表、设备以及撬装系统相应的工业标准或其他的管理规范进行出厂测试。供货商应向业主提供每台仪表、设备及整套系统的出厂测试报告及质量检验报告，应是具有签署和日期的正式报告。

供方必须对所提供的撬块的每台设备及整套装置进行100%的试验和检验，其内容至少应包括：

1. 静态测试

(1) 数量检查(包括附件)。

(2) 外观检验包括漆面质量表面光洁度等检验。

(3) 尺寸检测(包括整体尺寸)。

(4) 标牌标识是否完整清晰。

(5) 防爆等级或本质安全设备的认证证书。

(6) 紧固件连接管路等是否有松动现象。

(7) 连接件形式尺寸是否符合标准。

(8) 仪表、设备到接线箱的电缆是否连接并符合标准。

(9) 是否遵从焊接规范和标准。

(10) 材质是否与供货商提供的证明相符(内部件、外壳等)。

2. 动态测试

(1) 仪表调压阀的准确度试验。

(2) 仪表调压阀的滞后性试验。

(3) 仪表复现性试验。

(4) 所有电气设备的绝缘性能试验。

(5) 压力试验(单台设备及整套装置)。

(6) 严密性试验(单台设备及整套装置)。

(7) 各阀门阀座泄漏试验。

（8）安全切断阀的自动关断及手动开启试验。

（9）安全切断阀的响应时间试验。

（10）进出防爆接线箱的信号测试试验。

（11）噪声试验。

（12）负荷试验。

（13）其他内容测试。

3. 三甘醇循环泵

在空载试验和负荷试验时，传动与调节机构工作应平稳，润滑油油温应不高于60℃、轴承温度应不高于70℃、传动部件和液缸部件的密封件应无泄漏，液缸部件应无异常声响并工作可靠。三甘醇循环泵应满足额定流量和额定压力的要求，还应在额定流量和两个相邻流量试验点之间的排出压力条件下，验证稳定状态下的流量精度，流量偏差不超过额定流量的±1%，单次的试验运转周期不超过5min。

（二）现场验收试验

系统设备运抵安装现场后，由供货商与业主共同开箱检查，若发现问题，由供货商负责解决(即使在供货商工厂已试验过且已通过出厂验收)。

在设备安装和投运期间，供货商应派遣有经验的工程师到现场指导，协助和监督系统的安装并负责系统调试，保证其投入正常运行。

在现场验收试验前两星期，供货商应事先提出试验计划，并须征得业主的批准。

供货商提供整个装置、配套设施和单个设备考核程序及方案。现场试验装置及配套设施平稳运行72h，确认供货范围内的设备仪表等，已达到相关标准的要求。

性能考核完毕并达到要求时，应由双方在考核结果的验收文件中共同签字认可。

七、文件

供货商所有的投标文件和最终的设备技术资料、图纸均应该按本技术规格书和相关技术规格书的要求进行编制和提供，但不仅限于此。

供货商若对设计或业主提供的技术文件有其他建议或意见，应以技术澄清的形式提交业主及设计审查、答复，仅在得到设计或业主明确、肯定答复之后才能在投标方案中提出对技术文件的偏离。

供货商中标后应编制技术协议，应对其投标方案进行描述，对设计或业主提供的技术文件进行总体的、明确的确认，并根据设计或业主明确、肯定答复的技术偏离条款编制“偏离”章节。

供货商必须按照安全、可靠、经济、合理、检修方便的原则完成界区内装置及其他配套设施的设计。

供货商应向业主方提供详细完整的工程文件以满足制造、施工、安装、试运和投产的所有规定的要求，对需完成的工作要向分包方和有关人员提供详细说明，并提出整个工作的操作要求，业主方有权审查和检查工程文件。

供货商技术方案必须经业主、设计签署确认后才可进行生产。

（一）文件格式要求

所有投标文件和最终的设备技术文件必须使用中文或中英文对照，当中英文冲突时，应以中文为准。

供货商应采用下列格式编制图纸和数据：图纸采用标准的 A4 图面、A3 图面或 A1 图面；但是，最终提供的图纸需折叠至不大于 A3 幅面，图纸折叠后，应在右下角显示标题框。

计量单位：本工程所有设备显示变量和设计参数的单位均采用国际单位制(SI)，常用参数的计量单位如表 3-7 所示。

表 3-7　常用参数计量单位一览表

编　号	名　称	单　位	备　注	编　号	名　称	单　位	备　注
1	温度	℃		5	密度	kg/m^3	
2	压力	Pa、kPa、MPa		6	体积流量	m^3/h	
3	质量	kg		7	质量流量	kg/h	
4	长度	mm，m		8	黏度	Pa·s	

（二）文件内容要求

通常，供货商在签订合同 2 周内应向设计方提供送审图纸、技术文件(至少 6 份)，并在收到带意见的图纸后 2 周内重新提交升版后的图纸和文件；提交图纸和文件时，必须提交相应的图纸和文件目录并注明版次。在得到业主和设计认可后，方可进行设备制造。因图纸、文件未送审而造成的问题由供货商负责。详细设计包括但不限于以下内容：

(1) 设计技术规定。

(2) 工艺管道仪表流程图。

(3) 装置有关说明(包括工艺流程说明，使用要求溶液浓度、循环量)及应用事例，选择溶液及工艺方法的理由及腐蚀情况等。

(4) 总体布局及交接资料(包括计算书、平面布置、总图，满足每一专业详细设计的相关资料)。

(5) 详细设计及相关文件，设计文件中应注明易损件使用年限及需要更换的时间。

(6) 撬块外形图、配管管道安装图、接口法兰图、P&ID 图。

(7) 系统安装尺寸及重量。

(8) 计量调压设备选型说明。

(9) 主要阀门和检测仪表的选型说明。

(10) 各种设备和材料详细的产品说明书。

(11) 调节阀、流量计等的计算书。

(12) 调节阀、流量计、电动阀及各种检测仪表的数据表。

(13) 详细的设备、材料和仪表清单。

(14) 推荐备品备件。

（15）防雷系统。
（16）接地系统。
（17）项目实施计划。
（18）FAT 和 SAT 的详细内容和计划。
（19）现场调试方案和实施计划。
（20）投产方案和实施计划。
（21）售后服务保证。
（22）施工文件。
（23）技术建议。

发货时，供货商应提供交货文件 6 份，交货文件包括但不限于以下内容：

（1）交货清单。
（2）投产、操作维护手册。
（3）机械制造档案。
（4）质量保证档案。
（5）设备竣工图。
（6）产品合格证和质量证明书。
（7）材料、试验、检验报告。
（8）压力容器制造、试验、检验报告。
（9）2 年用备件清单及厂家及联系方式。
（10）专用工具清单。

在系统验收并交付用户后，供货商应提供 6 套完整的最终工程技术文件和 2 套刻录在光盘中的全套工程技术文件。

八、备品备件

供货商应提供开工及正常生产时 2 年使用的易损件的备品备件，其中循环泵的备件应包括（但不限于）表 3-8 所列备品备件。供货商在提交的文件中应列出保障所供设备正常运行两年所需的详细的备品备件建议清单，并提供能够保证备品备件供应的时间、供应方法和渠道。推荐的备品备件在文件中按可选项列出。

表 3-8 循环泵备品备件明细表

序号	名称		单位	数量	备注
1	10件柱塞	柱塞填料	件	20	
2		柱塞总成	件	10	
3		垫片	套	10	
4		油封	件	5	十字头处
5		油封	件	5	电机处
6		泵本体	套	1	含活塞、曲轴、连杆、泵壳等

随机提供 1 套设备所需的专用工具。

九、技术服务

供货商应提供以下技术服务：

（1）供货商应提供整体撬块及相关设备的安装程序，提供安装指导及现场调试运行服务。

（2）供货商应提供现场安装需要的特殊工具，提供使用后易损件及其他配件。

（3）当业主通知供货商要投产运行时，供货商应派有经验的工程师到现场指导试运工作，提供技术支持。

（4）当整体撬块或设备出现故障或不能满足业主要求时，供货商应按业主要求排除故障，直到业主确认为止。

（5）在保修期内，当撬块或设备需要维修或更换部件时，供货商应派有经验的工程师到现场进行技术支持。

（6）现场操作人员的技术培训。

（7）使用后的维修指导等。

（8）由于本系统的复杂性及运行操作关联性要求是至关重要的，供货商派一名经验丰富的专业技术人员为业主培训，以全面掌握本系统的运行调整设定，系统日常维护及故障排除。培训应至少包括如下三项：

① 提供系统操作和维护手册。

② 现场安装、联调及试运行的培训。

③ 保驾运行的支持(运行后3个月内)。

十、保证和担保

当业主通知供货商需要提供服务时，供货商应在24h内作出响应，在48h内到达现场。

供货商应派有经验的技术人员到现场指导工作，提供技术支持。

供货商应对其成撬范围的内所有事项进行担保，确保材料和制造无缺陷，完全满足本技术规格书和订单的要求。并应保证撬块或设备在自发货起的24个月或该设备现场安装之日起的16个月内(取时间较长者)符合规定性能标准。若在保证期内有任何缺陷，供货商应提供必要的更换和维修，并赔偿相关费用。

供货商购自第三方的产品应由业主批准。

如果撬块或设备的全部或部分不满足担保要求，供货商应立即对设备中的缺陷进行修改(补救)改进或更换设备，直到设备满足规定的条件为止。

供货商应以书面文件阐述所有特殊(非一致性)条件。所有非一致性条件应可处理，“维修”和“照常使用”应经业主核准。

十一、防腐、刷漆及包装、运输

(一) 防腐、刷漆

（1）供货商用于该产品涂装材料，选用符合买受人的技术资料规定或经实践证明的其综合性能优良的一流产品。

(2) 涂漆的油漆种类和牌号、生产厂家、喷涂工艺、涂装遍数和漆膜厚度均按同类产品标准进行。色标标准和色卡由买受人提供给供货商，如买受人未事前约定或未提供。

(二) 包装、运输

(1) 设备须在检验和试验合格后使设备内部干燥、清洁，并且所有的开口都应封闭后方可进行包装、发货。

(2) 设备的包装能满足长途运输、搬运及存储的需要。包装要坚固、牢靠、防腐、防潮、防盗。

(3) 所有零部件及附件的包装，应保证在运输和储存过程中不发生变形和损坏。

(4) 易损件专用工具等进行单独装箱，并在箱体上注明标记。

(5) 货物标记按国家有关货物运输的规定执行。箱面各种标记齐全，如箱号、名称、合同号、收货单位、发货单位、收发货站、重量、外形尺寸、吊装位置、防雨、防碎、防倒置标记等。

(6) 由于供货商包装不当或标记不清所造成的设备丢失、缺损、发霉、锈蚀、受潮和错发等问题，供货商负责无偿修理、补供或更换。

(7) 包装箱应有详细的标记、装箱清单和产品合格证一份。

(8) 产品标志和铭牌主要内容包括制造厂家、产品名称、产品型号、主要技术参数、制造日期等。

(9) 货商应提供满足大修时安全而有效地拆卸部件或组件及特殊维修和检修要求的专用工具，并应根据其使用寿命和使用频率考虑一定的余量。每项工具均需附有必要的说明。

第三节　注气压缩机组

一、概述

本技术规格书规定了用于文23地下储气库工程的注气压缩机组的设计、材料、制造、检验和试验的最低要求。

二、相关文件

(一) 规范性引用文件

不限于以下规范，下列文件对于本文件的应用是必不可少的，其最新版本(包括所有的修改单)适用于本文件。

1. 压缩机

《Packaged Reciprocating Compressors for Oil and Gas Services》(API Spec 11P)；

《Petroleum and Natural Gas Industries - Packaged Reciprocating GasCompressors》(ISO 13631)；

《Reciprocating Compressors for Petroleum，Chemical and GasIndustry Services》(API Std 618)；

《Lubrication, Shaft-Sealing, and Control-Oil Systems and Auxiliaries for petroleum, Chemical and Gas Industry Services》(API Std 614);

《Flanged Steel and Safety Relief Valves》(API Std 526);

《Machinery Protection Systems》(API Std 670)。

2. 电动机

《Classification ofLocations for Electrical Installation at Petroleum Facilities Classified as Class I, Division 1 and Division 2》(API RP 500);

《Form-wound Squirrel-cage Induction Motors-500 Horsepower and Larger》(API Std 541);

《Special-Purpose Couplings for Petroleum, Chemical and Gas Industry Services》(API Std 671);

《General-Purpose Gear Units for Petroleum, Chemical and Gas Industry Services》(API Std 677);

《Rotating Electrical Machines》(IEC 60034);

《Electrical Apparatus for Explosive Gas Atmospheres》(IEC 60079);

《Degrees of Protection Provided by Enclosures(IP Code)NEMA MG Motors and Generators》(IEC 60529)。

3. 空冷器

《Shell & Tubular Exchangers Manufacturers association》(API Std 660);

《Petroleum and natural gas industries—Air-cooled heat exchangers》(API Std 661)。

4. 压力容器

《Welding and Brazing Qualifications》(ASME Section Ⅸ);

《Nondestructive Exami》(ASME Section Ⅴ);

《Rules for Construction of Pressure Vessels》(ASME Section Ⅷ Div. 1);

《Rules for Construction of Pressure Vessels-Alternative Rules API Std 660Shell & Tubular Exchangers Manufacturers association TEMATubular Exchangers Manufacturers Association》(ASME Section Ⅷ Div. 2)。

5. 管道系统

《Process Piping》(ASME B31. 3);

《Steel Pipe Flanges and Flanged Fittings》(ASME B16. 5);

《Metallic Gaskets For Pipe Flanges Ring-Joint, Spiral-Wound, and Jacketed》(ASME B16. 20);

《Nut for General Applications: Machine Screw Nuts, Hex, Square, Hex Flange, and Coupling Nuts(Inch Series)》(ASME B18. 2. 2)。

6. 其他

《American Gear Manufactures Association Standards》(AGMA);

《American Institute for Steel Construction ASTMAmerican Society for Testing Materials AWS D1. 1Structural Welding Code-Steel》(AISC);

《Certificates on Material Testing EEMUA 140Noise Procedure Specification NEMA MG

1Motors and Generators》(DIN 50049)；

《National Electrical Code》(NFPA 70)。

(二) 优先顺序

(1) 应遵照下列优先次序执行：数据表；技术规格书；工艺管道流程图；相关标准和规范。

(2) 若技术规格书、数据表、图纸以及相关标准和规范出现矛盾时，应按最为严格的要求执行。

三、供货商要求

(1) 供货商应通过ISO9001质量体系认证或与之等效的质量体系认证，以及HSE体系认证，证书应在有效期内。

(2) 供货商应具有与本工程操作介质、排量、压力等级相近的压缩机组的设计和制造资格，产品应该是先进的、成熟的产品类型，供货商应具有国际近十年来往复式天然气压缩机出口压力≥30MPa，且压缩机轴功率≥3800kW成功应用的业绩证明；压缩机驱动生产商主机配套电机设备供货商应具有，国内近十年来用于驱动往复式天然气压缩机单台电机功率≥3800kW成功应用的业绩证明。

(3) 供货商应能提供良好的售后服务和技术支持，并具备提供长期技术支持的能力。

(4) 供货商可根据经验、技术和产品，推荐和提供与本技术规格书不同的方案。这些方案应用中文或中英文对照加以详细和完整的描述，以供业主和设计方评估和决策。

(5) 供货商若有与所提及的文件不一致的地方，应在其投标书中予以说明，若没有说明，则被视为完全符合上述文件的所有要求。即使供货商符合本规格书的所有条款，也并不等于解除供货商对所提供的设备及附件应当承担的全部责任，所提供的设备及附件应当具有正确的设计，并且满足规定的设计和使用条件及当地有关的健康和安全法规。

(6) 除非经业主批准，供货商提供的设备应完全依照本规格书、数据表及其他相关资料及规范标准的要求。规格书中的任何遗漏都不能作为解脱供货商责任的依据，所有改动应提交给业主批准。对于不能妥善解决的问题，供货商有责任以书面形式通知业主。

(7) 供货商投标书所提供的设备的供货范围应满足技术规格书的要求，投标商对设备正常运行所需配件齐全性负责。投标商的投标文件必须严格按照技术规格书的要求完成，投标文件中必须分别提供商务、技术偏离表，偏离表中应填写具体的偏离项目，如没有偏离项应填写声明无偏离，不接受未列入偏离表的任何偏离。所有对技术规格书的偏离必须经过买方确认，并且承诺不会影响整机的工艺性能和操作性能，买方不接受投标商偏离表以外的偏离，如果没有技术偏离，需在投标文件中明确。

(8) 供货商报价应符合本规格书、数据表及相关附件的要求。

四、供货范围

(一) 概述

(1) 供货商应对所提供注气压缩机组内所有设备、仪表、阀门、管线和管件、供配电、控制系统、撬底座等的设计、材料采购、制造、零部件的组装、图纸、资料的提供以及与各个分包商间的联络、协同、检验和试验负有全部责任。供货商还应对所提供注气机组的性能、安装、调试和技术服务负责。

(2) 供货商所提供的设备应是供货合同签订以后生产的，在此之前生产的设备严禁使用在本工程上。

(二) 供货范围

(1) 本技术规格书阐述的注气压缩机组主要由压缩机、主电动机、空冷器、联轴器、主底座、工艺气系统、润滑油系统、气缸、填料和压缩机润滑油冷却系统、PLC 控制系统等组成。其中压缩机选用六缸二级压缩、对称平衡型往复式压缩机，驱动机选用正压通风型防爆电动机，工艺气冷却采用空冷方式。

(2) 每套注气压缩机组的供货范围应包括但不限于以下内容：

① 压缩机。气缸；气阀；活塞、活塞杆、活塞环和支撑环；机身、曲轴、连杆、轴承和十字头；中体、接筒(隔距件)；余隙调节装置；填料盒和压力填料。

② 主电动机及其辅助部件。电机(正压通风型)；联轴器；防护罩。

③ 润滑油系统。润滑油泵、润滑油管路及管件；润滑油过滤器；注油器及其管路；高位油箱；系统参数就地显示和远传监控。

④ 气缸、填料和压缩机润滑油冷却系统。冷却水泵；润滑油冷却器(管壳式)；补充水箱、液位计及液位开关等；气缸冷却水管路及管件(如适用)；填料冷却水管路及管件；系统参数就地显示和远传监控。

⑤ 压缩机辅助水、工艺气冷却系统。空冷器主要包括：风机及配套防爆电机；构架；管箱、管束；风箱；百叶窗；振动开关；操作检修平台、通道及梯子等；系统参数就地显示和远传监控。

⑥ 工艺气系统。进气过滤器；一级进气气液分离器；二级进气气液分离器；末级气液分离器(同时满足出口除油要求)；一级、二级进气缓冲罐；一级、二级排气缓冲罐；进气、排气管路及管件(含气动切断阀，启动旁通阀、停车泄压止回阀等附件)；系统参数就地显示及远传监控。

⑦ 其他附件或设施。主底座；主电机软启动装置；PLC 控制柜。低压配电 MCC 控制柜；电动盘车装置；调试用笔记本电脑、程序备份、系统免费升级、口令和终身授权等；电机、控制柜等接线防爆封堵装置；低位回收排污(液)及高点放空系统；氮气密封系统；机组安全巡检通道、平台及护栏；机组振动检测仪表；用于安装和维修的专用工具(包括专用工具清单)。

安装、试车和开车用备品备件(含规格型号、原产地、材质、供货商名称等)；两年用备品备件清单(含价格、规格型号、原产地、材质、供货商名称等)；相关文件。

现场指导及培训(包括售后服务)。

(三) 界限划分

以压缩机组工艺流程图中双点划线所示区域为界。

1. 工艺系统

所有供货范围内工艺系统设备和设备之间的管路(包括管线、阀门、仪表及支撑等)由供货商提供；与外界对接的工艺气进出口、排污口、放空口、仪表风口、氮气口等所有管道接口（口径 $DN \geqslant 25mm$ 采用法兰连接），连接位置应延伸至撬座边缘，与撬内管路接口配对法兰（包括垫片、螺栓和螺母）由供货商提供。

2. 电气系统

供货范围内所有用电设备及接线箱之间的电缆由供货商提供，所有对外连接的电缆及信号缆，供货商应在集中接线盒中预留所需外接电缆接口，并提供外部电缆接口的防爆格兰头、挠性连接管等连接密封件等。配套的低压配电控制柜安装在压缩机组旁，低压配电控制柜的电源进线电缆由业主负责引至撬边，供货商应提供低压配电控制柜的用电负荷及相关要求。其中软启动装置安装在非防爆区的配电室内，软启动装置至机组撬边之间的电缆由业主提供。

3. 自控系统

由供货商提供机组内所有仪表、接线箱、仪表至接线箱及PLC控制柜、接线箱至PLC控制柜相互之间的电缆、接线、安装、控制柜的组态及调试。PLC控制柜至高压室的控制电缆、PLC控制柜到站控系统间的信号电缆由业主负责。

4. 保温伴热

撬块内的保温、电伴热及防护设施（如果需要）应由供货商配套提供并安装良好。外表面温度60℃以上的部位应设置防烫保护或指示牌。

五、通用条件

供货商提供的设备必须满足现场条件的要求。

（一）工作场所

注气压缩机组安装在室内，防爆区域等级为Ⅰ类2区。地震设防烈度为8度，设计基本地震加速度为0.20g。

（二）环境条件

文23储气库位于河南省濮阳市区东南35km处文留镇，当地主要气象资料如下：设备安装地属北温带半湿润大陆季风气候区，年最低气温出现在每年元月，月平均气温为2.1℃；最高气温多出现在每年7月，月平均气温为27℃；年平均气温为13.4℃。30年一遇极端最高气温达43.1℃，极端最低气温为-21℃。年降雨量冬季少占10%~15%，多集中在7月、8月、9月这3个月，约占全年降水量的70%左右，多年平均降水量为607.79mm；蒸发量为1805.4mm；绝对湿度为12.9g/m^3，相对湿度为68%，年平均相对湿度为68.3%。平均年冻土深度为20.6cm，1977年1月6日冻土最大深度为41cm。实测管线埋地1.3m处8月最高平均地温为25℃，2月最低地温为6℃。

六、技术要求

（一）设计参数

1. 工作介质

工作介质为天然气，气源来自榆林—济南输气管道、鄂安沧管道及山东LNG管道。

其中鄂安沧管道近期气源为天津 LNG 管道气，远期为内蒙古煤制气。以上三种管道气源的气质均符合《天然气》(GB 17820)中的Ⅱ类气质标准，组成见表 1-2。考虑以下气源最恶劣的条件。

2. 进口压力

根据来气气源管道实际运行压力，注气压缩机组进口压力范围在 5.0~8.0MPa(表压)。

3. 出口压力

由低至高周期变化，周期约 200d，上限压力 34.5MPa(最高操作压力)，下限压力约 18MPa 左右。满足垫底气运行工况要求，出口压力 10~18MPa(表压)。

4. 介质温度

进口温度 8~25℃，出口温度≤65℃。

5. 排气量

在进气压力 7.0MPa、进气温度 10℃、出口压力 34.5MPa(表压)设计点下，排气量≥$150\times10^4m^3/d$，同时要满足：在进气压力 6MPa、进气温度 10℃、出口压力 34.5MPa 时，排气量>$130\times10^4m^3/d$；在进气压力 8MPa、进气温度 10℃、出口压力 34.5MPa 时，排气量>$160\times10^4m^3/d$。

6. 电机功率

配套电机额定功率≤4500kW(表 3-9)。

表 3-9　操作条件表

进气压力/MPa	5.0~8.0(设计点 7)	排量/($10^4m^3/d$)	≥150(设计点下)
出口压力/MPa	18~34.5(设计点 34.5)	冷却形式	空冷
入口温度/℃	5~25(设计点 10)	电机额定功率/kW	≤4500
出口温度(冷却后)/℃	≤65		

注：标准状况为 20℃，101.325KPa。

(二) 公用数据

(1) 动力电：10kV(±15%)/50Hz，三相。

(2) 辅助电：380V(±15%)/50Hz，三相。

(3) 控制电：220V/50Hz，单相。

(4) 仪表风：0.4~1.0MPa，在线压力下水露点≤-30℃。

(5) UPS 电源：220V/50Hz，单相。

(6) 氮气：0.4~1.0MPa，在线压力下水露点≤-30℃。

(三) 一般要求

(1) 成套机组应符合中国安全、环保等强制性标准规范要求，设备为同类产品中技术先进、低能耗的知名品牌。成套机组体现先进性、安全性和可靠性要求，体现循环经济、清洁生产、节能低碳的绿色环保理念。机组内仪器仪表采用 IEC 标准或 NEC 标准。

(2) 压缩机的设计应以 API Std 618 为基础，成撬设计应以 API Spec 11P 为基础。

(3) 成套机组应能在本技术规格书规定的所有现场条件下正常运行。

(4) 成套机组应设计和制造成在满负荷条件下，热端部件大修间隔不低于40000h，机组寿命不低于20年。

(5) 压缩机撬块安装在室内，压缩机厂房由业主提供，且应能适应环境条件。

(6) 所有设备要求与压缩机安装在一个撬座上，PLC控制柜撬边安装，供货商提供调平螺栓。设备和撬座(撬块)的整体外形尺寸应满足正常运输要求。

(7) 所有与撬外设备和管道相连的配管均应引至撬座边沿，口径$DN \geqslant 25$mm的连接方式为法兰连接，配对法兰、螺栓、螺母和垫片由供货商提供。

(8) 压缩机所配套的缓冲罐、分离器等压力容器制造商、压力管道元件制造商应取得ASME认证，同时应获得中华人民共和国国家质量检验检疫总局颁发的压力容器注册认证，并提供中华人民共和国法定机构认证证书、中华人民共和国压力容器登记表格、设计计算书、制造图纸、压力容器证书、材料跟踪文件等。

(9) 压力容器应按ASME Section Ⅷ及相关标准进行设计、制造、检验和验收；其中设计压力>20MPa的压力容器按ASME Section Ⅷ，第二册进行设计、制造、检验和验收。管壳式换热器应按API Std 660及相关标准进行设计、制造、检验和验收。除此之外，还应该满足《固定式压力容器安全技术监察规程》(TSG 21)对其的相关要求。

(10) 撬块内所有与介质接触的设备及零部件的材质应适合于操作条件及介质的要求，并符合相关材料标准的规定。

(11) 撬块内所有与工艺介质或冷却液接触的碳钢及低合金钢设备、管线、阀门和管件等腐蚀余量不小于3.0mm。

(12) 所有压缩机及配套电动机应进行轴系扭振分析，确保轴系的刚度能够满足机组安全运行的要求；所有机组应进行全工况气体脉动及机械振动的分析，分析方法按API Std 618方法3进行，分析结果应满足方法3要求的结果。供货商应根据业主最终提供的注气压缩机组区平面布置图和工艺气进出管线三维配管图，优选有资质的单位，经业主方认可后，进行多台机组组合运行下的脉动分析，并提交脉动分析报告。

(13) 压缩机撬块内的仪表类设备应采用防爆仪表，仪表防爆等级不低于ExdⅡBT4，仪表防护等级不低于IP65，现场PLC控制柜防爆等级不低于ExdⅡBT4。

(14) 压缩机撬块内的电气设备(除压缩机主电机)、成套供应的现场电气控制柜防爆等级不低于ExdⅡBT4，电气设备防护等级不低于IP55。

(15) 供货商应提供所有经业主认可的二级供货商清单并提供整台机组内所有易损件的使用寿命和保养周期。

(16) 供货商提供润滑油的具体指标，建议提供化验周期和性能指标，并应提供润滑油OEM认证。

(17) 压缩机撬块内核心部件(电机、阀门、仪表等)分包选用知名品牌产品。

(18) 供货商提供压缩机撬块内长周期组件和易损件使用寿命和供货周期的承诺。

(19) 供货商应提供关键零部件的材料明细和制作工艺、处理方法。

(20) 供货商明确设备到达现场之后是否需要现场施工单位拆检，如果需要，提供拆检内容及要求，并派专家进行现场指导。

(21) 压缩机组地脚螺栓若采用预埋方式，供货商应提供螺栓孔的模板。

（四）设计要求

1. 压缩机

1）一般要求

压缩机采用对称平衡、少油润滑、撬装式二级压缩往复活塞压缩机。压缩机撬块的设计、制造、检验及试验应符合本技术规格书和相关标准的要求。

距压缩机撬块1m处，总体噪声（声压级）不超过85dB。压缩机撬块中需要防冻的部分，由供货商配备电伴热和保温及伴热温度控制。

压缩机进口应配套小口径的气量调节阀，便于压缩机启停车平稳操作；对主工艺接口，制造商应以表格的形式提供以下参数：①连续运行条件下允许的最大推力、位移和承压。②机组启动和（紧急）停机情况下允许的最大推力、位移和承压。③预计从冷状态到满负荷运行条件下的管口位移。④瞬态条件下预计的位移。压缩机应避免扭矩、声学和/或机械共振的激发。

油箱和封闭的运动润滑零件（例如轴承、轴封）、高精度零件和仪表及控制元件的外罩壳，应设计成在运行和闲置时能将由潮气、灰尘和其他外来物质引起的污染减到最小。

所有设备应设计成能迅速又经济地维修。主要零件，例如气缸和压缩机身应设计台肩或柱销定位，方便在重新安装时能准确对中。

供货商应确认机组能够在任何满负荷、部分或全回流（旁通）条件下连续无故障运行。

压缩机振动应满足API Std 618的要求，检测点应包括但不局限气缸、曲轴箱、十字头、活塞杆、轴承、电动机、空冷器。机组安装后，在机身底部测量，机身的振动未滤波峰值速度应≤2.5mm/s，且未滤波峰值振动峰峰值应≤100μm。气缸在机身安装后，振动未滤波峰值速度应≤7.5mm/s。

2）许用排气温度

压缩机各级压缩后工艺设计温度不低于150℃；工艺气压缩后排气温度不应超过130℃。每个压缩机气缸要求配有一个排气温度过高报警和连锁跳闸停机保护装置。最高报警温度设定为140℃，温度超高连锁跳闸最高停机温度设定为150℃。

3）活塞杆和气体负荷

压缩机运动部件在任何一档规定的运行负荷下，其综合活塞杆负荷不应超过制造方提出的最大许用连续综合活塞杆负荷。供货商应计算各工况下活塞杆负荷，在任何操作工况下，最大活塞杆负荷小于最大允许活塞杆负荷的85%。这些综合活塞杆负荷应根据每级排气安全阀的设定压力和相应的每一负荷挡，所规定的最低吸气压力来计算。

对所有规定运行负荷和全回流条件下，曲轴每转一周时平行于活塞杆的综合活塞杆负荷分量应在十字头销和衬套之间完全反向。

4）临界转速

供货商应进行必需的横向和扭转振动的分析研究，证实在规定运行速度范围内任何规定负荷中可能阻碍整个机组运行的任何横向和扭转振动已被消除，并应将分析研究结果以及加速或减速时所出现的从零到跳闸转速或同步转速间所有临界转速的数据资料提交业主。

5）压缩机部件

（1）压缩机气缸。

压缩机气缸采用水平对称布置，水冷或风冷气缸，气缸底部设排出口。气缸配置余隙容积调节装置，可以实现满足设计要求的压缩机排量调节。

气缸采用锻造气缸，气缸内应衬气缸套，减少气缸磨损。气缸最高许用工作压力应超出额定排气压力至少10%或3.5MPa(取大者)，且应大于等于安全阀设定压力(不包括累加)。气缸应合理布置，以便为所有部件(包括水套盖、接筒盖、填料、气阀、缸套、安装在气缸上的控制器件)的维修留有足够的操作和拆卸空间，且不需拆卸气缸、管路或脉动抑制装置。

气缸应配置双作用活塞，以使活塞杆有足够的反向负荷，保证十字头销和衬套之间的足够润滑。

在承压部件上应尽量少开螺孔。对于开有螺孔的承压部件，为防止金属壳体受压截面泄漏，螺孔的周围和底部下面除了留有腐蚀裕量外，还应留有至少等于螺栓公称直径一半的厚度。

气缸支承应设计成在升温期间和实际运行温度下能够避免造成不对中和过量的活塞杆径向跳动。支承不能固定在外侧缸盖上，脉动抑制设备不能用作气缸支座。

活塞杆热态垂直方向径向跳动量不能超过活塞行程的0.01%，供货商应确定在接口接合面的最大法兰许用负荷。这些负荷应参考API Std 618图样上所标明的坐标系统。

缸盖、压力填料的填料箱、余隙腔和阀盖应用螺柱紧固。其设计应使拆卸这些部件的零件时不必拆卸任何螺柱。所有螺柱和螺栓连接的扭矩值应包括在制造厂说明书手册内。连接螺柱处应配有拧入的螺柱。盲螺孔深度仅需保证能攻出1.5倍螺柱外径的完整螺纹；每个螺柱两端1.5圈螺纹应倒去，以让螺柱端拧到底。往复或回转零件上的螺栓等连接应用可靠的方法机械锁紧(不能采用弹簧垫圈、带耳垫圈和厌氧黏结剂等方法)。

（2）气阀。

应选用国际知名品牌产品，使用寿命大于8000h。

气阀采用环状、网状或性能更好的阀片气阀，供货商采取措施应使气阀装配不可能由于疏忽而装错或装反。

气阀组件(阀座和升程限制器)应能拆卸维修。在往复式压缩机气缸的每个气阀(吸气阀和排气阀)上配置温度测量阀门温度。

（3）活塞、活塞杆和活塞环。

每个活塞均设有活塞环与支撑环。活塞杆带有保护套，保证在安装及拆卸时不损伤填料环及刮油环。活塞杆的螺纹应为具有光滑螺纹退刀槽的轧制螺纹。供应商应在标书中标明活塞杆的材料和连接类型。活塞杆的材料和表面处理层应考虑硬化涂层的使用以增加耐磨性。

（4）曲轴箱、曲轴、连杆、轴承和十字头曲轴应整体锻造(但可以有可拆卸的平衡重)，并应热处理和对所有工作表面及配合面机加工，确保无尖角；连杆为带可拆卸大头盖的锻钢件；十字头应为钢制；机身与中体优先选用整体加工制造工艺[当中体不是机身的整体部分时，应用螺柱连接到曲轴箱上。中体和曲轴箱、中体和接筒(隔距件)及接筒(隔距件)和气缸之间的金属对金属连接，可使用适当的密封胶]。

（5）隔距件（接筒）。

隔距件（接筒）选用B形，长单室形式，保证活塞杆上没有任何部分交替进入刮油器填料和中间分隔填料。两室之间应装有分段填料。

隔距件的结构和形式应满足工艺气要求。所有隔距件上都应有尺寸合适的开孔，以便装卸填料总成和带垫片或O形密封圈的整体金属盖板。所有开孔都应进行表面加工和钻孔以便安装整体金属盖板。开孔与金属盖板接触的表面，其粗糙程度和结构应满足设备运行时金属盖板与隔距件之间充分密封的需要，不能渗漏油污，但不允许使用密封胶。

隔距件上的排液和放气接头及管路、密封、隔油等设计应符合相关规范要求。

（6）填料箱和压力填料。

压力填料组件应在活塞杆下配置共用的放空和排液口，中体放空接至室外高点放空；中体排污接至低点排污收集罐，配套隔膜泵，出口接至撬边。中体侧应有带刮油填料的填料盒以有效地把曲轴箱泄漏的油减到最少。为把天然气泄漏降到最少，气缸压力填料组件应包括回气和充气盒，并在相邻密封盒之间带侧负荷填料环。供货商应提供适合的装置和结构，保证在装卸活塞杆时能使活塞杆通过整套组装的气缸压力填料而无损伤。

填料泄漏量应不超过排气量的1‰，供货商提供切实可行的泄漏测量计算方法，供业主审查。

压缩机的填料采用氮气密封，供货商提供氮气密封系统，业主负责提供氮气源到撬边。

（7）材料要求。

所有设备、管路、阀门、仪表及各零部件等的材质选择应与工作介质相适应，并满足相关标准的要求。

（8）润滑。

压缩机机身润滑：机身润滑系统应为一个压力系统。曲轴箱油温应不超过80℃，不能在曲轴箱或油箱中直接用冷却盘管冷却润滑油。供货商提供的润滑系统应符合API Std 618的要求，并能在 现场条件下正常工作。

供货商应计算各工况反向角，要求反向角足够大，保证十字头销及其衬套间充分润滑。供货商应提供反向角计算书。

供货商应该提供一套完整的强制润滑系统和润滑油故障报警及停车系统。润滑系统至少应包括：带吸入粗滤器的油泵、供油和回油系统、油冷却器、全流量过滤器和必需的仪表。

所有外部含油承压部件，包括辅助泵，应为钢制；曲轴驱动的润滑油泵可以为铸铁或球墨铸铁。

机组应有一个单独的、独立驱动的全压力的辅助油泵。辅助油泵应能在油压低时自动启动补压以及压缩机停机后能继续供油完成后润滑。油泵驱动机的规格应以油泵功率和在油运动黏度1000mm^2/s时要求的启动扭矩来确定。

主油泵的大小应以大于所需润滑油总量的20%来定。此外，每个油泵都应配置单独的压力安全阀，并由各自的回油管接至曲轴箱油池。溢流阀或安全阀应安装在曲轴箱的外面。

机身润滑系统的设计压力应不小于1.0MPa。

机组润滑系统管路及接口均应密封良好，无润滑油泄漏、渗漏现象。对此，供货商应满足的基本要求是机组投产后在累计运行4000h的时间内机身及润滑系统外部表面无油污。

润滑系统油冷却器及其管路系统的设计和制造应能保证机身润滑供油温度不低于66℃，且应满足如下要求：

① 油冷却器应为水冷管壳式换热器。水走管程，油走壳程；油压应大于水压。换热负荷应按全负荷设计。

② 冷却器封头可拆卸，管程应为可拆卸管束式设计，不能用U形弯管。

③ 冷却器的水侧和油侧均应在最低部位设排液口，最高部位设放气口，并用便于拆装的不锈钢实心丝堵或阀门封堵，且应确保不渗漏。

④ 冷却器应设可拆卸的旁路油温控制阀，以便调节流过冷却器的润滑油流量来维持机身润滑供油温度恒定。

⑤ 润滑系统的全流量过滤器应满足如下要求：滤筒等主要元件应可更换，过滤精度宜为10μm或更细；过滤器应位于冷却器下游；过滤器不应配置旁路；滤筒材料应耐腐蚀。不能用金属网或金属陶瓷作为过滤元件；液体流向应为从外侧走向滤筒中心；滤筒组件的设计应避免过滤器组件不对中或出现其他密封缺陷。或保证在出现过滤器组件不对中或存在其他密封缺陷时不会发生内部旁流；对于清洁的过滤器元件，在运行温度40℃和正常流量下，压降应不超过0.03MPa；滤筒最低失效(破裂)压差应为0.5MPa；每个过滤器均应配置放气口，还应配置清洗和排污接口；过滤器壳体的最高许用工作压力应大于系统安全阀设定值。安全阀设定值应不大于正常轴承供油压力、过滤器上游设备和管路压力损失以及在最低油温和流向轴承正常流量条件下导致滤筒破坏的压差之和；过滤系统应按双过滤器并联设置，当其中一个处于使用状态时，另一个处于紧密关断并与系统完全隔离的备用状态。两个过滤器之间应能方便地切换，并保证润滑油能够连续流动正常供油。系统应设计成运行时允许更换滤筒和重新加压送油。

⑥ 应配置带外置式恒温自动控制电加热器，电加热器的容量应满足机组启动、运行时的润滑油加温需要，其设计、制造和装配应符合相关规范要求。

⑦ 油箱应配置油位视镜。应能持久地显示最高和最低运行油位。

⑧ 供货商应提供机身润滑系统润滑油耗量指标，供业主审查。

气缸和填料润滑应采用分配器式润滑系统，且应独立于机身润滑自成系统。注油分配器由曲轴驱动或电动机单独驱动。

泵的设计流量应为正常供油量的75%~200%。压缩机运行时每个润滑点的供油量应该可以调整。

应有在压缩机启动前对压缩机预润滑的功能，或供货商应提供对压缩机启动前预润滑的措施。供货商应推荐适合于不同季节要求的、市场通用的润滑油牌号。

气缸内腔和填料应设润滑点(或多个润滑点)。应在尽可能接近每个润滑点处，配置不锈钢整体双球单向阀。单向阀、管道和管件额定压力应为注油器的最高许用工作压力。

注油器油箱容量应在正常流量下足够运行30h。供货商应提供气缸和填料润滑油耗量指标，供业主和设计审查。供货商应为每台机组设置单独的气缸润滑油自动补油罐（高位油箱），可维持机组10d连续工作。油箱应配置液位显示，应能持久地显示最高和最低运行油位。自动补油罐材质为不锈钢材料。

2. 电动机及辅助设备

（1）压缩机应采用电机驱动。电机的设计和制造应符合相关规范要求（也包括防爆要求），并应确保技术成熟可靠。

（2）电机配套启动装置应满足买方电网参数条件。并保证在现场实际电网参数下能正常启动电机，不对配电系统及其他电气设备正常运行造成影响。并满足电机相关保护配置。启动时电源电压变化不超过额定电压的±5%～±10%时，电机在额定负载和频率下应能正常地运行；在电源频率变化不超过额定频率的±5%时，电机在额定负载和电压下应能正常地运行。

① 110kV变电站的10kV母线侧短路参数：最大运行方式10kV母线短路电流31kA；最小运行方式10kV母线短路电流21kA。

② 压缩机为往复式压缩机，启动时采用软启动装置，正常运行后切换至主回路。

（3）电机的规格和性能应满足压缩机撬块使用环境下的最高运行条件。在本技术规格书规定的极限运行条件范围内，电机所有部件（包括传动机构和联轴器）均应良好运行，并能承受运行过程中可能遇到的各种不良振动的影响。供货商应将压缩机组的使用特性、可能的不良振动及扭转性能和符合API Std 618规定的具体的技术要求提供给电机制造厂商，并为电机质量负全责。

（4）供货商应提供在最大流量下的电机启动电流、电机效率、功率因数、额定电流及静阻转矩等相关参数。

（5）机组主电机采用正压通风型，防爆等级满足危险区域要求，防护等级不低于IP55，绝缘等级不低于F级，温升不超过B级。

（6）机组所有辅助电机采用隔爆型电机，防爆等级不低于ExdⅡBT4，电机防护等级不低于IP55，绝缘等级不低于F级，温升不超过B级。

（7）供货商在电机本体提供接线盒及填料函，以便外接电源（电机接线盒根据设计院提供电缆型号配套）。

（8）配套电动机（主电机）额定功率应为压缩机常用工况下最大功率的110%。若存在超过电机额定功率的运行点，通过停机调节手动余隙装置进行控制。

（9）机组主机电动机设现场锁停装置。

（10）机组低压配电控制柜厂家负责成套。

（11）主电机接线盒入口方位应方便接线，应提供密封格兰。

（12）根据电缆截面及数量配置电机电源接线盒。

（13）厂家应对电动机采用适当的冷却方式，以保证机组正常运行。

（14）机组所有用电设备均配有HOA开关（手动/关断/自动）。

（15）闲置处理：电机经过处理和浸渍后，在不需要使用抗冷凝加热器的情况下，应能闲置在所规定的环境下，其绝缘和构成材质都不会遭受有害的影响。

（16）电机的设计和制造应满足IEC 60034、IEC 60079和IEC 60529的规定，或者符合

NFPA 70和NEMA MG1的规定。

（17）主电机预埋定子线圈测温元件Pt-100，三线制，每相绕组两支（一用一备），共6支。供货商提供报警和跳闸温度设定值。

（18）主电机轴承测温元件双支Pt-100，接线盒输出为三线制，驱动端及非驱动端轴承各一支。供货商提供报警和跳闸温度设定值。

（19）主电机两端轴承应分别设置上下、水平位移振动检测一次仪表，每端2个，共4个，输出信号4~20mA（两线制）。

（20）主接线盒采用大尺寸主接线盒，防爆等级不低于ExdⅡBT4，防护等级不低于IP55，下出线，提供进线密封，按用户电缆尺寸备好格兰。压缩机主电机防爆接线盒内应设置用于差动保护的磁平衡电流互感器及用于过电压保护的避雷器。

（21）主电机应设置防冷凝空间加热器。

（22）压缩机主电机应采用软启动装置，安装在非防爆区配电室。软启动装置的设计和制造应符合相关规范要求，并应确保技术成熟可靠，防护等级不低于IP42。

（23）主电机启动装置应提供第三方权威机构出具的试验报告。

3. 联轴器和防护罩

（1）联轴器的连接可采用法兰连接，安装在电动机和压缩机之间的联轴器应按API Std 671以及本技术规格书规定的要求设计和制造。

（2）作为扭振分析的一部分，供货商应负责获得联轴器所有必需的数据供研究以防止在设备可能的运行转速下发生不正常的扭振、耦合谐振或轴向热膨胀问题。联轴器的平衡证书应包括在成套机组最终平衡报告中提交给业主。

（3）联轴器应是高性能、柔韧性、无润滑联轴器。

（4）基于电动机最高现场运行扭矩，联轴器的最低超载系数应为1.2。

（5）所有联轴器的螺栓质量应相等，以防止更换后产生不平衡。每个联轴器应提供一套等重量的螺栓作为备用。

（6）允许的最大轴向位移，最大平行误差、最大对正偏移应满足机组运行需要。

（7）供货商应提供全封闭的无火花型联轴器防护罩，防护罩上应开有盘车用的孔缝。

（8）联轴器套的设计还应消除因气阻效应导致细微的真空和从压缩机、电动机轴封处漏油。

4. 空冷器

（1）空冷器设计、制造、检验与验收执行API 661的规定。

（2）空冷器为水平鼓风式结构，配有多个风机（不少于2台）对各冷却管束进行冷却。每个风机上各装有1个振动开关。在冷却器出口装有温度传感器，根据出口温度自动调节风机运行数量。

（3）风机采用铝合金叶片。

（4）风机轴承应密封，风机轴承在最大载荷及转速条件下的额定寿命应不小于50000h。

（5）风机叶片叶尖速度不应超过60m/s。

（6）空冷器为独立的且便于整体装卸的组合体。

（7）构架的设计应满足在风机的设计转速和功率条件下，构架本身及驱动装置的机架上测得的峰与峰之间最大振幅不得超过0.15mm。

（8）空冷器设有单独底座，适宜于公路运输。

（9）管束应有适应翅片管热膨胀的措施。

（10）空冷器四周设置有防护网；空冷器配备有梯子及安全防护网，安装有顶部巡检平台。

（11）空冷器配有手动调节的百叶窗。

（12）低压管束的管箱形式为丝堵式，换热管采用滚花型/铝翅片，双L形翅片管。

（13）低压管箱的翅片管与管板的连接采用强度焊加贴胀的方式。

（14）翅片管管端应设防止翅片松动的固定件。

（15）组装后两管板之间每根翅片管上无翅片部分的总长度不应超过下列值：

① 管长≥4.5m时，≤1.5倍的管板厚度。

② 管长<4.5m时，≤2倍的管板厚度制造、装配、焊接要求：a. 基管外表面须除锈至露出金属光泽，不得有锈痕。b. 基管应逐根以2倍的设计压力进行水压试验。c. 翅片不得有裂纹、磕碰和倒塌等缺陷。d. 翅片管的传热性能抽查和试验应按APT 661的要求执行。e. 一级管箱均应做焊后热处理。f. 管束的一级管箱上丝堵孔与管孔的同轴度为0.5mm。g. 空冷器整体制造完毕后，应先进行外表面除锈处理，呈现金属本色后再做保护涂层。h. 所有焊缝和热影响区表面不得有裂纹、气孔、弧坑和夹渣等缺陷，焊缝上的熔渣和两侧的飞溅物应消除。

（16）空冷器中工艺气管束与水管束热负荷留有20%的富余量。

（17）进水和回水管道上设置可供就地观测的压力表和双金属温度计。

（18）空冷器为固定式永久性安装的撬装结构。能在规定的所有现场条件下正常运行。

（19）空冷器的设计寿命为20年。

5. 静设备

压缩机撬块内的所有压力容器应取得ASME认证，同时应获得中华人民共和国国家质量检验检疫总局颁发的压力容器注册认证，并提供中华人民共和国法定机构认证证书、中华人民共和国压力容器登记表格、设计计算书、制造图纸、压力容器证书、材料跟踪文件等。

1）缓冲罐

（1）压缩机各级入口应设进气缓冲罐，每个气缸出口应设排气缓冲罐。

（2）缓冲罐应尽量靠近气缸布置且能避免冷凝液的积存。罐体上应设有排污口。

（3）缓冲罐应按API Std 618标准中规定的脉动和振动控制近似设计方法进行设计。其结构和容积应能保证缓冲罐具有足够的抗震性能和脉冲抑制功能。缓冲罐容积至少为连接气缸每转活塞排量的12倍，脉动值不超过2%的峰值到峰值。

（4）作为最低要求，缓冲罐的设计、制造、检验和验收应按ASME Section Ⅷ及相关标准进行，并应充分考虑交变载荷的影响。缓冲罐的设计压力不得低于最高工作压力的1.1倍。

（5）缓冲罐应设铭牌，并在主管部门登记。

（6）缓冲罐应有不低于3.0mm的腐蚀裕量。

（7）缓冲罐及其接管的支承系统应牢固可靠。

（8）所有对接焊缝应进行100%射线探伤。

（9）所用材料应满足设计条件和介质的要求，并符合相关标准规定。

2）气液分离器

（1）在进气缓冲罐前、中间冷却器和后冷却器之后应设气液分离器和液体收集设备，用来分离工艺气压缩冷却后可能产生的凝液。

（2）气液分离器的设计、制造、检验和验收应按ASME Section Ⅷ及相关标准进行。其设计压力不得小于最高工作压力的1.1倍；其容积应按不低于机组连续运行16h可能产生的最大排污量的1.5倍计算，其内部结构设计应足以保证气液分离器的分离效果。

（3）气液分离器应设安全可靠的自动排液系统和手动旁路排污控制阀。对于高液位报警和联锁用的单独接头和液位开关，应符合有关规定。高液位报警和联锁之间至少应有间隔5min的容量。

（4）气液分离器上应设铭牌，并在主管部门登记。

（5）气液分离器应有不低于3.0mm的腐蚀裕量。

（6）气液分离器及其接管的支承系统应牢固、可靠。

（7）所有对接焊缝应进行100%射线探伤。

3）过滤器

（1）进气过滤器，压缩机一级气缸入口管线上应设进气过滤器（粗过滤器），用来保护气缸。该过滤器应能保证过滤后气体含尘不影响机组的正常操作运行及性能。

（2）润滑油过滤器，应为全流量过滤器。其设计、制造和安装应满足前述“压缩机机身润滑”相关规定。

6. 管路系统及其附属设备

供货商应为机组配置撬内所需的全部管路系统。管路系统应包括所有的管道及其紧固件、管件、仪器、仪表、视窗、保温套及所有有关的附属设备。

1）管路系统

管路系统和接口的设计、制造、安装、试验及检验应按相关标准规定执行。管路应安装整齐、布置有序且不得妨碍操作人员接近机体重要部位进行工作检查。压缩机组进出工艺气管道界面划分为法兰处，配对法兰（含垫片、螺栓、螺母）由供货商提供。工艺进气管道材质为L415Q（GB/T 9711），设计压力11MPa，压力等级Class 600；出口工艺管道为L415Q（GB/T 9711），设计压力42MPa，压力等级Class 2500；供货商撬块内压缩机组进出工艺气管道应与业主使用的工艺气进出管道材质、压力等级具有良好的可焊性，同时满足管径要求。

注气机组内所有法兰应选用带颈对焊钢制管法兰，根据介质、温度、压力的不同，选用不同的材质，执行标准为ASME B16.5；压力等级<Class 600的法兰，密封面RF，采用金属缠绕垫，带内环和对中环，CRS/304+柔性石墨/304，执行标准为ASME B16.20；压力等级≥Class 600的法兰，密封面RJ，采用椭圆形金属环垫，材料304，执行标准ASME B16.20。螺栓应选用全螺纹螺柱，根据介质、温度、压力的不同，选用的材质为ASTM

A320 L7，执行标准为 ASME B18. 2. 1；螺母应选用管法兰专用螺母，根据介质、温度、压力的不同，选用的材质为 ASTM A194 7，执行标准为 ASME B18. 2. 2。

进水和回水管道上设置可供就地观测的压力表和双金属温度计。在冷却器冷却水进出口管路上设一个可拆卸的截断阀；在冷却水管路的相对最高点，应设排气阀，便于消除系统中的气囊；在冷却水管路的相对最低点，应设冷却水排放阀，便于在需要时可以将冷却水从系统中全部排放。

配管系统应具有振动小、维修及清洗方便、残存气液易排净等特点。管道应牢固的固定，支承应有足够的刚度，每个支承点应设置在最有效的抗振动位置上，以减轻振动。必要时应提供合适的衬垫材料尽量减少管道的磨损。

管道之间的连接应尽量采用法兰连接。当不锈钢管道与碳钢管道连接时，应采用与管道同材质的法兰过渡。应尽量减少螺纹管接头的使用。

所有需要与撬外进行法兰连接的撬内工艺管路，均应接至机组撬体边缘。所有工艺管路系统应通过 100%射线拍片检查。所有的钢管及压力容器应在制造厂车间进行压力试验。管道及配件材质应满足如下要求：①管道选用无缝钢管。②仪表风、氮气、润滑油管道及配件采用不锈钢材质；管件应全部采用成品，其技术性能应符合相关标准的规定。高压管道采用冷弯时，其弯曲半径不得小于直径的 5 倍，且弯曲部分的椭圆度不得大于管径的 10%，壁厚减薄量不得大于壁厚的 5%。对高压管的弯曲部分应进行表面磁粉探伤检查。对高压不锈钢管不得采用热弯成型。管道上开孔直径严禁大于该管 1/2 直径。

2）工艺阀门

压缩工艺主流程阀门，不带压差操作的全部选用球阀，带压差操作的阀门选用旋塞阀。

阀体应附有产品合格证明。压缩机撬中的自动/手动放空阀、排污阀应选用专用的放空、排污截止阀或旋塞阀，不得以其他阀门代替，同时应为双阀(球阀+旋塞/截止)设置。放空、排污阀门应附有产品合格证。压缩机的每级出口管路上均应设置先导式安全阀，安全阀的阀体应为钢制。安全阀的设计和制造应按照 API Std 526、API 520 及 API 510 要求执行。供货商应提供安全阀的性能参数，供业主审查。

7. 撬座

（1）压缩机撬块所有设备及附件应安装在一个重型钢结构撬座上。整个撬座应为一个全焊接的整体，不能分区段组装或用法兰拼接。上、下表面的各安装面应加工平行。

（2）撬座的设计和制造应能充分承受压缩机、驱动电机和辅助设备的全部重量，能完全承受压缩机和驱动机连续运转所产生所有的力矩和作用力，并能将该作用力合理传递到基础底座上。供货商应提供撬座对基础的载荷(包括不平衡力和不平衡力矩)及连接尺寸详图(基础图应包含撬块布置、管口方位、最大维修件重量、外形尺寸、动载荷、静载荷等)，供货商应提供地脚螺栓及其紧固件设计图纸。

（3）压缩机的机身、气缸支撑和驱动电机在撬座上的全部着力点应支撑在撬座承载结构部件上。承载结构部件上应备有地脚螺栓孔用于将撬座牢固的安装在混凝土基础上。

（4）撬座上面板应用钢板全铺盖并与承载结构全焊接，钢板厚度或撬座的受力结构设计应能保证撬座上面板在任何时候都不会因受力而变形或震颤；走道和工作区应满足防滑要求。

（5）撬座应备有现场安装用的定位螺栓、水平和垂直调整螺栓等，与基础有关的定位螺栓、水平和垂直调整螺栓等应提前供货，并提供10%的备件。供货商应提前提供地脚螺栓及紧固件设计图纸，供业主委托加工。

（6）所有地脚螺栓孔应保持±1.6mm的公差，不累积。其他连接部件位置应保持±6.7mm的公差。

（7）撬座在各个方向均应有足够的刚性确保在长期运行中保持对中不偏移。所有的承载部件均应用全渗透焊接。撬座上应设置二次灌浆预留孔。

（8）撬座上面板不应作为其他设备或者管道/设备的安装面。

（9）所有结构部件(除吊环和钩环)应有至少2.0的安全系数。

（10）撬座应至少备有四点吊耳。应保证在利用吊耳将撬座连同其上面安装的所有设备一同起吊时，不会使撬座或它上面安装的设备产生永久变形或损坏。

（11）撬座应彻底喷砂除锈并涂漆。

（12）撬块上所有用电设备、控制盘(柜)及接线盒等均应通过接地导体良好地连接到钢制撬块底座上，并在底座对角线的位置上分别设置1个接地端子，便于现场进行统一的接地连接。

8. 控制系统

（1）压缩机撬块的仪表和控制系统应能确保机组安全可靠的低负荷自动/手动启动、运转及紧急停车、计划(卸载)停车，逻辑控制应满足控制要求。

（2）压缩机组的仪表和控制系统应满足相关标准及规范的要求，并适应本项目中的所有性能和操作要求。

（3）压缩机仪表控制系统与中控室站控系统通信采用MODBUS-RTU协议，接口为RS485；中控室可以显示压缩机组重要运行参数(机组停机、机组运行状态，主电动机运行状态显示、空冷器电机运转状态显示、进排气缓冲罐压力显示、压缩缸排气温度显示、冷却液泵、润滑油泵运行状态显示等信号)、故障报警信号，并可实现远程紧急停机。压缩机仪表控制系统与站控系统出现通信故障时，机组仍能正常连续操作。

（4）控制系统的设计应使其不易受其他电气系统的干扰。

（5）所有模拟量数据采用4~20mA标准信号。所有仪表及人机界面均为FM认证，适用于Class Ⅰ、Division Ⅱ、Group D使用环境。

（6）启动旁通气量调节可以实现自动和手动控制。气量调节旁通阀应可以通过控制程序进行自动控制。

（7）仪表和控制系统应随主机成套并能满足现场监视、就地集中监控和远传站控室监控的要求。相关参数应能进入站控室监控系统。

（8）供货商应提供主要仪表的型号、规格、数量及推荐的能够确保质量的制造厂商，并经业主同意。

（9）电子或电动仪表应适用于规定的电气区域分类。

（10）就地安装的仪表应采用防振型仪表。

（11）压力表应能抵抗压缩介质的侵蚀。

（12）供货商应指明成套仪表电源规格及所需功率。

（13）每个压缩机撬块就地安装的仪表至少应包括以下内容：

① 主润滑油泵的出口压力。

② 辅助润滑油泵的出口压力及进气压力。

③ 压缩机主轴瓦温度。

④ 润滑油过滤器压差。

⑤ 润滑油冷却器润滑油出口压力。

⑥ 油冷却器冷却液出口温度。

⑦ 活塞杆填料冷却液出口温度。

⑧ 压缩机振动值(轴向和径向)。

⑨ 压缩机机身处、电机的振动开关。

⑩ 压力变送器。

⑪ 液位变送器。

（14）压缩机应采用PLC控制系统，能够完成压缩机组的自动启停机，排污、冷却循环水泵、冷却风机、润滑油泵电机等的控制，并能联锁紧急关断。PLC控制系统安装在PLC控制柜内，其硬件配置至少应有20%的余量，软件配置应技术成熟，且其使用权应无限制期限。

启动：PLC程序逻辑控制，冷却风机启动—打开进水阀、延迟启动冷却水泵—油泵启动—自动巡检—水流量正常、进气压力正常、油压正常、油温正常—回流旁通100%卸荷—启动压缩机—驱动电机逐步加速至正常运转时速度范围—按照合理可靠的顺序对进口启动阀、回流旁通流量控制阀进行调整，直至进口启动阀、气阀全部恢复正常工作状态—根据进排气压力(或电机功率)自动进行回流气量的控制。

正常运行：PLC程序逻辑控制，工艺气经压缩后向高压管路供气；除非事故状态，压缩机撬块工艺气进气截断阀不能自动关闭。在没有确保排气阀门完全关闭且密封良好之前，压缩机正常停机后禁止关闭进气阀门。

自动排污：PLC程序逻辑控制分离器自动排污。

事故报警：PLC程序所示检测参数进行逻辑巡检。在各参数异常时，PLC柜显示、声光报警。

PLC控制紧急停车：PLC控制紧急停车逻辑控制包含开启回流阀回流减载；末级设置紧急放空系统，火灾状态逻辑控制符合标准。

故障停车：PLC程序按表3-10所示控制内容进行逻辑控制。当机组运行参数超过设定值时，PLC柜显示、声光报警、并自动停机；润滑油压力超低、排气压力超高或电机过载时，PLC柜显示、声光报警、并立即停机。自动停机同时开启回流阀回流减载。

表3-10　压缩机运行主要检测参数

检测项目	仪表安装位置	显　示	控　制	报　警	停　车
进气压力-高/低	控制盘/就地	√	√	√	
进气压力-高高/低低	控制盘/就地	√	√	√	√
各级排气压力-高/低	控制盘/就地	√	√	√	

续表

检测项目	仪表安装位置	显示	控制	报警	停车
各级排气压力-高高	控制盘/就地	√	√	√	√
润滑油油位-低	控制盘/就地	√	√	√	√
润滑油压力-低	控制盘/就地	√	√	√	√
每个气缸排气温度高	控制盘/就地	√	√	√	
润滑油温度高	控制盘/就地	√	√	√	√
分离器液位高	控制盘/就地	√	√	√	√
机身振动大	控制盘/就地	√		√	√
主轴瓦温度	控制盘/就地	√		√	√
夹套冷却系统故障	控制盘/就地	√		√	√
气缸注油器系统故障	控制盘/就地	√		√	√
油过滤器压差高	控制盘/就地	√		√	√
主轴承温度高	控制盘/就地	√		√	√
填料温度	控制盘/就地	√		√	√
十字头销衬套温度	控制盘/就地	√		√	√
各个电动机运行状态	控制盘	√			
电机绕阻温度过高	控制盘	√		√	√
电机前后轴承温度过高	控制盘	√		√	√
电机轴振动	控制盘/就地	√		√	√

(15) 外部信号接口。

① 每台压缩机控制柜应向站控系统提供以下4个硬接点信号：压缩机急停控制、远程停控制、压缩机运行状态、压缩机公共故障报警信号。

② 站控室操作站急停控制、停控制：站控系统为每台压缩机控制柜提供2组220VAC，5A触点，触点输出均使用继电器隔离。

③ ESD信号应硬接线，进出线应通过端子连接。

④ 需厂家提供压缩机系统地址编码表(MODBUS-RTU上传信息点清单)。

PLC控制柜应采用国际通用标准设计，控制组件尽可能在中国石化战略供应商范围内选择。PLC控制柜应设防雷、防浪涌装置。

(16) PLC系统组成及技术要求。

① 系统构成。

a. 采用PLC自动编程控制，它由标准PLC控制系统、触摸屏、A/D转换器、压力变送器、温度传感器、振动传感器、电磁阀等组成。

b. 控制柜面板上安装有一个7英寸以上彩色液晶显示屏，实现人机对话功能，主要实现参数的实时显示、查询参数设置值、故障报警及运行状态等。通过给PLC控制器输入数字和模拟信号并编程，还可显示设备的其他运行状态。

c. PLC控制柜采用正压通风防爆柜，安装于撬块边缘，应具有减振措施。

PLC控制柜具有手动启停机、紧急停机功能，可以观察、监测压缩设备运行压力：进气压力、各级排气压力、油压等参数。

② 系统功能。

a. PLC 系统可实现对整台压缩机生产过程的监控。基本功能是提供数据采集、过程控制、报警指示、报警记录并为生产操作员提供操作界面。通过控制柜面板上安装的 7 英寸以上彩色液晶显示屏显示所要求的工艺参数值以及工艺设备的功能。多画面动态模拟显示生产流程及主要设备运行状态，且操作员能够修改工艺参数的设定点。

b. 对过程控制中出现的任何非正常的状况，系统将通过声光报警的方式通知操作员。同时在系统中存档备查。

c. 在彩色液晶显示屏的底端自动显示报警发生的时间，报警值的大小以及对该报警状况的描述。在压缩机的操作过程中，系统能够恢复保存的数据。

d. 技术人员可以通过便携式编程设备或操作界面站对程序进行修改。对软件修改的权限设定口令或钥匙保护，以消除未获授权人的操作。对软件的控制逻辑和参数设定点的修改，有不同的途径或设定多级口令。

e. 电源开关、接线端子板应符合相关标准和规范。触摸屏可编程序控制器(PLC)能够检测和控制整个运行过程、紧急故障和设备启动、自动排污、自动停止、压缩机工作状态，并能够显示故障原因及处理措施，同时显示报警状态。

(17) 振动和位置探测器。

供货商应安装振动探测和转换装置以提供表 3-10 要求的停机信号。每个装置都应有速度或加速度计型探测器，且每个装置应提供连续振动测量，报警停机功能，应提供并安装非接触型活塞杆下沉探测器，测量每一活塞杆垂直方向位移(活塞杆下沉)。

(18) 组控制点(显示、控制、报警和停车保护)压缩机撬块应设置但不局限于表 3-10 所示的显示、控制、报警和连锁停机功能。

(19) 其他。

① 供货商在提供系统时，同时提供 PLC 或专用控制器的组态软件。

② 机组控制盘供电电源：采用 UPS 电源，电压为 220V/AC，50Hz，单相。

七、检验与验收

(一) 一般要求

(1) 出厂前供货商根据相关标准进行检验。

(2) 业主根据有关标准及合同进行检验。

(3) 有关质检、环保、安全等机构依据国家法律、法规进行检验。

(4) 检验与验收包含设计联络会、培训、监造和验收，具体时间、地点、人数在技术协议中进行明确。

(二) 检验项目和试验内容

供货商应制定设备完整的检查与试验程序，包括所有检验项目及具体时间安排，并提前提交给业主。供货商还应负责检查、试验及第三方检验所需的设备、工具、材料、人员及其资格证明、程序报批、申请业主及第三方检验等工作。具体检验项目和试验内容如下：

1. 无损检验(表3-11)

表3-11 进行无损检测的部件和项目

序 号	部件名称	磁 粉	超声波	射线探伤
1	曲轴	√	√	
2	连杆	√	√	
3	连杆螺栓	√	√	
4	十字头销	√	√	
5	活塞杆	√	√	
6	高压气缸	√	√	
7	压力容器对接焊缝			√
8	压力容器角焊缝	√	√	
9	工艺管道对接焊缝			√

2. 材料检验

材料的射线、超声波、磁粉或液体渗透检测方法和验收标准应按相关标准的规定。按相关标准规定的检测方法所确定的缺陷，如果超标，则应予更换并重新检验，以符合相应的品质验收标准。业主不同意仅仅是为满足材料的规定技术指标而对材料内部缺陷进行直接修理，特别是可能对材料造成其他潜在损害的修理。

所有曲轴应在加工后钻孔前进行超声波检测。

3. 机械检验

(1) 系统组装时和试验前，每个部件(包括这些部件的镶铸通道)和所有管路及附件应用化学方法或另外适当的方法加以清洁，去除外来杂质、腐蚀产物和轧屑。

(2) 润滑油系统在车间运转时，应符合API Std 614规定的所有滤网清洁度要求。

(3) 在封头焊至容器、容器或换热器的开口封闭以及管路最后组装前，应对设备和所有管路及附件的清洁度进行检查。

(4) 对零件、焊缝和热影响区，应通过试验证实其硬度在允许的数值范围之内。

(5) 表面检验合格后应立即涂以防锈剂。应用容易去除的普通石油溶剂作为临时防锈剂。设备一经业主或业主代表的验收即应迅速将其封闭。

4. 试验

(1) 概述。

首次试验前6周，供货商应将其所有运行试验的检查和说明、详细程序提交业主，包括所有监视参数的验收准则。

设备准备试验的日期前不少于5个工作日，供货商应通知业主。如果试验重新安排，新试验日期前不少于5个工作日，供货商应通知业主。

所有的检验或试验均应有相应的记录和报告随机交付。

(2) 液压试验和气密性试验。

应对承压部件(包括附件)进行液压试验。液压实验的液体温度应高于试验材料的无塑性转变温度，试验压力按如下规定：

① 气缸气道和缸体：最大许用工作压力的 1.5 倍。

② 气缸冷却夹套或气缸：最大许用工作压力的 1.5 倍。

③ 管路、压力容器、空冷器和其他承压部件：最大许用工作压力的 1.5 倍或按照适用规范；试验①和②应在气缸缸套安装前进行。应在采用紧固件将缸体、缸盖、阀盖、气缸垫等部件完全组装在一起后对气缸进行整体液压实验。

另外，对承受气压的零件，液压试验不能代替气体泄漏试验。

应对承压部件进行气密性试验以确保各承压部件不泄漏天然气。气密性试验前应对部件彻底干燥处理并不得涂漆。气缸气密性试验应不带缸套，但带以下工作部件：缸盖和紧固件。气密性试验的试验压力应为最高许用工作压力，且气密性试验时应将被试验部件沉浸在水中进行检漏。

如果零件在低于室温时试验，试验压力应乘以一个系数，该系数由材料室温时允许工作应力除以运行温度时允许工作应力来获得。如此获得的压力应是进行液压试验的最低压力。供货商应列出实际液压试验压力。

用于试验奥氏体不锈钢材料的液体，其氯化物含量不应超过 25ppm（$1ppm=10^{-6}$）。为防止由于蒸发干燥引起氯化物沉积，在试验结束时应立即清除零部件中的所有残液。

试验应维持足够的时间以便在压力状态下充分检查零件的泄漏或渗漏情况。本规格书规定，液压试验的试验压力应至少在 1h 以上维持稳定。

试验时所用的垫片应与实际运行条件下所要求的垫片相同。

（3）机械运转试验。

所有压缩机和传动装置应进行车间试验及整机 4h 的无负荷运转试验。机组及所有辅助系统整体成套后，接受 4h 的机械运转试验（4h 的无负荷运转试验），以便验证压缩机、电动机和所有的辅助设备的机械运转性能和技术参数。如果为校准初始试验时发现的机械或性能不足，需要更换或调整轴承，更换、调整或修理其他部件，则初始试验不予承认，应在这些更换、调整、修理或校准后重新进行试验。

（4）其他试验。

在供货商车间应进行机身和气缸的盘车试验以校验活塞端间隙和活塞杆径向跳动。盘车试验时，为了验证没有活塞干涉，所有压缩机气阀应就位。该试验应分别测量十字头侧和填料组件法兰处垂直的和水平的活塞杆径向跳动量（冷态）。

由供货商提供的所有设备、预制管路和附件应在供货商车间装配和组装。供货商应准备证明设备没有有害变形的书面证明。

所有压缩机气缸的吸气和排气阀应进行泄漏试验。泄漏试验除应遵循供货商的合理程序外，作为特殊规定，排气阀的泄漏试验还应满足：在压缩机组全部组装成撬（含辅助系统和设备）、气缸排气阀已经全部就位且已充分紧固、保证排气管路系统及设备密闭的前提下，保持进气压力为零或与大气相通，对气缸排气管路系统充气试验，1h 之内系统压力降不能超过试验压力的 2%（经业主同意，也可采用其他方法）。

除上述规定外，还应对压缩机进行 API Std 618 和 API Spec 11P 规定的其他性能试验。

（5）技术协议中，供货商应明确 SAT 和 FAT 具体项目。SAT 和 FAT 都应由供货商完成，供货商应提供 SAT 和 FAT 试验报告。

（6）电机试验供货商应按照标准进行电机检验和试验，但不少于以下内容：①堵转电流测试。②绝缘测试。③全速动平衡试验。④振动测试。⑤空载运行试验。⑥短路特性试验。

5. 生产监督

（1）在生产制造过程中，供货商应提供其所选用的相应配套设备、材料及仪表的相关技术资料、产品使用说明书、质量检验报告等文件。

（2）供货商应允许用户驻厂代表或监督对在机组设备制造期间为控制生产而进行的全部试验的记录及试样进行检查和抽样试验。

（3）业主对供货商生产及检验规程的认可及驻厂监督不能免除供方对设备质量的责任。

6. 到货检验

（1）转动设备运输到现场后检查方法与要求应符合相关标准和规范的规定。

（2）开箱验收：设备到现场后，供货商派人开箱验收，确认装箱单、设备完整性和完好情况。

（3）现场验收：设备连续运转72h后，由买卖双方共同对设备进行现场测试和验收。

7. 其余零件检验

其余零件按图纸检验。

8. 检查与试验

在检查与试验过程中，当出现异常情况时，应进行所需部分或整个装置的拆装工作。对有问题或质量不合格的零部件应进行更换直到试验合格。整个过程要做记录，不合格的零部件要列出清单。记录、试验报告、失效品清单及产品合格证要在试验过后2周内且在装运准备前提交给业主批准。

9. 供货商要求

供货商还应负责所供装置的现场安装指导及现场调试，直到性能全部符合业主要求。整个过程要有完整的记录、报告，包括出现的问题及解决办法，最后一起提交给业主。

（三）证书

（1）检验和试验报告：供货商提供单台试验和检验报告。

（2）具有国家认可资质的检验单位出具的具有效力的设备检验证书。

（3）出厂合格证书：每台应具有合格证书，并注明型号、规格、适用介质、制造商名称、生产日期。

（4）电机出厂合格证书(包括防爆证书)、试验证书。

八、铭牌

（1）压缩机撬块内的设备包括压缩机、电动机、容器、阀门、仪表等均应按照各自规范的要求设置铭牌。铭牌应采用奥氏体不锈钢材料制成，并牢固的安装在设备的醒目之处。安装应采用支架和螺栓固定，不能直接焊到设备上。铭牌上的内容应标识清楚。

（2）转向箭头应铸在或固定在每个旋转设备的主要元件上的醒目位置。铭牌和转向箭头应为奥氏体不锈钢或镍-铜合金制成。固定销钉应为同样材料。不允许焊接。铭牌应包括但不限于以下内容：

① 压缩机：设备名称、规格、型号、额定排量、排气压力、转速、轴功率、质量、许可证编号、检验章、制造厂名称、编号、出厂日期。

② 电动机应提供辅助铭牌，除应标有制造厂名称、机器系列号、制造年份、尺寸和形式、额定转速和功率外，还应标明预计全负荷电流和基于飞轮选择及导出的最终旋转系统惯量的预计电流脉动值。

③ 空冷器：制造厂名称；制造许可证编号和许可级别；设备名称及型号；设备位号；设计压力；设计温度；换热面积；设计流量和压降；风机名称、规格、型号、转速、轴功率、质量、制造厂名称、编号、制造日期等；净质量及最大充液质量；最大外形尺寸；制造许可证；制造编号；出厂日期。

④ 压力容器：按相关标准规定。

⑤ 阀门：名称、公称直径、公称压力、生产厂家、编号、出厂日期。

⑥ 仪表设备：名称、量程、公称压力、型号、材质、生产厂家、编号、出厂日期等。

⑦ 其他设备均照常规。

九、包装与运输

1. 表面处理和涂漆

供货商所提供的设备的表面处理、防腐保护及涂漆应遵循相关规范或制造厂标准的规定和要求。

2. 包装和运输

（1）包装、运输应符合相关标准的规定，要适宜海运、铁路及公路运输。

（2）包装应考虑吊装、运输过程中整个设备元件不承受导致其变形的外力，且应作出明显标识，同时需标识吊装重心，并在装卸时严格遵守。

十、备件及专用工具

（1）供货商应提供用于现场安装、调试、开车等所需的备件，并提供备件清单。

（2）供货商应提供两年运行使用的备件推荐清单，并单独报价。清单内容应包括备件名称、数量、单价等。

（3）供货商提供的备件应单独包装，便于长期保存；备件上应有必要的标志，便于日后识别。

（4）供货商应提供设备安装和维修所需的专用工具，包括专用工具清单和单价在内。

十一、文件要求

1. 语言

所有文件、图纸、计算书、技术资料等都应使用中文或中英文对照，以中文为准。

2. 单位

供货商提供的所有文件和图纸，包括计算公式的单位制应是 SI 单位。

3. 文件要求

（1）供货商应提供有关规定的文件。

(2) 图纸和文件审批后，在设备制造过程中如果发生变更，供货商应以书面形式通知业主，在得到业主的书面确认后方可实施，同时应把变更后的图纸和文件提交给业主。

(3) 供货商提供的资料应全面、清晰和完整，并对资料的准确性负全责。

十二、服务与保证

(一) 服务供货商提供的服务

服务供货商提供的服务应包括：

(1) 现场安装指导、调试及投产运行。

(2) 现场操作人员的技术培训。

(3) 使用后的维修指导等。

(4) 质保期内的现场服务。

当业主通知供货商需要提供服务时，供货商应在24h内作出响应，必要时，应在48h内到达现场。供货商应派有经验的技术人员到现场指导工作，提供技术支持。

(二) 保证

(1) 供货商应对其供货范围内的所有事项进行担保，确保设计、材料和制造无缺陷，完全满足技术文件的要求。并应保证设备在自到货之日起的18个月或该设备现场运行之日起的12个月内(以先到者为准)符合规定的性能要求。设备因质量不良而发生损坏和不能正常工作时，供货商应该免费更换或修理，如因此造成人身和财产损失的，供货商应对其予以赔偿。若在保证期内有任何缺陷，供货商应提供必要的更换和维修，并赔偿相关费用。

(2) 供货商购自第三方的产品应由业主批准。

(3) 如果整套设备的全部或部分不满足担保要求，供货商应立即对设备中的缺陷进行修改、补救、改进或更换设备，直到设备满足规定的条件为止。

(4) 供货商应提供所有经业主认可的二级供货商清单并提供整台机组内所有易损件的使用寿命和保养周期。

(5) 压缩机组、空冷器内核心部件(电机、阀门、仪表等)分包选用知名品牌产品。

第四节 移动式甲醇加注撬

一、概述

供货商应对甲醇加注撬的设计、制造、运输、检验、运输、技术服务负有全部责任，保证所提供的设备满足本章中所列的标准和规范以及相关规格书的要求。

二、相关资料

(一) 引用标准

下列文件中的条款通过本技术规格书的引用而成为本技术规格书的条款。凡是注日期的引用文件，其随后所有的修改单或修订版均不适用于本技术规格书，然而，鼓励根据本技术规格书达成协议的各方研究是否可使用这些文件的最新版本。凡是不注日期的引用文件，其最新版本适用于本技术规格书。

《石油天然气工业管线输送系统用钢管》(GB/T 9711)；

《装配通用技术要求》(JB/T 5994)；

《钢制对焊管件　类型与参数》(GB/T 12459)；

《钢制对焊管件　技术规范》(GB/T 13401)；

《Pipe Flanges and Flanged Fittings》(ASME B16.5)；

《Positive Displacement Pumps-Controlled Volume》(API 675)；

《计量泵》(GB/T 7782)；

《旋转电机　定额和性能》(GB 755)；

《爆炸性环境　第1部分：设备　通用要求》(GB 3836.1)；

《爆炸性环境　第2部分：由隔爆外壳“d”保护的设备》(GB 3836.2)；

《爆炸性环境　第3部分：由增安型“e”保护的设备》(GB 3836.3)；

《爆炸危险环境电力装置设计规范》(GB 50058)。

(二) 优先顺序

应遵照下列优先次序执行：

(1) 本技术规格书。

(2) 规范和标准。

(3) 若本规格书与上述规范和标准出现相互矛盾时，应按最为严格的执行。

(三) 其他

供货商若有与以上文件不一致的地方，应在其投标书中予以说明，若没有说明，则被认为完全符合上述文件所有要求。

即使供货商符合本规格书的所有条款，也并不等于解除供货商对所有提供的设备和附件应当承担的全部责任，所提供的设备和附件应当具有正确的设计，并且满足特定的设计和使用条件以及当地有关的健康和安全法规。

非经业主批准，不得有与本规定相违背之处；对于不能妥善解决的问题，供货商有责任以书面形式通知业主。

三、供货商要求

(1) 供货商应通过ISO9001质量体系认证，HSE保证体系。ISO9001质量证书必须在有效期内。

(2) 供货商提供的隔膜往复泵应是已经证实的成熟机型，在近5年来具有至少4台与本次投标产品(操作压力35MPa)相同或以上计量泵的供货业绩，在相同或相似的工艺操作条件下连续稳定运行2年以上的成功业绩(有相关文件证明)，投标人在投标文件中须提供符合条件的相关业绩列表，并标明型号、用户名称、工程项目名称、合同号、相关联系人员及投用时间，并提供与最终用户的销售业绩证明(证明其销售业绩的合同复印件，并由投标人代表签字或盖章）。

（3）供货商可根据经验、技术和产品，推荐和提供与本技术规格书不同的方案。方案应用中文加以详细和完整的描述，以供业主和设计方评估和决策。

（4）供货商推荐的产品应该是成熟的产品类型，技术先进，经过证明，在要求的操作条件下能够稳定、可靠地工作。

（5）除非经业主批准，甲醇加注撬应完全依照本规格书及其他相关资料及规范标准的要求。规格书中的任何遗漏都不能作为解脱供货商责任的依据，所有改动应提交给业主批准。

（6）本规格书的任何遗漏问题都不能作为解脱供货商责任的依据。对业主提供技术文件的所有改动应提交给业主批准。对于本规格书中未提及但又是必需的有关附件，供货商有责任向招标方提出建议，并提供完善的服务。

（7）供货商对所提供的设备、技术服务、工程服务、包装运输、检查与试验、设备安装、现场测试、系统验收，直至甲醇加注撬的投产试运等各个环节负有完全责任。

（8）供货商提供的甲醇加注撬性能指标应满足规定的操作条件。

（9）供货商应负责设备到现场后18个月或设备投运后12个月的免费更换及免费维修。

四、供货范围

（一）概述

供货商应对甲醇加注撬的设计、材料采购、制造、零部件的组装、图纸、资料的提供以及与各个分包商间的联络、协同、检验和试验负有全部责任。供货商还应对甲醇加注撬的性能、安装、调试负责。

供货商所提供的甲醇加注撬应是本工程招标以后生产的，在此之前生产的甲醇加注撬不应使用在本工程上。

供货商还应对设备的性能负责，指导安装、调试。

（二）交接界面

（1）管道分界。与甲醇加注撬连接的管道接口应采用法兰连接，所有接口留至撬边，供应商提供该接口的法兰（材质为不锈钢），配对法兰、垫片、螺栓、螺母由业主提供。

（2）电源分界。业主负责提供一台防爆插接式电源箱（380V），为现场防爆电气控制箱提供电源。现场防爆电气控制箱、现场防爆电气控制箱与防爆插接式电源箱连接电缆和现场防爆电气控制箱至设备连接电缆、电缆格兰头及所有相关固定和连接附件均由供货商配套提供。供货商应根据最终设备负荷配置相应的电力电缆，并将设备负荷返给业主。

（3）基础。供货商应提供撬块对基础的载荷及连接尺寸详图，并提供地脚螺栓、螺母及垫片（共8套）。

（4）材料。甲醇加注撬块所有选用的材料应符合相应的标准规范且满足本技术规格书的要求，所有材料应该是新的、未经使用过的且不存在任何影响到性能的缺陷。

（5）保证。连续运转不超过18个月，设备因制造质量不良而发生损坏和不能正常工作时，供货商应该免费为业主更换或修理设备零件部件，如因此而造成业主人身和财产损失的，供货商应对其予以赔偿。

（三）供货范围

甲醇加注撬：4 套。

单套撬块包括：1 台隔膜计量泵（带入口过滤器）、1 座甲醇储罐、1 台卸车泵、脉动阻尼器及附属阀门及管线、电气、仪表设备及配套防爆电气控制箱、撬底座及撬体遮阳棚。

隔膜计量泵：排量 $Q=0.2m^3/h$　注醇压力 $P=35MPa$。

甲醇储罐：罐体容积为 $1m^3$，罐体材质为不锈钢。

卸车泵：$Q=2m^3/h$、$H=10m$，机泵为防爆型离心泵。

甲醇连接管线的规格为 $D33.7×6.3$，管线材质为 L415Q。

（四）供货要求

（1）甲醇加注撬（包括隔膜计量泵、阀门管线等辅助设备）应能在规定的操作条件下，流量范围 $0.06 \sim 0.2m^3/h$，并长期连续安全运转，设备的布置应为操作、维护、检修提供适当的空间。

（2）所有零部件应按询价文件、厂商协调会的要求以及有关标准、规范进行设计和制造。

（3）所有的电器元件和装置应符合买方技术规格书中规定的使用场所分类和防爆等级的要求，并应执行相应的标准和规范。设备使用区域为防爆 2 区。

（4）除非另有规定，注醇系统所有设备材料均应由供货商成套供应，并对成套各类设备、仪表及管路材料等质量负全部责任。

（五）撬块装置主要配置

1. 计量泵

采用双隔膜计量泵，机泵为防爆型，流量可在 30%～100%范围内实现在运行及停车时连续调节，计量泵的精度达±1%。

泵体本身应配备有自动保护装置，计量泵能在过压等情况下实现自我保护，以保证计量泵的安全运行。内置安全阀配备排气装置，使隔膜内的空气及时排出，保证泵的运行精度。

泵体配备有手动调节旋钮调节冲程。分辨率为±1%，冲程调节范围为 30%～100%。

所有计量泵都配有双隔膜自动检漏报警装置。

泵进出口管线设置排气、排液阀。

2. 加注泵

泵型：双隔膜泵。

泵头：单泵头，可以满足单井精确计量注入要求。

流量：$0.2m^3/h$。

出口压力：35MPa。

设计温度：50～60℃。

电动机：380V/50Hz，3 相。

满足站场防爆要求：一类 2 区。

泵体材质：316L 不锈钢。

隔膜材质：PTFE。

3. 附属设备

撬装尺寸：供货商提供。

甲醇罐：罐顶设置手动甲醇灌装口。液位计采用法兰连接。罐顶设置呼吸阀。

集液盘：不锈钢、带排放出口。

配电盘：防爆 2 区。

卸车泵入口：采用不锈钢金属软管及快装接头。

甲醇加注撬设静电接地。

五、设计基础资料

(一) 气象条件

极限最高气温：42.3℃。

极限最低气温：-20.7℃。

年平均相对湿度：70%。

年日照时间：2585.2h。

(二) 公共工程数据

安装区域为防爆一类 2 区。

该地区地震设防烈度为 8 度。

六、技术要求

(一) 总的技术要求

(1) 供货商提供的设备应功能完整、技术先进、确保运行安全，并满足维护、维修的需要。

(2) 所有设备均应正确设计和制造，在正常工况下均能安全、持续运行，不应有过度的应力、振动、温升，并避免寿命期内磨损、腐蚀、老化等其他问题，设备结构应考虑方便日常维护(如加油、紧固等)及维修的需要。

(3) 设备零部件应采用先进、可靠的加工制造技术，应有良好的表面几何形状及合适的公差配合。业主不接受任何带有试制性质的部件。

(4) 外购配套件，必须选用优质名牌、节能、先进产品，并有生产许可证及生产检验合格证。严禁采用国家公布的淘汰产品。对重要部件需取得业主认可或由业主指定。对目前国内产品质量尚不过关的部件，可选用进口产品，并在投标时列出需进口设备部件的清单，由业主确认。

(5) 易于磨损、腐蚀、老化或需要调整、检查和更换的部件应提供备用品，并能方便地拆卸、更换和修理。所有重型部件均应设有便于安装和维修用的起吊或搬运设施(如吊耳、环形螺栓等)。

(6) 所用的材料及零部件(或元器件)应符合有关规范的要求，且应是新型和优质的，并能满足当地环境条件的要求。

(7) 所有外露的转动部件均应设置防护罩，且应便于拆卸，人员易达到的运动部位应设置防护栏，对需要维护的工作点应有足够的空间和立足点，必要时可设平台，当高度>1.0m 时，需装设栏杆，但不应妨碍维修工作，护栏设置应符合标准《机械安全 进入机械的固定设施 第 3 部分：楼梯、阶梯和护栏》(GB 17888.3—2008)的相关规定。

(8) 所设计的设备应满足详细设计的要求，设备将能承受来自驱动装置或负荷突然变化而产生的最大加速度。设备的驱动装置能够平稳地传递加速度和减速度。设备能每天 24h 连续运行。

(二) 具体技术要求

(1) 泵所选用的泵均为隔膜计量泵。供货商应提供包括泵、联轴器、驱动机等所有辅助设备的整个泵机组。供货商应对整个泵机组负全部责任并保证其质量和性能符合本技术协议及相关标准的要求。

(2) 甲醇储罐的设计必须考虑设备能在给定的环境条件下长期安全运行，其使用寿命应大于 15 年。

(3) 泵的效率应尽量高。计量泵在 30%～100%额定流量范围内可调节，其调节比至少为 10∶1，且在 30%～100%流量范围内计量泵的稳定性精度、线性度和复现性精度均在±1%以内。

(4) 所有承压零件(包括进口压力影响区域)应按泵送温度下允许最大出口压力设计，泵体的设计压力不小于安全阀的设定压力。

(5) 压力泵壳应设计成具有一定的腐蚀裕量以符合实际工况的要求，最小腐蚀裕量应为 3mm(不锈钢的腐蚀裕量为 0mm)。与填料接触部分的柱塞杆或柱塞段表面应硬化并磨光。

(6) 泵均应采用稀油润滑，以确保长周期安全运行。

(7) 泵和驱动电机的轴承应为标准形式，不得采用制造厂自行制定的非标轴承，且在连续工作条件下，大修时间间隔不应少于 40000h。

(8) 对于泵口和泵壳上的其他接头，螺纹管法兰禁止使用，应采用带颈对焊法兰连接。

(9) 泵系统所有材料的选择应符合设计方的要求和规定的操作条件，如需更改材料，制造商应提交业主审核，并得到书面认可。

(10) 泵、驱动机和辅助装置的噪声等级为距设备表面 1m 处不大于 85dB。

(11) 泵、电机及其辅助设备应在安装现场的最低和最高环境温度下适用于户外启动和连续操作。

(12) 供货商要保证同规格泵的常规零、部件具有互换性。

(13) 泵的电机选用国内知名品牌。选用节能型电机，能效指标达到国家《中小型三相异步电动机能效限定值及能效标准》(GB 18613—2012)，效率不低于 2 级水平。

(三) 电气要求

(1) 与甲醇加注装置撬块相关的使用的电气仪表采用防爆等级为 ExdⅡBT4，防护等级为 IP65。

（2）供货商需为撬块上的用电设备配备相应的开关、交流接触器、热继电器及起、停控制按钮及相关电气配套装置材料，并将以上设备安装在一个防爆电气控制箱内。现场使用时仅需接一根外部电源。防爆电气控制箱上设启停显示及紧急停车按钮。

（3）供货商应对防爆电气控制箱的设计、制造、供货、检查和实验负有全部责任，保证所提供的防爆电气控制箱满足相应的制造标准及规范。

（4）供货商应负责防爆电气控制箱至撬上用电装置的供配电安装，电缆应设护管敷设，其内部接线以及接地等工作由供货商依据相关标准规范完成。所有电缆接线端子应标识清楚，并在中标后提供详细的接线图和控制回路逻辑图，由供货商和设计部门确认后方可进行下一个环节。

（5）电机撬座和端子盒内应配有合适的接地端子，以便于进行接地连接。

（6）防爆电气控制箱应提供不锈钢铭牌。

（7）电气及仪表设备都应防爆，防爆等级 ExdⅡBT4，防护等级 IP65。

（8）注醇计量泵使用过载保护继电器实现电机的过载保护。

（9）供货商在其工厂内完成各撬座内电气仪表的连接和功能调试，并应通过所要求的安全检测。

（四）其他要求

（1）注醇量的控制采用校验柱。

（2）所有与注醇液接触的管线、管件均采用不锈钢 06Cr19Ni10 材质。

（3）配套电机均为防爆型户外型。

（4）电器及开关均为防爆型。

（5）计量泵出口管线设止回阀。

（6）甲醇加注装置撬块要求零泄漏。

（7）焊接材料应符合有关标准的规定，所选的型号应与母材金属相匹配。

（8）甲醇加注撬应能检测、但不限于以下参数：注醇计量泵进、出口压力及温度，储液罐液位、温度。

（9）甲醇由撬块卸车泵卸至撬块储罐。

（10）甲醇加注装置撬块采用的仪表阀门应采用国内知名品牌。

（11）所有接口采用法兰连接，法兰应选用带颈对焊钢制管法兰，根据介质、温度、压力的不同，选用不同的材质，执行标准为 ASME B16.5；压力等级<Class 600 的法兰，密封面 RF，采用金属缠绕垫，带内环和对中环，CRS/304+柔性石墨/304，执行标准为 ASME B16.20；压力等级≥Class 600 的法兰，密封面 RJ，采用椭圆形金属环垫，材料 304，执行标准 ASME B16.20。螺栓应选用全螺纹螺柱，材质为 ASTM A320 L7，执行标准为 ASME B18.2.1；螺母应选用管法兰专用螺母，根据介质、温度、压力的不同，选用的材质为 ASTM A194 7，执行标准为 ASME B18.2.2。

七、铭牌

（1）供货商应在设备适当的部位安装永久性的由不锈钢制成的铭牌，铭牌的位置易于观察、内容清晰，其安装可采用支架和螺栓固定，但不允许直接将铭牌焊到设备上。

（2）铭牌应包括但不限于以下内容：名称型号、编号、传热面积、工作压力、工作温度、许可证编号、出厂监检标志、总质量、制造厂名称、制造日期。

八、检测和试验

（一）检验机构

（1）出厂前供货商根据国家、行业有关标准进行检验。

（2）业主根据有关标准及合同进行现场检验。

（3）有关质检、环保、安全等机构依据国家法律、法规进行检验。

（二）检验项目和试验内容

1. 性能检验

供货商应根据技术标准和规范对设备性能、材料、制造质量等进行逐项检查和检验。检查项目中应包括：

（1）焊剂清洗质量检查。

（2）焊接质量检查。

（3）管线质量检查和性能试验。

（4）水压试验。

（5）气密性试验。

（6）脱油脂及最终干燥处理检查等。

2. 到货检验

按本规格书供货范围和合同要求进行设备和材料检查，包括但不限于以下内容：

（1）包装（包装是否完整、合格）、标识检验。

（2）设备运输到现场后供货商负责解体检查，检验后应恢复至原包装。

（3）对每套甲醇加注撬逐个进行外观检验：表面不得有变形、毛刺、裂纹、锈蚀等缺陷，法兰密封面应平整光洁，零部件齐全完好。

（4）品种、规格、数量及质量检查。

（5）产品说明书、检测报告、安装图纸等资料检查。

（6）焊接接头无损检测的检查要求和评定标准。

3. 现场移动就位检查

检查甲醇加注撬现场移动的灵活性，就位后运行的稳定性，连接管与注入口的适配性和严密性。

（三）证书

（1）甲醇加注撬设计、制造许可证。

（2）受压元件材料的质量证明书。

（3）检验证书：供货商提供工厂出具的具有效力的检验证书一式两份。

（4）出厂合格证书：每套甲醇加注撬及所带附件必须具有合格证书，并注明型号、规格制造商名称、生产日期等。

九、包装和运输准备

（一）涂漆

供货商用于该产品涂装材料，选用符合业主的技术资料规定或经实践证明的其综合性能优良的一流产品。

涂漆的油漆种类和牌号、生产厂家、喷涂工艺、涂装遍数和漆膜厚度按同类产品标准进行。色标标准和色卡由业主提供给供货商，如业主未事前约定或未提供视为认同供货商所采用的符合标准的颜色。

（二）包装

设备须在检验和试验合格后使设备内部干燥、清洁，并且所有的开口都应封闭后方可进行包装、发货。

设备的包装能满足长途运输、搬运及存储的需要。包装要坚固、牢靠、防腐、防潮。

所有零部件及附件的包装，应保证在运输和储存过程中不发生变形和损坏。

易损件、专用工具等进行单独装箱，并在箱体上注明标记。

货物标记按国家有关货物运输的规定执行。箱面各种标记齐全，如箱号、名称、合同号、收货单位、发货单位、收发货站、重量、外形尺寸、吊装位置、防雨、防碎、防倒置标记等。

由于供货商包装不当或标记不清所造成的设备丢失、缺损、发霉、锈蚀、受潮和错发等问题，供货商负责无偿修理、补供或更换。

所有包装箱应有详细的标记、装箱清单和产品合格证一份。

产品标志和铭牌主要内容包括制造厂家、产品名称、产品型号、主要技术参数、制造日期等。

供货商应提供满足大修时安全而有效地拆卸部件或组件及特殊维修和检修要求的专用工具，并应根据其使用寿命和使用频率考虑一定的余量。每项工具均需附有必要的说明。

（三）运输

设备汽运至现场。

十、备品备件及专用工具

供货商应提供用于现场安装、调试、试压、开车等所需的随机备品备件（免费提供）以及2年的备品备件清单。

供货商还应提供设备维修所需的专用工具，包括专用工具清单和单价在内。

十一、文件要求

（一）送审图纸、文件

供货商在合同签订生效1周内，设备制造前，应向业主提供下列技术文件（至少6份），并在收到带意见的图纸后1周内重新提交升版后的图纸和文件；提交图纸和文件时，必须提交相应的图纸和文件目录并注明版次。在得到业主和设计认可后，方可进行设备制造。因图纸、文件未送审而造成的问题由供货商负责。

供货商提供的所有文件和图纸，包括计算公式的单位制应是 SI 单位。

送审文件应用 A4 纸，送审图应采用 A3 纸、A2 纸或 A1 纸。要求所有送审及完工图纸及文件必须能用静电复印清楚。

主要报批图纸、文件如下：

（1）设备外形尺寸、基础尺寸、接管尺寸、设备安装图。

（2）设备自重、设备充水重等。

（3）设备性能及参数描述。

（4）工艺计算书：结构参数计算书，流动阻力计算书。

（5）主要受压元件的强度计算书。

（6）设备制造图（包括装配图、零部件图的要求）。

（7）设备制造、检验方法和质量保证措施。

（二）交货文件

发货时，供货商应提供交货文件 6 份，交货文件包括但不限如下内容：

（1）交货清单。

（2）设计计算书。

（3）主要受压元件原材料质量证明书及材料复验报告。

（4）主要受压元件原材料无损检测报告。

（5）焊接工艺评定报告、焊接接头质量的检测和复验报告。

（6）所有子供货商的供货目录、相关图纸和资料。

（7）子供货商供应的部件及其他所有部件的检验证书。

（8）热处理报告及压力试验报告。

（9）操作维护手册。

（10）机械制造档案。

（11）质量保证档案。

（12）设备竣工图。

（13）产品合格证和质量证明书。

（14）2 年用备件清单。

（15）专用工具清单。

十二、服务与保证

（一）服务

供货商应提供的售后服务包括：

（1）现场接管、配电指导及现场调试。

（2）对现场操作工的技术培训。

（3）使用后的维修指导等。

（二）保证

供货商应对其供货范围内的所有事项进行担保，确保设计、材料和制造无缺陷，完全满足本技术规格书和订单的要求。并应保证设备在自发货起的18个月或该设备现场运行之日起的12个月内符合规定性能标准。若在保证期内有任何缺陷，供货商应在无任何报酬条件下提供必要的更换和维修，并赔偿相关费用。如因此而造成用户人身和财产损失的，供货商应对其予以赔偿。

如果整套设备的全部或部分不满足担保要求，供货商应立即对设备中的缺陷进行修改、补救、改进或更换设备，直到设备满足规定的条件为止。

第五节　自用气撬块

一、概述

(一) 供货商要求

承担此项目的供货商应根据本技术规格书和当今世界先进水平，完成一个安全可靠、测量准确度高、技术先进、性能稳定、功能强、操作方便、易于扩展及开发、经济合理、性能价格比高的适用于天然气站场自用气调压计量系统。

该系统应能完全满足，设计要求的全部功能以及本技术规格书的要求和在本技术规格书中未提及的而又是一个完整的站场自用气调压计量系统所必备的内容。

供货商是否具有ISO9001质量管理体系认证证书和原国家质检总局所颁发的《压力管道元件组合装置生产许可证(A类)》或权威部门颁发的同等资质的撬装设备生产许可证书。具有类似于本项目丰富的天然气站场工艺和计量系统及其相关自动控制系统方面的经验和业绩，并具有为本项目提供所需的产品以及系统集成和技术支持的能力。能根据所提供的资料独立的配置、完成整个系统并使其完全满足本工程的需要。供货商必须具备良好的信誉和售后服务能力，具有强大的技术实力、系统集成能力、完成本工程的技术能力、充足的人力资源。撬装系统必须在近5年来国内大型高压(>10.0MPa)，天然气管道或站场项目中有总数在10套以上的成功使用业绩；其他的站场自用气计量、调压系统应在近5年内不少于30套的成功使用业绩，并提供可核实的业绩证明。供货商为本项目委派的项目经理和主要的技术人员应是在天然气管道调压计量系统方面的专家，他们在最近5年内有多项与本项目类似的工作业绩，主要技术成员资历证书应交业主审批，作为本项目技术支持能力的考评指标。在本项目完工之前，供货商的项目组的主要管理和技术人员不应被随意更换。

投标者需递交简介，内容包括为本项目设计、制造、供货、提供售后服务和技术支持的供货商、主要零部件分包商、部门、工厂。

所有选用的材料和零件应该是新的、未经使用过的、高质量的，不存在任何影响到性能的缺陷。

在业主遵守保管及使用规程的条件下，撬块或设备在自发货起的24个月或该设备现场安装之日起的16个月内(取时间较长者)，撬块因制造质量不良而发生损坏和不能正常工作时，供货商应该免费为业主更换或修理撬块的零部件，如因此而造成业主人员和财产损失的，供货商应对其予以赔偿。

在业主认为需要时，将派遣有关专业的专家与供货商一起工作，并监督项目执行的全过程。业主保留对系统设计、选用的设备、材料和选用的软件等提出修改及决定性的意见的权力。业主保留对供货商的系统设计提出修改变更的权力。

在项目实施过程中，某些技术参数和条件的变化是不可避免的，供货商在项目实施过程中应充分考虑到这些因素。业主保留对所提交的技术及其他的资料变更的权力。

（二）设备材料时限

供货商所提供的自用气撬及各种工程附件必须是 2017 年 1 月 1 日以后生产的，在此之前生产的设备材料严禁使用在本工程上。

（三）规范性引用文件

1. 主要执行标准

投标商在设计、建造、验收和试车过程都应当遵守以下法规、标准和规定，所有执行的标准规范都必须是截至授标日的最新版本。

2. 国内标准规范

《石油天然气工程设计防火规范》(GB 50183)；

《输气管道工程设计规范》(GB 50251)；

《天然气》(GB 17820)；

《石油天然气工业管线输送系统用钢管》(GB/T 9711)；

《高压化肥设备用无缝钢管》(GB/T 6479)；

《钢制对焊无缝管件》(GB/T 12459)；

《钢制管法兰、垫片、紧固件》(HG/T 20615~20635)；

《钢制承插焊、螺纹和对焊支管座》(GB/T 19326)；

《锻制承插焊和螺纹管件》(GB/T 14383)；

《优质钢制对焊管件规范》(SY/T 0609)；

《天然气发热量、密度、相对密度和沃泊指数的计算方法》(GB/T 11062)；

《天然气计量系统技术要求》(GB/T 18603)；

《自力式流量控制阀》(CJ/T 179)；

《先导式减压阀》(GB/T 12246)；

《爆炸危险环境电力装置设计规范》(GB 50058)；

《低压配电设计规范》(GB 50054)；

《油气田防静电接地设计规定》(SY/T 0060)；

《涂装前钢材表面锈蚀等级和除锈等级》(GB/T 8923)；

《钢质管道外腐蚀控制规范》(GB/T 21447)；

《涂装前钢材表面处理规范》(SY/T 0407)；

《油气田地面管线和设备涂色标准》(SY/T 0043)；

《钢结构工程施工质量验收规范》(GB 50205)；

《碳钢焊条》(GB/T 5117)；

《钢结构设计规范》(GB 50017)；

《石油天然气站内工艺管道工程施工规范》(GB 50540)；

《石油天然气建设工程施工质量验收规范　站内工艺管道工程》(SY 4203)；

《石油天然气钢制管道无损检测》(SY/T 4109)；

《石油天然气金属管道焊接工艺评定》(SY/T 0452)；

《钢质管道焊接及验收》(GB/T 31032)；

《现场设备、工业管道焊接工程施工及验收规范》(GB 50236)；

《承压设备无损检测》(NB/T 47013. 1~47013. 6)。

3. 国外标准规范

《Instrumentation Symbols and Identification》(ANSI/ISA-S5. 1)；

《Graphic Symbols for DCS/Shared display Instrumentation Logic and Computer system》(ANSI/ISA-S5. 3)；

《Instrument Loop Diagrams》(ISA-S5. 4)；

《Graphic symbols for process display》(ISA-S5. 5)；

《Measurement of fluid flow-Evaluation of uncertainties》(ISO 5168)；

《Petroleum liquids and gases-Fidelity and Security of dynamic measurement-Cabletransmission of electronic and/or electronics pulsed data. 》(ISO 6551)；

《Natural Gas—Calculation of Calorific Value, Density and Relative Density》(ISO-6976)；

《Measurement of Gas Flow in Closed Conduits-Turbine Meters》(ISO 9951)；

《Natural gas-calculation of compression factor》(ISO 12213)；

《Measurement of Gas by Turbine Meters》(A. G. A Report No. 7)；

《Compressibility Factors of Natural Gas and Other Related Hydrocarbon Gases》(A. G. A Report No. 8)；

《Measurement of Gas by Multipath Ultrasonic Meters》(A. G. A Report No. 9)；

《Gas Supply System-Natural Gas Measuring Station-Functional Requirements》(EN 1776)；

《Chemical Plant and Petroleum Refinery Piping》(ANSI/ASME B31. 3)；

《Natural Gas-Performance Evaluation for On-Line Analytical Systems》(ISO 10723)；

《Measurement of Fluid flow in Closed Conduits - Methods Using Transit - Time Ultrasonic Flowmeters》(ISO/TR 12765)；

《Degree of protection provided by enclosure(IP Code)》(IEC-60529)；

《Gas supply system-Gas pressure regulating station for transmission and distribution-Functional requirements》(EN 12186)；

《Gas pressure regulators for inlet pressures up to 100 bar》(EN 334)；

《Control Valves, Practical Guides for Measurement and Control》(ISA Guide)；

《Specification Forms for Process Measurement and Control Instruments, Primary Elements and Control Valves》(ISA S 20. 50)；

《Flow Equations for Sizing Control Valves》(ISA S75. 01)；

《Control Valve Terminology》(ISA S75. 05)；

《Inherent Flow Characteristic and Range ability of Control Valves》(ISA S75. 11)；

《Control Valve Aerodynamic Noise Prediction》(ISA SP75. 17);

《Control Valve Manifold Designs》(ISA RP75. 06);

《Quality Control Standards for Control Valve Seat Leakage》(ASME FCI 70. 2);

《Face-to-Face and End-to-End Dimensions of Valves》(ASME B16. 10);

《Pressure Testing of Steel Valves》(SS-SP-61);

《Gas Transmission And Distribution Piping Systems》(ANSI/ASME B31. 8);

《Fire Test For Soft-Seated Quarter-Turn Valves》(API 607);

《Guide For Pressure Relieving And Depressuring Systems. 》(API RP-521);

《Flanged Steel Safety-Relief Valves》(API RP-526);

《Commercial Seat Tightness Of Safety Relief Valves With Metal-to-Metal Seats》(API RP-527)。

以上标准规范仅供参考。供货商应提供在本工程中所采用的标准和规范的清单，并应保证其版本为最新版本(包括修正版)。

(四) 优先顺序

若本技术规格书与有关的其他规格书、数据表、图纸以及上述规范和标准出现相互矛盾时，应遵照下列优先次序执行。

(1) 中国国家及地区的法律、标准或规范。

(2) 数据表。

(3) 技术规格书。

(4) P&ID 和图纸。

(5) 签署的技术合同附件。

(6) 其他供参考的国内、国际规范。

对于不能妥善解决的矛盾，供货商有责任以书面形式通知业主。

供货商若有与以上文件不一致的地方，应在其投标书中予以说明，若没有说明，则被认为完全符合上述文件的所有要求。

即使供货商符合技术规格书的所有条款，也不等于解除供货商对所提供的设备和附件应当承担的责任，所提供的设备和附件应当具有正确的设计，并且满足特定的设计和使用条件以及国家/当地有关的健康和安全法规。

二、工作环境

(一) 安装区域

自用气撬安装在××工程工艺装置区内为地面露天环境安装。

(二) 区域划分

自用气撬布置区域的防爆危险区域为 2 区，电气防护等级为 IP55，仪表防护等级为 IP65。

(三) 环境数据

本工程建设于河南省濮阳市，濮阳市位于中原地带，属于暖温带半湿润季风型气候，四季分明，年平均气温为13.4℃，月平均最高气温在7月份，气温为39.5℃，月平均最低气温在1月份，气温为-4.3℃，年极端最高气温为42.3℃，极端最低气温为-20.7℃。年平均降水量为534.5mm，年最大降水量为1067.6mm，月最大降水量为419.5mm，日最大降水量为276.9mm，年最小降水量为246.5mm(表3-2)。

濮阳市所在区域属东濮地堑，东有兰聊断裂，西有长垣断裂，黄河断裂贯穿中间，属于邢台-河间地震带的一部分，是华北平原地震活动较频繁的一个区域。根据中国地震烈度区划图，该地区抗震设防烈度8度。

(四) 介质条件

本工程工作介质为天然气。注气工况下组分同表3-3所示。

(五) 主要设计参数

1. 工艺条件

自用气撬进口压力5.0~9.85MPa，出口压力0.4MPa。

2. 公用工程条件

(1) 氮气：压力为0.4~0.6MPa，温度为常温。

(2) 仪表风：压力为0.4~0.8MPa，温度为常温。

(3) 燃料气：压力为0.2~0.6MPa，温度为常温，燃料气量充足。

(4) 电源：380V/50Hz，三相。

(5) 仪表信号：电信号为4~20mA。

三、供货范围

供货商应为本工程提供一套适应工程需要、性能可靠、稳定、性能价格比高的调压计量系统。该系统应能完全满足设计要求的全部功能和设计中遗漏但在实际应用中需要的功能。

自用气撬供货范围包括但不仅限于：撬座(含地脚螺栓、螺母、垫片)、过滤器、电磁加热器、调压部件、流量计、阀门、管件、汇管、安全泄压部件、仪表、控制盘、接线箱及撬块进出接口配对法兰、螺栓螺母垫片等其他附件等，供货商应对撬块中设备、阀门、流量计、管路等规格进行核算。

供货商对撬块的设计制造、组装、检验、试验、运输、安装、调试以及投产等负责，供货商应为撬内主要设备的供应商。

四、总体技术要求

本章仅对自用气撬提出总体技术要求。自用气撬应是一个“交钥匙”工程。供货商应为本工程提供适应工程需要、技术先进、性能可靠、稳定、性价比高的自用气撬。该撬应能完全满足设计要求的全部功能和设计中遗漏但在实际生产过程中需要的功能。在技术规格书所列的范围内如果有遗漏的部分，供货商应提出遗漏事项并报业主和设计确认后实施。

自用气撬主要由来气过滤、电磁加热、压力控制(稳压)、计量以及相应的管道、阀门、管件等组成。

（一）概述

站内自用气撬块主要由来气过滤器、电磁加热、限流装置、压力控制、用气计量以及相应的管道、阀门、管件等组成。为保证下游设备的正常工作，提高系统的可靠性，调压系统配置应采用一用一备的方式。仪控阀门应选用国外知名品牌，撬块采用两级调压的方式。同时为便于系统的灵活操作，在相应的设备后应增加汇管。

供货商所提供的站内自用气撬块至少应满足以下要求：

（1）供货商提供的自用气撬必须满足本技术规格书及其数据表、附图、标准规范的要求。

（2）应根据本技术规格书所描述的站内用气压力、用气量、运行方式、备用情况等，作出详细系统配置方案，并选择合适的系统设备，以满足本项目各站对本系统的使用要求。

（3）对于每台阀门的阀体材质，应选用适合环境条件及工艺条件的材料，不能使用铸铁、半钢或球墨铸铁的材质，阀内件（与天然气接触的所有部件）的材质不应采用非金属材料。

（4）供货商应保证所提供的系统连续运行时间每年不少于360天，在现场条件下服务寿命最低应保证20年。

（5）为保证自用气撬的正常工作，保证系统不受装配、运输、安装、调试等外来因素的影响，供货商提供的所有设备应是在工厂或现场组装在一起的成撬装置，并且在工厂已进行过单项设备和撬装整体试压以及整体功能调试。

（6）自用气撬位于各站场工艺装置区内，供货商负责撬块的设计、制造、组装、检测检验、运输、现场指导安装和调试等。

（7）正常工作时站内撬块安装处不得有气体泄漏。

（8）撬块的布置应紧凑且符合相关标准，其整体外形尺寸应便于现场安装、检维修，并应满足运输的要求。若采用一个撬体无法满足运输要求时，可将整个系统分为两个撬，撬体的数量最多不宜超过两个。当撬块需设计成两个或多个组件时，设计方案应经业主和设计单位审查批准后方能实施；各组件在现场的连接由供货商负责。

（9）撬块中的测量仪表的准确度、量程范围、输出信号、安装方式、安装位置等应满足现场的使用要求。

（10）供货商应在电磁加热器下游压力分界下游及其他需要的地方设置安全阀，安全阀的反应速度及泄放能力应能满足事故时的放空要求，不同压力等级的安全阀泄放应分设不同的放空管路，并应符合有关标准及规范的要求；安全阀应选用质量可靠的国内外知名品牌。

（11）手动放空、安全阀放空管路的放空阀、安全阀之后的管路应选用能承受-40℃的低温材质；放空管需接至撬座边缘。

（12）对于撬装系统中所有设备的材质，应选用适合环境温度及工艺条件的材料，不能使用铸铁、半钢或球墨铸铁的材质，高压管路不得选用20#钢。与天然气接触的所有部件的材质应使用适合天然气的材料制造，它们既不能影响天然气的性质，又不能受天然气的影响。当环境温度低于-20℃时，供方应提供在低温环境下工作的设备的材料说明。

(13) 撬装设备应固定在钢制结构的底座和支架上，该底座与支架应采用型钢制作。整套撬装系统应有用于吊装用的吊环，底座上应预留用于现场安装的螺栓孔，并配地脚螺栓、螺母和垫片。

(14) 站内自用气撬块为露天、水平安装。供货商可根据其中单项设备的具体要求，选择保温或防护箱等对其进行保护。

(15) 站内自用气撬块中各设备之间以及与工艺管道之间，均采用法兰连接。

(16) 系统的撬体应设有防静电接地点，以便纳入现场的接地系统。

(17) 设备检修或事故时，系统中若有放空需要，放空管线应汇入相应压力等级的放空管，以便与现场工艺放空管线连接。

(18) 站内自用气撬块中应有相应的排污措施，排污管需接至撬座边缘。

(19) 系统的所有管道、设备及撬体外表，均要涂上耐腐蚀性好的涂料，至少应保证使用年限为5年。

(20) 站内自用气撬块中所有管道、设备及撬体外表的防腐涂装、涂色应由供货商提供色卡，经设计与业主批准后实施。

(21) 站内自用气撬块中的每项设备都至少应遵从本技术规格书及相关设备的专用技术规格书中对相应设备的技术要求。

(22) 供货商应根据各站的不同工况计算和选择系统中使用的调压阀、安全切断阀及流量计的口径，通常情况下，上述设备的尺寸不应超过管线的尺寸；如果供货商认为业主或设计方提供的管线规格达不到要求，可以提出其他解决方案，并在得到业主的同意后进行调整。供方应提供所有操作条件下调压阀的计算书和流量计、调压阀的选型资料。供方的计算基础数据应依照相应的数据表，计算结果应征得业主和设计方的批准。

（二）工艺及配管

1. 气体加热

(1) 站内自用气撬块在经过调压后，气体温度将会产生很大的变化，为保证系统及各设备的正常工作，应在第一级调压设备前配置电磁加热系统，对管道中的气体进行预热。

(2) 电磁加热器前应安装过滤器，过滤器应能过滤5μm的粉尘或液滴99.8%。过滤器前后应安装就地指示差压表。

(3) 加热应采用电磁加热，温度应能保证天然气调压后的出口温度≥5℃。

(4) 电磁加热器的热负荷及电源功率，应根据使用工况条件进行计算，确保不出现过烧以及加热温度达不到要求的现象，并应提供电磁加热器的计算书。出口温度自动控制并≤60℃。电磁加热的供电电源应采用380V/AC，50Hz。

(5) 电磁加热装置应按隔爆型进行设计，其防爆及防护等级应符合现场的安装环境要求。

(6) 电磁加热器、控制元件等关键部件应采用国外知名品牌的产品。

(7) 电磁加热器出口应设置安全阀。

(8) 所有需要的信号电缆、电源电缆应接入防爆接线箱内。

(9) 如有必要，供货商可以在撬块中增加保温设施。

2. 配管安装

(1) 撬块设计应结合站场总平面布置，具有可操作性、整体性和美观性。

(2) 撬内设备、管道布置应美观，并留有满足设备维护和检修的空间。撬块应设置设备、阀门操作所必需的操作平台、管桥等。

(3) 所有的接口均需引至撬块边缘并尽可能整齐、集中布置、并配备相应的法兰螺栓、螺母及垫片(见 HG 20615—20635)。仪表风管线、排污管线只允许分别有 1 个对外接口。

(4) 供货商应提供撬块现场安装所必需的所有安装附件，包括配对法兰、螺栓、螺母、垫片及扳手等。

3. 电气

(1) 电源：业主提供一路 380V/AC，50Hz 的外部电源。供货商需负责提供现场用电设备电压等级及用电负荷，撬内其他等级电源由供货商自行解决。

(2) 电缆：撬内电缆敷设、接线由供货商负责；撬外电缆由供货商提供电缆规格，电缆由业主负责提供、安装。

(3) 强弱电防爆接线箱、配电箱：供货商负责提供现场防爆接线箱，同时配套提供接线箱处防爆格兰头或防爆挠性连接管，并明确接口尺寸；防爆接线箱、防爆配电箱防爆防护等级不低于 ExdⅡBT4、IP55。

(4) 撬块本身应设有接地端子，以便撬体接地；用电装置应设有接地端子，并良好接地。

(5) 在可移动的部位，必须采用多股铜芯绝缘导线跨接，与撬块本体具有良好电气连接，并留有一定的余量，不能造成导体的机械损伤。

(6) 配电箱出厂检验应包括绝缘试验。箱内断路器等主要电气元件应选用国际知名品牌，其额定开端能力不小于 20kA。

4. 自控仪表

1) 检测仪表

(1) 自控仪表部分的要求参见仪表专业相应技术规格书，SPE-0401 仪 01-01 双金属温度计技术规格书，SPE-0401 仪 01-02 一体化温度变送器技术规格书，SPE-0401 仪 01-03 压力表技术规格书，SPE-0401 仪 01-04 压力、差压变送器技术规格书，SPE-0401 仪 01-10 自力式调节阀技术规格书。

(2) 对仪表的技术要求应依照各自的专用技术规格书中的要求执行。温度表及压力表安装图详见典型安装图。

(3) 站内自用气撬块中所有仪表的量程应根据工艺参数进行选择，压力仪表的正常工作范围应在满量程的 1/3~2/3。

(4) 站内自用气撬块的所有带现场显示的仪表，在安装时，仪表盘或指示器应面向容易观察的方向。

(5) 压力检测仪表应可靠地安装在根部取压部件及双阀组上，双阀组应选用 316 不锈钢材质知名品牌，应具有测试和排气/排液口。与管道连接的根部取压部件采用一体式焊接截止阀。

(6) 温度检测仪表的外保护套管与工艺管道或设备的连接采用焊接方式。

2）天然气计量

应能对自用气撬调压后供站内火炬及再生装置用气的燃料气进行计量，监视和记录消耗量及累积流量，具有就地显示及远传功能，流量信号接入站控系统。

（1）天然气计量应采用国内外知名品牌智能型旋进漩涡流量计或涡轮流量计，其测量准确度应≤1%。

（2）在计量管路上应安装压力表和双金属温度计，用于就地显示，安装位置应符合有关标准的规定。

（3）流量计前、后直管段的长度应大于等于标准中规定的长度，以保证计量的准确性。

（4）仪表安装处不得有天然气泄漏。

5. 压力控制

站内自用气撬块中的一级压力控制系统按气动切断阀（SSV）、调压阀（PCV）串联在一起的方式进行设置。二级压力控制系统设置一台调压阀（PCV）。切断阀、调压阀均应选用国外知名品牌产品。

（1）调压阀均采用自力式阀门。一级调压阀的阀位信号需要远传，并设有就地机械阀位指示装置。其余调压阀应在取源回路上增加远控电磁阀，实现紧急情况下的关断。

（2）气动切断阀设置为高压切断（一级、二级调压阀阀后压力超高切断），需上传阀位信号和远程切断。气动执行机构应具有权威专业部门认证的、不低于SIL2的等级证书或报告。供货商应提供权威专业机构出具的有效SIL证书或报告。

（3）站内自用气撬块采用二级调压方式，供货商提出其他合适的调压方式，但必须得到业主或设计方的许可。

（4）自力式调节阀的出口流速和噪声水平必须符合相应规范要求。

（5）压力控制系统中的所有电气设备应按隔爆型进行设计，防爆及防护等级应符合ExdⅡBT4、IP65。

（6）所有需要的信号电缆、电源电缆应接入撬块边缘的防爆接线箱，撬外电缆与撬块连接以接线箱端子为界。

6. 接线箱要求

（1）电源接线箱、模拟量接线箱、开关量接线箱分开设置；每个接线箱留有20%的余量。每个独立的接线端子和端子板，应根据接线图正确地做好标志，接线端子和端子板必须保证完全的电气连接。接线盒（箱）外壳应设保护接地端子。

（2）接线箱材质为铝合金或316SS，防爆等级和防护等级不低于ExdⅡBT4、IP65。

（3）进出接线箱电气接口撬块厂商应配隔爆GLAND和PVC护套，防爆等级不低于ExdⅡBT4。多余的电气接口应配金属丝堵。

（五）钢结构

（1）承重结构采用的钢材应具有抗拉强度、伸长率、屈服强度和硫磷、含量的合格保证，对焊接结构尚应具有碳含量的合格保证。

（2）焊接承重结构以及非重要的非焊接承重结构采用的钢材还应具有冷弯试验的合格保证。

(3) 钢材的屈服强度实测值与抗拉强度实测值的比值应不大于0.85。

(4) 钢材应具有明显的屈服台阶，且伸长率应大于20%。

(5) 钢材应具有良好的可焊性和合格的冲击韧性。

除以上要求外，钢结构还应符合《钢结构设计规范》(GB 50017)、《碳钢焊条》(GB/T 5117)、《钢结构工程施工质量验收规范》(GB 50205)、《涂装前钢材表面锈蚀等级和除锈等级》(GB/T 8923)的要求。

五、管道安装检验要求

(1) 设备、阀门、管材等材料的检验、验收按照《石油天然气站内工艺管道工程施工规范》(GB 50540)执行。

(2) 管道安装、焊接执行《石油天然气站内工艺管道工程施工规范》(GB 50540)、《石油天然气建设工程施工质量验收规范　站内工艺管道工程》(SY 4203)中的相关要求。

(3) 管道焊接应根据供货商自身的焊接工艺评定进行。工艺管道焊接中应对所使用的任何钢种、焊接材料和焊接方法进行焊接工艺评定。异种钢、不锈钢焊接工艺评定应符合现行国家标准《现场设备、工业管道焊接工程施工及验收规范》(GB 50236)，其余钢种焊接工艺评定应符合现行行业标准《石油天然气金属管道焊接工艺评定》(SY/T 0452)的有关规定，并根据合格的焊接工艺评定编制焊接作业指导书。

(4) 所有焊缝应进行100%外观检查，100%射线检测，返修焊缝的对接焊缝和未经试压的管道连头口焊缝及管道最终的连头段的对接焊缝应进行100%的射线检测和100%的超声波无损检测。焊缝无损检测应按照《石油天然气钢质管道无损检测》(SY/T 4109)进行检测和等级评定，合格等级为Ⅱ级。不能进行超声波或射线检测的焊缝，按《石油天然气钢质管道无损检测》(SY/T 4109)进行渗透或磁粉探伤，无缺陷为合格。

(5) 管道系统安装完毕后，必须进行吹扫和试压，清除管道内部的杂物和检查管道及焊缝的质量，吹扫、试压应符合《输气管道工程设计规范》(GB 50251)、《石油天然气站内工艺管道工程施工规范》(GB 50540)相关规定。

(6) 强度试验应以洁净水为试验介质，试验压力应为设计压力的1.5倍。试压宜在环境温度5℃以上进行，当环境温度低于5℃时，应有防冻措施。严密性试验应采用空气或其他不易燃和无毒的气体作为试验介质，试验压力为设计压力。管线设计压力以工艺管道仪表流程图的标注为准。

(7) 撬块试压完成后应清除管道、设备内的游离水。

六、验收试验

(一) 工厂验收试验

撬块在出厂前应根据有关规范进行工厂试验，以证明所提供的单项设备和整套系统在各方面均能完全符合业主的要求。必要时，业主及其代表有权利到供货商工厂进行监督试验及验收，供方应提前2星期以书面方式通知业主及其代表。撬块应依据各种仪表、设备以及撬装系统相应的工业标准或其他的管理规范进行出厂测试。供货商应向业主提供每台仪表、设备及整套系统的出厂测试报告及质量检验报告，应是具有签署和日期的正式报告。

供方必须对所提供的撬块的每台设备及整套装置进行100%的试验和检验，其内容至少应包括：

1. 静态测试

（1）数量检查（包括附件）。

（2）外观检验包括漆面质量表面光洁度等检验。

（3）尺寸检测（包括整体尺寸）。

（4）标牌标识是否完整清晰。

（5）防爆等级或本质安全设备的认证证书。

（6）紧固件连接管路等是否有松动现象。

（7）连接件形式尺寸是否符合标准。

（8）仪表、设备到接线箱的电缆是否连接并符合标准。

（9）是否遵从焊接规范和标准。

（10）材质是否与供货商提供的证明相符（内部件、外壳等）。

2. 动态测试

（1）仪表调压阀的准确度试验。

（2）仪表调压阀的滞后性试验。

（3）仪表复现性试验。

（4）所有电气设备的绝缘性能试验。

（5）压力试验（单台设备及整套装置）。

（6）严密性试验（单台设备及整套装置）。

（7）各阀门阀座泄漏试验。

（8）安全切断阀的自动关断及手动开启试验。

（9）安全切断阀的响应时间试验。

（10）进出防爆接线箱的信号测试试验。

（11）其他内容测试。

（二）现场验收试验

系统设备运抵安装现场后，由供货商与业主共同开箱检查，发现问题，由供货商负责解决（即使在供货商工厂已试验过且已通过出厂验收）。

在设备安装和投运期间，供货商应派遣有经验的工程师到现场指导，协助和监督系统的安装并负责系统调试，保证其投入正常运行。

在现场验收试验前两星期，供货商应事先提出试验计划，并须征得业主的批准。

供货商提供整个装置、配套设施和单个设备考核程序及方案。现场试验装置及配套设施平稳运行72h，确认供货范围内的设备仪表等，已达到要求和相关标准的要求。

性能考核完毕并达到要求时，应由双方在考核结果的验收文件中共同签字认可。

七、文件

供货商所有的投标文件和最终的设备技术资料、图纸均应该按本技术规格书和相关技术规格书的要求进行编制和提供，但不仅限于此。

供货商若对设计或业主提供的技术文件有其他建议或意见，应以技术澄清的形式提交业主及设计审查、答复，仅在得到设计或业主明确、肯定答复之后才能在投标方案中提出对技术文件的偏离。

供货商中标后应编制技术协议，应对其投标方案进行描述，对设计或业主提供的技术文件进行总体的、明确的确认，并根据设计或业主明确、肯定答复的技术偏离条款编制“偏离”章节。

供货商必须按照安全、可靠、经济、合理、检修方便的原则完成界区内装置及其他配套设施的设计。

供货商应向业主方提供详细完整的工程文件以满足制造、施工、安装、试运和投产的所有规定的要求，对需完成的工作要向分包方和有关人员提供详细说明，并提出整个工作的操作要求，业主方有权审查和检查工程文件。

供货商技术方案必须经业主、设计签署确认后才可进行生产。

（一）文件格式要求

所有投标文件和最终的设备技术文件必须使用中文或中英文对照，当中英文冲突时，应以中文为准。

供货商应采用下列格式编制图纸和数据：图纸采用标准的 A4 图面、A3 图面或 A1 图面；但是，最终提供的图纸需折叠至不大于 A3 幅面，图纸折叠后，应在右下角显示标题框。

计量单位：本工程所有设备显示变量和设计参数的单位均采用国际单位制(SI)，常用参数的计量单位同表 3-7。

（二）文件内容要求

通常，供货商在签订合同 2 周内应向设计方提供送审图纸、技术文件(至少 6 份)，并在收到带意见的图纸后 2 周内重新提交升版后的图纸和文件；提交图纸和文件时，必须提交相应的图纸和文件目录并注明版次。在得到业主和设计认可后，方可进行设备制造。因图纸、文件未送审而造成的问题由供货商负责。详细设计包括但不限如下内容：

（1）设计技术规定。

（2）工艺管道仪表流程图。

（3）装置有关说明(包括工艺流程说明，使用要求溶液浓度，循环量)及应用事例，选择溶液及工艺方法的理由及腐蚀情况等。

（4）总体布局及交接资料(包括计算书、平面布置、总图，满足每一专业详细设计的相关资料)。

（5）详细设计及相关文件，设计文件中应注明易损件使用年限及需要更换的时间。

（6）撬块外形图，配管管道安装图，接口法兰图，P&ID 图。

（7）系统安装尺寸及重量。

（8）计量调压设备选型说明。

（9）主要阀门和检测仪表的选型说明。

（10）各种设备和材料详细的产品说明书。

(11) 调节阀、流量计等的计算书。
(12) 调节阀、流量计、电动阀及各种检测仪表的数据表。
(13) 详细的设备、材料和仪表清单。
(14) 推荐备品备件。
(15) 防雷系统。
(16) 接地系统。
(17) 项目实施计划。
(18) FAT 和 SAT 的详细内容和计划。
(19) 现场调试方案和实施计划。
(20) 投产方案和实施计划。
(21) 售后服务保证。
(22) 施工文件。
(23) 技术建议。
发货时，供货商应提供交货文件6份，交货文件包括但不限如下内容：
(1) 交货清单。
(2) 投产、操作维护手册。
(3) 机械制造档案。
(4) 质量保证档案。
(5) 设备竣工图。
(6) 产品合格证和质量证明书。
(7) 材料、试验、检验报告。
(8) 压力容器制造、试验、检验报告。
(9) 2年用备件清单及厂家及联系方式。
(10) 专用工具清单。
在系统验收并交付用户后，供货商应提供6套完整的最终工程技术文件和2套刻录在光盘中的全套工程技术文件。

八、备品备件

供货商应提供开工及正常生产时2年使用的易损件的备品备件，并在提交的文件中应列出保障所供设备正常运行2年所需的详细的备品备件建议清单，并提供能够保证备品备件供应的时间、供应方法和渠道。推荐的备品备件在文件中按可选项列出。

九、技术服务

供货商应提供以下技术服务：
(1) 供货商应提供整体撬块及相关设备的安装程序，提供安装指导及现场调试运行服务。
(2) 供货商应提供现场安装需要的特殊工具，提供使用后易损件及其他配件。
(3) 当业主通知供货商要投产运行时，供货商应派有经验的工程师到现场指导试运工作，提供技术支持。

(4) 当整体撬块或设备出现故障或不能满足业主要求时，供货商应按业主要求排除故障，直到业主确认为止。

(5) 在保修期内，当撬块或设备需要维修或更换部件时，供货商应派有经验的工程师到现场进行技术支持。

(6) 现场操作人员的技术培训。

(7) 使用后的维修指导等。

(8) 由于本系统的复杂性及运行操作关联性要求是至关重要的，供货商派一名经验丰富的专业技术人员为业主培训，以全面掌握本系统的运行调整设定，系统日常维护及故障排除。培训应至少包括如下：

① 提供系统操作和维护手册。

② 现场安装、联调及试运行的培训。

③ 保驾运行的支持(运行后3个月内)。

十、保证和担保

当业主通知供货商需要提供服务时，供货商应在24h内作出响应，在48h内到达现场。

供货商应派有经验的技术人员到现场指导工作，提供技术支持。

供货商应对其成撬范围内所有事项进行担保，确保材料和制造无缺陷，完全满足本技术规格书和订单的要求，并应保证撬块或设备在自发货起的24个月或该设备现场安装之日起的16个月内(取时间较长者)符合规定性能标准。若在保证期内有任何缺陷，供货商应提供必要的更换和维修，并赔偿各种费用。

供货商购自第三方的产品应由业主批准。

如果撬块或设备的全部或部分不满足担保要求，供货商应立即对设备中的缺陷进行修改、补救、改进或更换设备，直到设备满足规定的条件为止。

供货商应以书面文件阐述所有特殊(非一致性)条件。所有非一致性条件应可处理，“维修”和“照常使用”应经业主核准。

十一、防腐、刷漆及包装、运输

(一) 防腐、刷漆

(1) 供货商用于该产品涂装材料，选用符合买受人的技术资料规定或经实践证明的其综合性能优良的一流产品。

(2) 涂漆的油漆种类和牌号、生产厂家、喷涂工艺、涂装遍数和漆膜厚度均按同类产品标准进行。色标标准和色卡由买受人提供给供货商，如买受人未事前约定或未提供视为认同供货商所采用的符合标准的颜色。

(二) 包装、运输

(1) 设备须在检验和试验合格后使设备内部干燥、清洁，并且所有的开口都应封闭后方可进行包装、发货。

(2) 设备的包装能满足长途运输、搬运及存储的需要。包装要坚固、牢靠、防腐、防潮、防盗。

(3) 所有零部件及附件的包装，应保证在运输和储存过程中不发生变形和损坏。

(4) 易损件、专用工具等进行单独装箱，并在箱体上注明标记。

(5) 货物标记按国家有关货物运输的规定执行。箱面各种标记齐全，如箱号、名称、合同号、收货单位、发货单位、收发货站、重量、外形尺寸、吊装位置、防雨、防碎、防倒置标记等。

(6) 由于供货商包装不当或标记不清所造成的设备丢失、缺损、发霉、锈蚀、受潮和错发等问题，供货商负责无偿修理、补供或更换。

(7) 包装箱应有详细的标记、装箱清单和产品合格证一份。

(8) 产品标志和铭牌主要内容包括制造厂家、产品名称、产品型号、主要技术参数、制造日期等。

(9) 货商应提供满足大修时安全而有效地拆卸部件或组件及特殊维修和检修要求的专用工具，并应根据其使用寿命和使用频率考虑一定的余量。每项工具均需附有必要的说明。

第六节　注采站一体化污水处理装置

一、概述

本技术规格书规定了用于文23地下储气库工程的注采站一体化污水处理装置的设计、材料、制造、检验和试验的最低要求。

二、相关规范

(一) 规范性引用文件

本技术规格书指定产品应遵循的规范和标准(均指截至2017年3月1日的最新版本)不仅仅限于以下所列范围：

所用标准应为最新版本，应包括但不限于：

《水处理设备制造技术条件》(JB 2932—1999)；

《水处理设备油漆、包装技术条件》(ZBJ 98003—87)；

《水处理设备原材料的入厂检验》(ZBJ 98004—87)；

《水处理设备技术件》(JB/Z 360-88)；

《钢结构工程质量检验评定标准》(GB 50221—2001)；

《气焊、焊条电弧焊、气体保护焊和高能束焊的推荐坡口》(GB 985.1—2008)；

《埋弧焊的推荐坡口》(GB 985.2—2008)；

《焊条质量管理规程》(JB 3223—1996)；

《标牌》(GB/T 13306—2011)；

《污水综合排放标准》(GB 8978—1996)；

《水处理设备性能试验总则》(GB/T 13922.1—1992)。

其他未列出的与本产品有关的规范和标准，厂家有义务主动向业主提供。

(二) 优先顺序

若本规格书与有关的其他规格书、图纸以及上述规范和标准出现相互矛盾时，应遵照下列优先次序执行。

(1) 本规格书。

(2) 本规格书及其附属文件提及规范和标准。

对于不能妥善解决的矛盾，供货商有责任以书面形式通知业主。

若本技术规格书与有关的其他规格书、数据表、图纸以及上述规范和标准出现相互矛盾时，应按最为严格的执行。

供货商若有与以上文件不一致的地方，应在其投标书中予以说明，若没有说明，则被认为完全符合上述文件所有要求。

即使供货商符合本规格书的所有条款，也并不等于解除供货商对所有提供的设备和附件应当承担的全部责任，所提供的设备和附件应当具有正确的设计，并且满足特定的设计和使用条件及当地有关的健康和安全法规。

三、基础资料

(一) 工作场所

一体化污水处理装置安装在室外地下。

(二) 气象条件

气象条件描述详见表 3-2。

四、供货商要求

(一) 供货商应具备的条件

供货商应通过 ISO9000 质量体系认证或与之等效的质量体系认证以及 HSE 体系认证，证书必须在有效期内。

供货商的营业执照经营范围及 ISO9000 质量体系认证内容应包括水处理设备的设计、制造，并具有至少三年以上一体化污水处理装置的设计业绩和至少一年以上同类设备的制造经验。

供货商应有近年来在国内外至少有两台(套)的类似规格产品在本规格书中所提供的环境条件下成功运行一年以上的经历，并证明其所提供的产品能够长期地和安全地运行。

供货商应能提供良好的售后服务和技术支持，并具备提供长期技术支持的能力。

(二) 供货商的职责

供货商应对以下工作内容负责：设计计算、材料选用、采办、制造、检验、试验、一体化污水处理装置的包装运输、安装指导、现场调试指导和售后服务。

除非经业主批准，一体化污水处理装置应完全依照本规格书、数据表及其他相关文件的要求。规格书中的任何遗漏都不能作为解脱供货商责任的依据，所有改动应提交给业主批准。

供货商提供的一体化污水处理装置性能指标应满足规定的操作条件。

供货商应负责设备实际工作一年内或者到货一年半内的免费更换及免费维修。设备因制造质量不良而发生损坏和不能正常工作而造成买方人身和财产损失的，卖方应对其予以赔偿。生活污水处理装置整体保用15年。

供货商应负责每套一体化污水处理装置的设计、制造、材料、设备采购、检查与试验、取证、装运准备、供货、售后服务、保修，且满足标准、法规及第三方检验机构的要求。凡不符合上述要求的，均应在投标书中予以说明。

供货商应保证每套一体化污水处理装置在业主给定的工作条件下，具有满意且可靠的工作性能。

五、供货范围

供货商的供货范围应包括但不仅限于以下内容：

(一) 设备部分

1.0m^3/h一体化生活污水处理装置共1套，每套一体化生活污水处理装置的供货范围应包括但不仅限于以下内容：①污水调节池。②水解酸化池。③膜生物反应池。④污泥池。⑤配套水泵6台(调节池内配2台，污水处理装置出口配2台，污泥池2台)。⑥清水池。⑦罗茨风机。⑧仪表及电控装置，设备间连接管线及电缆，进出口法兰。⑨设备开车专用工具。⑩2年备品备件等。⑪厂家应负责配置机房及机房的安装。

要求进出口管伸出设备外500mm。

设备上应设有吊装环。

管线及电缆均埋地，阀门均放在机房中。

(二) 资料部分

资料清单包括但不仅限于：

生活污水处理装置的检测报告、合格证、使用说明书、P&ID图、电控图、安装图、计算书(包括安装尺寸)及维修手册等。

接口法兰图。

检查与试验程序、现场调试程序。

一份10年的备件清单。

完工文件：包括机械目录；质量保证档案；操作手册；维修手册。

(三) 售后服务

包括安装指导及现场调试。

使用后易损件及其他配件的提供。

使用后的维修指导等。

六、技术要求

（一）基本要求

一体化生活污水处理装置形式应为卧式埋地，前后分别设进、出水口，并设观察孔、人孔。

一体化生活污水处理装置的主要处理工艺为 MBR 生物膜处理工艺，处理后的污水直接外排至站外河流。

对于风机，卖方应提供设备与电机的公共底座，并应考虑电机维修及润滑的方便。底座的设计应有足够的强度和刚度，提供风机房及风机房的安装。

卖方在电机本体提供接线盒及填料函，以便外接电源。

还应有可靠的电气控制及安全保护装置。

卖方也可推荐其他满足设备使用工况的材料并提交买方批准。

配套泵进出口应为法兰连接形式；润滑油的温升不超过 40℃。

设备管线及阀门均埋地或设置在风机房中。

（二）使用条件

装置室外埋地，工作介质为生活污水，进水水质指标：

BOD_5：<200mg/L；

COD_{Cr}：<400mg/L；

SS：<200mg/L。

卖方应根据自己的专业经验对以上生活污水物性进行校核。

出水水质达到《城镇污水处理厂污染物排放标准》(GB 18918—2002)水质标准的一级 A 标准，主要指标为：

pH 值：6~9；

BOD_5：≤20mg/L；

COD_{Cr}：≤60mg/L；

SS：≤20mg/L。

（三）对设备材质的要求

箱体、接管、法兰、螺栓、螺母均采用 Q235-A 碳钢。

（四）防腐蚀要求

根据水质条件对设备内部装置及构件进行防腐；一体化生活污水处理装置安装在室外地下的部分，该地区土壤有一定的腐蚀性，要求考虑箱体内外的防腐，以满足使用寿命。

（五）电气及控制要求

1. 电源要求

泵配套电机所接电源为 3 相、380V、50Hz。电机应适合全压起动。在电源电压变化不超过额定电压的±10%时，电机在额定负载和频率下应能正常运行；在电源频率变化不超过额定频率的±5%时，电机在额定负载和电压下应能正常运行；在频率变化不超过±5%、电源电压和频率的合成变化不超过额定电压和额定频率的±10%时，电机应能在额定负载下正常运行。

风机、水泵配备自动检测声光报警系统，并配过流、过压和缺相保护电路。装置的电气控制柜应提供该装置的运行信号和综合故障报警信号，信号为常开无源触点，触点容量为24V/DC，3A。

防爆电控柜的防护等级为IP68。

卖方应提供在最大流量下的电机启动电流。

2. 端子盒和电缆连接

除非另有说明，外接电缆应通过端子盒上的电缆填料函(由卖方提供)连接到端子盒中的接线座上(压接式连接)。

3. 接地

电机骨架上和端子盒内应配有合适的接地端子，以便于进行接地连接。

4. 闲置处理

电机经过处理和浸渍后，在不需要使用抗冷凝加热器的情况下，应能闲置在所规定的环境下，其绝缘和构成材质都不会遭受有害的影响。

5. 控制过程

该控制分自动、手动两种方式，在手动方式下，各种设备的运行只受手动按钮控制，不受任何外界条件控制。

在自动状态下，设备的运行按设计的程序运行，微电脑采用可编程序控制器。

(1) 提升泵启动受调节池的液位控制，中水位启动，低水位停止，高水位同时启动，警戒水位两台同时启动，两台水泵既可联动，又可分动。

(2) 风机随提升泵联动，污水提升泵应具有高低液位启停功能(低液位：停；高液位：启)，液位信号取调节池液位。两台风机一用一备，设备停运时间超过10h，风机要定时间歇启动。

(3) 回流泵随提升泵联动。

6. 防爆与防护要求

除非另有说明，电机应安装在控制室内运行(防护等级为IP68)。电机绝缘等级应为H级，温升应为B级。

(六) 泵体要求

污水提升泵用于将装置内处理好的污水提升进入后面的水解酸化池，污泥回流泵用于将该装置内污泥池中的污泥回流至水解酸化池或者将污泥定期清掏。

(1) 泵应符合本技术规格书的性能参数要求，并按规定程序批准的图样及技术文件制造。泵厂应确定泵的性能范围，并绘出在规定工况下的压力-流量、压力-轴功率、压力-效率曲线。

在曲线上应标出泵的允许工作范围，泵的正常工作点不超过最佳效率点，并应尽量远离最小流量点。

(2) 泵的零部件材料必须与工作条件相适应，它取决于泵的使用场所、运行工况及所输送介质的性质；泵的零部件材料应符合或不低于相应的国家标准的有关规定，并具有材料合格证书，否则泵制造厂应进行化学分析和机械性能试验，以确定其满足使用要求。

（3）铸件不得有裂纹、缩孔、砂眼、凹凸不平等影响泵性能和外观质量的缺陷。铸件表面应当用喷砂、喷丸等方法进行清理；铸造飞边、浇口、冒口、结瘤等应除掉并修平。铸造缺陷应用焊接或其他工艺进行修补，但不允许采用敲击的办法消除缺陷；铸件均应进行消除内应力处理。

（4）焊接件接缝应为光洁金属面，焊接前不得有锈迹、油垢等，焊缝不得有孔穴、夹渣等缺陷，焊缝边缘和顶端应焊透，焊接表面平整，过渡平缓；焊接件应做消除应力处理。

（5）泵的轴封采用机械密封，轴封处机械密封泄漏量应不大于10mL/h；泵应设置收集和排放从轴封处泄漏出来的介质装置。

（6）泵与管路连接：泵进出口与管路采用法兰连接。法兰的型式和尺寸执行国家标准GB 9112—2000；法兰焊端坡口尺寸按GB 9124—2000的规定；法兰的公称压力和不同温度下的最大允许工作压力按GB 9124—2000的规定；法兰的技术要求按GB 9124—2000的规定。

（7）机械加工：泵主要零部件的加工表面不应有裂纹、压痕及影响产品质量的夹杂物。摩擦面、密封面不应有毛刺、擦伤、刻划、碰伤及其他缺陷。

（8）装配：泵的零部件须在原材料、制造精度及水压试验检验合格后方可进行装配。外购件、外协件须有质量合格证书，不得将因保管、运输等原因造成的变形、锈蚀、碰伤的零部件用于装配。泵的所有零部件在装配前，均应除锈，清洗干净；对泵某些材料的零部件的易咬合部位，应涂以二硫化钼(粉或脂)。应保证零部件的各配合部位能互换。

（9）原动机的型式、额定功率等的选择，应满足用户对性能参数的要求和运行的可靠性，即要求原动机及其额定功率应与泵的性能、运行方式及所输送的介质特性相适应；原动机的防护等级、绝缘等级、防爆等级等须满足安装环境的要求。

（10）泵的平衡和振动的技术要求执行GB 3215。

（七）涂装要求

设备的涂装应满足使用条件的要求。

（八）其他

（1）所选材料应能适应环境温度及操作条件。

（2）本设备所有选用的材料、阀门及仪表应该是新的、未经使用过的、高质量的，不存在任何影响到性能的缺陷的。

七、检验与测试

（一）质量保证

供货商应持有业主已经批准的质量控制和检查程序。供货商应与报价一起提交根据ISO9001要求的目标质量保证和控制程序。

（二）检查内容

卖方应制定设备完整的检查与试验程序，包括所有检验项目及具体时间安排，并提前提交给买方，经批准后方可执行。卖方还应负责检查、试验及第三方检验所需的设备、工具、材料、人员及其资格证明、程序报批、申请买方及第三方检验等工作。

在检查与试验过程中，当出现异常情况时，应进行所需部分或整个装置的拆装工作。对有问题或质量不合格的零部件应进行更换直到试验合格。整个过程要做记录，不合格的零部件要列出清单。记录、试验报告、失效品清单及产品合格证要在试验过后2周内且在装运准备前提交给买方批准。

卖方还应负责所供装置的现场安装指导及现场调试，直到性能全部符合买方要求。整个过程要有完整的记录、报告，包括出现的问题及解决办法，最后一起提交给买方。

八、备件及特殊工具

投产与运行时所需备件应由供货商推荐并提供，并在投标书中列出。质保期内备品备件和质量不合格需要更换的配件应由供货商免费提供。

由供货商推荐并经业主认同的运行期为两年的备件应单独列表，并单独报价。

现场安装、维护时所需的特殊工具应由阀门供货商提供并在其投标书中列出，包括注脂枪和密封脂牌号，并提供操作维护规程。

九、铭牌

（一）标记现场测试

一体化污水处理装置应采用铭牌标记。

（二）铭牌

卖方应在设备适当的部位安装永久性的SS316不锈钢制成的标牌，标牌的位置易于观察，内容清晰，其安装可采用不锈钢支架和螺栓固定，但不允许直接将标牌焊到设备上。

标牌应包括但不限于以下内容：

(1) 制造厂名称。

(2) 生活污水处理装置的名称、型号。

(3) 生活污水处理装置的技术参数：规格、性能、重量、外形尺寸等。

(4) 生活污水处理装置的制造编号和出厂日期。

(5) 应在适当部位用箭头标明进水、出水的方向。

(6) 净重及最大充液重量。

(7) 系统的额定负荷。

十、油漆、包装和运输

（一）油漆

油漆和油漆程序应符合有关要求。

设备喷漆，外观要平整，所触无凹凸手感。设备除锈后刷防锈漆两道，再刷环氧煤沥青漆两道。

（二）包装要求

包装前，涂漆工作应合格，所有车间试验及买方要求的试验也必须全部合格。

（1）首先对所有设备及其附件进行清理、冲洗并干燥。对裸露的机械加工面涂防锈漆。外露的法兰口或接口塞上保护塞或盲法兰应拧紧或用合成树脂密封好。

（2）所有零部件均应包装并紧固好，防止因运输中诸多因素引起散乱、丢失、损坏连接面、腐蚀、影响各零部件的性能等。

（3）每个设备应单独包装，并保证防水、防潮。

（4）现场安装的散件应包装在标有"现场安装"字样的防水零件箱中，随箱装有零件清单和安装图纸，每个零件都要有标签号。

（5）两年用备件及专用工具应分别包装在防水零件箱中，零件应有标签，随箱装有零件清单。调试备件要与两年备件分开包装。备件箱及专用工具箱应与设备一起运到买方手中。

（6）如有其他特殊要求，卖方应写明并提前送交买方审批。

（三）运输要求

供货商必须遵守下列要求，除非有总包商的书面指示，无任何例外：

（1）不允许将货物分成几次、几部分发运。

（2）不允许分供货商将货物直接向总包商发运货物。

（3）供货商应将订单中规定的由供货商提供的货物的安装、调试和试运工具、配件和消耗品与货物一同发运。

（4）采用木箱包装。

（5）设备需设吊装环。

（6）应以安全、经济的原则，按合同规定的成套范围、时间将货物运到指定地点。

（四）装卸要求（大件设备）

在预制/制造大尺寸货物时，供货商应从有关管理机关获得和遵守铁路和公路运输的尺寸限制，以保证货物能顺利地抵达目的地。每个货物集装箱、板条箱、包装箱都必须在上面或侧面用油漆或其他方式刷上清晰可读的运输防护标志，如防水、防晒、不准倒置等标志，需标识吊装重心，并在装卸时严格遵守。

十一、文件要求

（一）语言

对于国外订货的设备，所有文件、图纸、计算书、技术资料等都应使用中英文对照，对于国内订货的设备使用中文。供货商对翻译的准确度负有完全责任。

（二）单位

所有提交文件、图纸和计算书都应采用中\英文和采用国际单位制。

（三）文件要求

（1）供货商应提供表 3-12 规定的文件。

表3-12 文件清单

序号	文件描述	与标书一起提交的份数		先期确认文件		最终确认文件		竣工文件	
		份数	时间	份数	时间	份数	时间	份数	时间
1	售后服务保证	5P	随报价						
2	供货商质量体系、HSE体系证书	5P	随报价						
3	供货商设计、制造资质证书	5P	随报价						
4	供货商业绩清单	5P	随报价						
5	供货商业绩证明	5P	随报价						
6	分包商资格的详细资料	5P	随报价						
7	制造/检测时间计划	5P	随报价						
8	安装、调试备品清单(附带价格)	5P	随报价					3P+1E	2(5)
9	两年运行的备件清单(附带价格)	5P	随报价					3P+1E	2(5)
10	特殊工具清单(若有)	5P	随报价					3P+1E	2(5)
11	设备的外形及装配图(包括设备及部件的布置、外形尺寸、接管尺寸、管嘴受力要求、配电要求、建议基础图、设备自重、吊点、外接口方位等)			3P	4(3)	3P	2(4)	6P+1E	2(5)
12	设备参数表、材料			3P	4(3)	3P	2(4)	6P+1E	2(5)
13	电气负荷清单			3P	4(3)	3P	2(4)	6P+1E	2(5)
14	设备性能资料							6P+1E	2(5)
15	表面清洁及涂装程序							6P+1E	2(5)
16	试验报告							6P+1E	2(5)
17	产品合格证书							6P+1E	2(5)
18	外观的检查报告							6P+1E	2(5)
19	调试大纲							6P+1E	2(5)
20	操作、维修手册							6P+1E	2(5)
21	培训手册							6P+1E	2(5)
22	包装清单							6P+1E	2(5)

注：① 符号P为复印件(或蓝图)，符号E为电子文件。

② 符号(3)左侧的数字为合同生效后的周数。

③ 符号(4)左侧的数字为供货商收到业主返回带审查意见的文件(在加盖的审查专用章中的“批准”或“修改后批准”栏前的方框内标有“√”)后的周数。

④ 符号(5)左侧的数字为阀门发运后的周数。

(2) 其他要求。

图纸和文件审批后，在设备制造过程中如果发生变更，供货商必须以书面形式通知业主，在得到业主的书面确认后方可实施，同时应把变更后的图纸和文件提交给业主。

由于供货商没有按合同执行而导致的所有设计变更由供货商承担。

供货商提供的资料应全面、清晰和完整，并对资料的可靠性负全责。

十二、技术服务

供货商应提供一体化污水处理装置的安装程序，并现场指导安装。

供货商应提供现场安装需要的专用工具。

当业主通知供货商需要提供投产运行、现场或售后服务时，供货商应派有经验的工程师到现场指导工作，提供技术支持。24h 内作出响应，48h 内到现场。

在质保期内，当设备出现故障(由于设计、制造、安装、调试等因素)或不能满足业主要求时，供货商应按业主要求排除故障，直到业主确认为止。

在保修期内，当设备需要维修或更换部件时，供货商应派有经验的工程师到现场进行技术支持。

在阀门安装、调试及质保期内，技术服务的费用应由供货商承担。

供货商应免费提供安装、操作、维护的国内外技术培训及阀门的监造和验收。

中标后，厂家应在 20d 内提供给业主设备资料。

十三、保证和担保

所有的设备在使用期间应保证不会出现材料、设计和制造工艺的缺陷。若在使用期间有任何上述缺陷，供货商应免费进行必要的更换和维修。

供货商应在中国国内设有专门的售后服务工程师和机构，对业主在使用期间提出的要求作出迅速的反应，及时处理问题。

当业主通知供货商要投产运行时，供货商应派有经验的工程师到现场指导试运工作，提供技术支持。

质保期为货物到现场后 18 个月或投运后 12 个月，以先到为准。在质保期内，如果出现任何缺陷或故障，供货商应免费提供更换、维修和装运以及现场劳务服务。

保修期内为质保期满后的 36 个月，当设备需要维修或更换部件时，供货商应派有经验的工程师到现场进行技术支持。现场劳务服务的费用应由供货商承担。

保证期为保修期满的使用期，当设备出现故障或不能满足业主要求时，供货商应按业主要求排除故障，直到业主确认为止。零件和现场劳务服务的费用应由双方商讨后由业主承担。

质保期、保修期、保证期的具体要求应在商务合同中具体要求，并以商务合同为准。

第七节　放空火炬

一、概述

本技术规格书规定了用于文 23 地下储气库工程的放空火炬的设计、材料、制造、检验和试验的最低要求。

二、相关资料

(一) 引用标准

下列文件对于本文件的应用是必不可少的。凡是标注日期的引用文件，仅注日期的版本适用于本文件。凡是不注日期的引用文件，其最新版本(包括所有的修改单)适用于本文件。

《石油化工可燃性气体排放系统设计规范》(SH 3009)；
《火炬系统设置》(HG/T 20570.12)；
《固定式钢梯及平台安全要求》(GB 4053.1—4053.3)；
《化肥设备用高压无缝钢管》(GB 6479)；
《输送流体用无缝钢管》(GB/T 8163)；
《工业金属管道工程施工规范》(GB 50235)；
《现场设备、工业管道焊接工程施工规范》(GB 50236)；
《涂覆涂料前钢材表面处理　表面清洁度的目视评定》(GB/T 8923)；
《建筑结构荷载规范》(GB 50009)；
《建筑抗震设计规范》(GB 50011)；
《钢结构工程施工质量验收规范》(GB 50205)；
《压力容器涂敷与运输包装》(JB/T 4711)；
《卸压和减压系统指南》(SY/T 10043)；
《钢制焊接常压容器》(NB/T 47003.1)；
《塔式容器》(NB/T 47041)；
《爆炸性环境　第1部分：设备　通用要求》(GB 3836.1)；
《爆炸性环境　第2部分：由隔爆外壳“d”保护的设备》(GB 3836.2)；
《爆炸性环境　第3部分：由增安型“e”保护的设备》(GB 3836.3)；
《自动化仪表工程施工及质量验收规范》(GB 50093)；
《石油化工自动化仪表选型设计规范》(SH/T 3005)；
《石油化工安全仪表系统设计规范》(SH/T 3018)；
《石油化工仪表管道线路设计规范》(SH/T 3019)；
《石油化工仪表接地设计规范》(SH/T 3081)；
《钢制管法兰、垫片、紧固件》(HG/T 20615—20635)。

(二) 相关文件

《制01-05放空火炬数据表》(DDS-0401)；
《制01-22放空火炬区工艺仪表流程图》(DWG-0101)。

(三) 优先顺序

应遵照下列优先次序执行：

(1) 数据表。

(2) P&ID。

(3) 本技术规格书。

(4) 相关的规范和标准。

若本规格书、数据表、图纸以及上述规范和标准出现相互矛盾时，应按最为严格的执行。

三、供货商要求

（1）供货商应通过ISO9000质量体系认证或与之等效的质量体系认证，以及HSE体系认证，证书必须在有效期内。

（2）供货商应具有放空火炬设计和制造资质，并具有至少5年以上放空火炬设备的设计业绩。

（3）供货商应有近年来为至少两个输气管道工程的放空火炬供货业绩或其他相关领域中的放空火炬供货业绩，供货商应提交放空火炬的实际应用业绩。

（4）供货商应能提供良好的售后服务和技术支持，并具备提供长期技术支持的能力。

（5）供货商若有与本书中所提及的文件不一致的地方，应在其投标书中予以说明，若没有说明，则被认为完全符合上述文件所有要求。即使供货商符合本规格书的所有条款，也并不等于解除供货商对所提供的设备及附件应当承担的全部责任，所提供的设备及附件应当具有正确的设计，并且满足规定的设计和使用条件以及当地有关的健康和安全法规。

（6）除非经业主批准，放空火炬应完全依照本技术规格书、数据表、其他相关文件及标准和规范的要求。技术文件中的任何遗漏都不能作为解脱供货商责任的依据，所有改动应提交给业主批准。对于不能妥善解决的问题，供货商有责任以书面形式通知业主。

四、供货范围

（一）概述

供货商应对放空火炬的设计、材料采购、制造、零部件的组装、图纸、资料的提供以及与各个分包商间的联络、协同、检验和试验负有全部责任。供货商还应对设备的性能、安装、调试及售后服务负责。供货商所提供的放空火炬必须是供货合同签订后生产的，在此之前生产的放空火炬严禁使用在本工程上。

（二）供货范围

供货商的供货范围，共1套火炬及1套塔架。至少应包括但不限于以下部分：

（1）火炬系统设计。

（2）带有长明灯的火炬头(每个火炬头至少有2个长明灯)。

（3）高能点火器、火焰检测装置。

（4）火炬密封器(供货商推荐形式或是否需要)。

（5）工艺气入口阻火器。

（6）火炬筒体。

（7）火炬筒体地脚螺栓、螺母及安装模板。

（8）火炬塔架。

（9）燃料气调压过滤装置及燃料气管路系统过滤器及阀门。

（10）架设在筒体上的工艺管道、高温导电杆、电缆等相关设备、材料。

（11）防爆就地控制箱、中心控制室控制箱，包括安装用紧固件。

（12）航空障碍灯、电缆及接线控制箱(选择项)。

（13）撬内的管线、管件、阀门、配对法兰、垫片及紧固件。

（14）火炬操作及维修梯子平台。

（15）设备油漆(包括除锈、底漆及面漆)。

（16）设备铭牌。

（17）开车备件提供及2年运行使用的备件推荐清单。

（18）设备运输(制造厂至指定的工地)。

（19）现场服务(调试及试运投产)。

（20）文件交付。

（21）提供火炬系统现场焊接、安装及吊装方案，并指导现场施工安装。

（三）交接界限

1. 放空气管道

放空气管道以火炬筒体入口连接接管为界，供货商提供配对法兰及螺栓、螺母、垫片。

2. 燃料气管道、排污管道

火炬界区内所有燃料气管道、排污管道由供货商设计。管道交接点为火炬界区外1m。业主负责将与火炬界区相连接的管道送至火炬界区外1m。若边界交接处为法兰连接，配对法兰、螺栓、螺母、垫片由供货商提供。

3. 源与控制线路

供货商应提供单独的接线盒用来与外部电源及中央控制系统的电缆相连接(需要时)。

电源：业主只负责提供一回路总电源至就地操作盘(用电负荷表由供货商提供)。

控制：供货界面位于现场就地防爆控制箱的接线端子(接线端子由供货商提供)，接线端子至中控室控制柜的线、缆及保护管由业主提供。防爆控制箱至现场仪表的线、缆及火炬系统自带的现场电气仪表等均由供货商提供，由供货商负责此部分线缆敷设及安装接线。

4. 火炬筒体

供货状态为每段长度8~10m，筒体两端按要求开设坡口。火炬筒体到现场后由业主负责组对、焊接、吊装，供货商负责现场施工指导。火炬筒体上管道采用钢制支架敷设。由供货商负责材料供货，由业主负责施工。

5. 基础

供货商应提供底座与基础的连接方式，并提供安装用模板和地脚螺栓、螺母。

五、技术要求

（1）本项目所有的火炬均为紧急放空火炬。

（2）火炬形式为塔架式火炬，设计寿命不低于15年。

（3）放空火炬应燃烧稳定，不回火，不脱火。操作范围弹性大，可在数据表规定的最大排放量之内稳定可靠燃烧。

（4）放空火炬应安全可靠，防爆、防风、防雨、防寒、抗干扰；能承受地震、风载等各种荷载；可在高温条件下长期运行。

（5）火炬结构在保证安全可靠的前提下结构应尽量简单，要考虑火炬维修方便、可靠，火炬系统接口应为法兰连接形式，火炬筒体底部设置排液管。

（6）火炬头直径应满足排放量的要求，焚毁率不低于99%，燃烧产物的排放符合GB 16297及当地环保的相关要求。

（7）供货厂商应核算火炬筒体直径、火炬头直径并保证其满足性能的要求。

（8）供货商应根据火炬所处的环境情况负责计算火炬高度，并保证其地面最大热辐射强度符合放空火炬数据表的要求。

（9）火炬出口允许速度马赫数≤0.5；火炬噪声要求≤85dB(火炬底部)。

（10）火炬系统采用电点火方式，压差信号作为点火信号。每台火炬系统至少设两套高能点火器，点火控制系统应能实现就地手动按钮点火和远程手动按钮点火。点火及时可靠，确保在不同气象条件下均能及时点燃火炬，一次点火成功率达100%。

（11）火炬控制系统应能将运行状态、火焰检测信号、报警信号等参数通过RS485接口传至站控系统，所有信号采用MODBUS通信协议。

（12）在站控系统操作站上，手动给火炬系统一个信号应能做到点火，放空火炬PLC控制柜设中控室内，火炬就地设手动点火控制盘，就地控制盘应遵守仪表的一般规定，与PI&D保持一致。

（13）所有电气设备均需防爆，防爆区域为二区。防爆等级不低于ExdⅡBT4，室外电气仪表及控制盘防护等级为IP65。所有现场布置的箱体都设防雨罩，并采用下进线下出线方式，进出线处均成套提供防爆电缆密封接头。

（14）密封器应具有安全可靠、流动阻力小、密封气体耗量少的特点。

（15）供货商应考虑火炬燃料气调节及过滤装置。

（16）长明灯应采用节能型。当火炬系统没有放空气体时，长明灯为熄灭状态。采用压差信号的方式判断长明灯工作状态。

（17）法兰标准应采用HG/T 20615—2009 Class150突面对焊法兰，同时提供配套螺栓、螺母和垫片。

（18）火炬筒体应根据运输要求，每段制备成8~10m左右的长度，每段钢管不许拼接，钢管两端按照要求用机械开设坡口(不允许气焊开坡口)。

（19）火炬筒体任意3000mm长度的筒体直线偏差≤3mm，筒体全长直线度允差≤20mm；任意断面最大与最小内径之差不得大于该处内径的1%；火炬筒体安装就位后垂直高度偏差<30mm。

（20）火炬设施设置接地设施，火炬筒体做防雷接地。电气设备、电缆支架等均接地，接地电阻为4Ω。仪表单独接地，接地电阻≤1Ω。

六、检测和试验

（一）检验机构

（1）出厂前供货商根据国家、行业有关标准进行检验。

（2）业主根据有关标准及合同进行现场检验。

(3) 有关质检、环保、安全等机构依据国家法律、法规进行检验。

(二) 检验项目和试验内容

1. 性能检验

供货商应根据相关技术标准和规范对设备性能、材料、制造质量等进行逐项检查和检验。

检查项目中应包括：

(1) 火炬无损检测。

(2) 点火系统检验。

(3) 火炬整体制造检验，包括组成偏离、制造偏差等。

2. 到货检验

按本规格书供货范围和合同要求进行设备和材料检查，包括但不限于以下内容：

(1) 包装(包装是否完整、合格)、标识检验。

(2) 对每台设备逐个进行外观检验：设备表面不得有变形、毛刺、裂纹、锈蚀等缺陷；法兰密封面应平整光洁；零部件齐全完好。

(3) 品种、规格、数量及质量检查。

(4) 产品说明书、检测报告、安装图纸等资料检查。

(5) 焊接接头无损检测的检查要求和评定标准。

3. 安装检查

系统安装时，应对设备、材料进行核对和检查，不合格的设备、材料不允许投入安装。

七、铭牌

供货商应在放空火炬适当的部位安装永久性的不锈钢制成的铭牌，铭牌的位置易于观察，内容清晰，其安装可采用不锈钢支架和螺栓固定，但不允许直接将铭牌焊到放空火炬上。

铭牌应包括但不限于以下内容：

(1) 制造厂名称。

(2) 名称及型号。

(3) 设计压力。

(4) 设计温度。

(5) 净重及最大重量。

(6) 制造许可证号码。

(7) 制造编号。

(8) 出厂日期。

八、包装与运输

(一) 包装与运输要求

(1) 包装、运输按 JB/T 4711 的规定，应适宜铁路及公路运输。

（2）包装应考虑吊装、运输过程中整个设备元件不承受导致其变形的外力，且应避免大气及其他外部介质的腐蚀。

（3）火炬筒体采用裸装，根据道路状况分成 8～10m 一段运输，每段应作出标记，以便现场组对。管口及法兰密封面应采用防护盖。其他设备采用箱装。

（4）钢结构及其附件采用字母或数字清晰地作出标识。所有散件均置于袋内、筒内或箱内运输。

2. 发货要求

（1）当所有的测试和检验已经全部完成，且产品已准备发运时，供货商应通知业主，并请求业主签名下达放行指令。在收到业主指令前放行的产品，业主将拒收并拒付任何款项。

（2）当供货商未满足订单中关于运输文件、证书、包装、标识和交货点等方面的要求时，发生的费用由供货商承担。

九、备品备件及专用工具

（1）供货商应提供用于现场安装、调试、开车等所需的备件，并提供备件清单。

（2）供货商应提供 2 年运行使用的备件推荐清单，并单独报价。清单内容应包括备件名称、数量、单价等。

（3）供货商提供的备件应单独包装，便于长期保存；备件上应有必要的标志，便于日后识别。

（4）供货商应提供设备维修所需的专用工具，包括专用工具清单和单价在内。

十、供货商文件要求

（一）语言

对于国外订货的设备，所有文件、图纸、计算书、技术资料等都应使用中英文对照，对于国内定货的使用中文。供货商对翻译的准确度负有完全责任。

（二）单位

供货商提供的所有文件和图纸，包括计算公式的单位制应是 SI 单位。

（三）文件要求

供货商应提供表 3-13 规定的文件。

表 3-13 文件清单

序号	文件描述	与标书一起提交的份数		先期确认文件		最终确认文件		竣工文件	
		份数	时间	份数	时间	份数	时间	份数	时间
1	售后服务保证	3P	随报价						
2	供货商质量体系、HSE 体系证书	3P	随报价						
3	供货商设计、制造资质证书	3P	随报价						

续表

序号	文件描述	与标书一起提交的份数		先期确认文件		最终确认文件		竣工文件	
		份数	时间	份数	时间	份数	时间	份数	时间
4	供货商业绩清单	3P	随报价						
5	供货商业绩证明	3P	随报价						
6	分包商资格的详细资料	3P	随报价						
7	供货范围详细描述	3P	随报价						
8	设备技术描述	3P	随报价						
9	技术偏离表	3P	随报价						
10	填写完整设备数据表	3P	随报价	3P	4(a)	3P	2(b)	6P+1E	2(c)
11	安装、调试备品清单	3P	随报价	3P	4(a)			6P+1E	2(c)
12	两年运行的备件清单	3P	随报价	3P	4(a)			6P+1E	2(c)
13	特殊工具清单	3P	随报价	3P	4(a)			6P+1E	2(c)
14	P&ID			3P	2(a)	3P	2(b)	6P+1E	2(c)
15	公用消耗表			3P	2(a)	3P	2(b)	6P+1E	2(c)
16	设备基础条件图			3P	2(a)	3P	2(b)	6P+1E	2(c)
17	设备制造图			3P	4(a)	3P	2(b)	6P+1E	2(c)
18	电气仪表原理及接线图			3P	4(a)	3P	2(b)	6P+1E	2(c)
19	主要元件材料证明书							6P+1E	2(c)
20	主要受压元件材料无损检测报告							6P+1E	2(c)
21	焊接工艺评定报告							6P+1E	2(c)
22	焊接接头质量的检测和复验报告							6P+1E	2(c)
23	产品合格证书							6P+1E	2(c)
24	外观的检查报告							6P+1E	2(c)
25	调试大纲							6P+1E	2(c)
26	操作、维修手册							6P+1E	2(c)
27	培训手册							6P+1E	2(c)
28	包装清单							6P+1E	2(c)

注：① 符号P为复印件(或蓝图)，符号E为电子文件。

② 符号(a)左侧的数字为中标后的周数。

③ 符号(b)左侧的数字为供货商收到业主返回带审查意见的文件(在加盖的审查专用章中的“批准”或“修改后批准”栏前的方框内标有“√”)后的周数。

④ 符号(c)左侧的数字为设备发运后的周数。

⑤ 提供文件的数量、形式和时间以最终签订的合同要求为准。

(四) 制造变更

图纸和文件审批后，在设备制造过程中如果发生变更，供货商必须以书面形式通知业主，在得到业主的书面确认后方可实施，同时应把变更后的图纸和文件提交给业主。

（五）材料要求

供货商提供的资料应全面、清晰和完整，并对资料的可靠性负全责。

十一、服务与保证

（一）服务

供货商应提供的售后服务包括：

（1）安装指导及现场调试。

（2）对现场操作工的技术培训。

（3）使用后的维修指导等。

当业主通知供货商需要提供服务时，供货商应在24h内作出响应，必要时，应在48h内到达现场。供货商应派有经验的技术人员到现场指导工作，提供技术支持。

（二）保证

（1）供货商应对其供货范围内的所有事项进行担保，确保设计、材料和制造无缺陷，完全满足技术文件的要求，并应保证设备自到货之日起的18个月或该设备现场运行之日起的12个月内(以先到者为准)符合规定的性能要求。设备因质量不良而发生损坏和不能正常工作时，供货商应该免费更换或修理，如因此造成人身和财产损失的，供货商应对其予以赔偿。若在保证期内有任何缺陷，供货商应提供必要的更换和维修服务，并赔偿相关费用。

（2）供货商购自第三方的产品应由业主批准。

（3）如果整套设备的全部或部分不满足担保要求，供货商应立即对设备中的缺陷进行修改、补救、改进或更换设备，直到设备满足规定的条件为止。

第八节　三层PE防腐层

一、概述

本技术规格书规定了用于文23地下储气库工程的三层PE防腐层的设计、材料、检验和试验的最低要求。

二、相关规范

（一）规范和标准

本技术规格书指定产品应遵循的规范、标准法规主要包括但不仅限于以下所列范围：

《塑料拉伸性能的测定　第2部分：模塑和挤塑塑料的试验条件》(GB/T 1040.2)；

《绝缘材料电气强度的试验方法　第1部分：工频下的试验》(GB/T 1408.1)；

《固体绝缘材料体积电阻率和表面电阻率试验方法》(GB/T 1410)；

《热塑性塑料软化点(维卡)的测定》(GB/T 1633)；

《聚乙烯环境应力开裂试验方法》(GB/T 1842)；

《热塑性塑料质量熔体流动速率和体积熔体流动速率的测定》(GB/T 3682)；

《化工产品密度、相对密度测定通则》(GB/T 4472)；

《塑料冲击脆化温度试验方法》(GB/T 5470)；

《电气绝缘用树脂基反应复合物　第2部分：试验方法　电气用涂敷粉末试验方法》(GB/T 6554)；

《涂覆涂料前钢材表面处理　表面清洁度的目视评定　第1部分：未涂覆过的钢材表面和全面清除原有涂层后的钢材表面的锈蚀等级和处理等级》(GB/T 8923.1)；

《色漆和清漆　漆膜的划格试验》(GB 9286)；

《聚乙烯管材和管件炭黑含量的测定(热失重法)》(GB/T 13021)；

《涂覆涂料前钢材表面处理　表面清洁度的评定试验　第9部分：水溶性盐的现场电导率测定法》(GB/T 18570.9)；

《涂覆涂料前钢材表面处理　表面清洁度的评定试验　第3部分：涂覆涂料前钢材表面的灰尘评定(压敏黏带法)》(GB/T 18570.3)；

《涂敷涂料前钢材表面处理　喷射清理用金属磨料的技术要求》(GB/T 18838.3)；

《埋地钢质管道聚乙烯防腐层》(GB/T 23257)；

《涂装前钢材表面处理规范》(SY/T 0407)；

《钢质管道熔结环氧粉末外涂层》(SY/T 0315)；

《防腐涂层的耐划伤试验方法》(SY/T 4113)；

《普通磨料　磁性物含量测定方法》(JB/T 6570)；

《Petroleum and natural gas industries External coatings for buried or submerged pipelines used in pipeline transportation systems - Part 1：Polyolefin coatings (3 - layer PE and 3 - layer PP)》(ISO 21809-1)。

其他未列出的与本产品有关的规范和标准，供货商有义务主动向业主和设计提供。所有规范和标准均应为项目采购期时的有效版本。

(二) 优先顺序

若本规格书与有关的其他规格书、图纸以及上述规范和标准出现相互矛盾时，应遵照下列优先次序执行：

(1) 请购单。

(2) 本规格书。

(3) 本规格书及其附属文件提及规范和标准。

对于不能妥善解决的矛盾，供货商有责任以书面形式通知业主。

供货商若有与以上文件不一致的地方，应在其投标书中予以说明，若没有说明，则被认为完全符合上述文件所有要求。

即使供货商符合本规格书的所有条款，也并不等于解除供货商对所有提供的三层PE防腐层应当承担的全部责任，所提供的三层PE防腐层应当具有正确的设计，并且满足特定的设计和使用条件或当地有关的健康和安全法规。

若本规格书与有关的其他规格书、数据表、图纸以及上述规范和标准出现相互矛盾时，应按最为严格的要求执行。

三、基础资料

1. 气象条件

气象条件描述详见表 3-2。

2. 介质

工作介质为天然气，气源来自榆林—济南输气管道、鄂安沧管道及山东 LNG 管道。其中鄂安沧管道近期气源为天津 LNG 管道气，远期为内蒙古煤制气。以上三种管道气源的气质均符合《天然气》(GB 17820—2012) 中的Ⅱ类气质标准。

四、供货商要求

(一) 供货商资质要求

1. 供货商证书要求

本工程管道应由经涂敷资格认证的涂敷商进行外防腐层涂敷，涂敷资格认证合格的才能参加本项目投标。涂敷资格认证包括涂敷商的营业执照、ISO9001 质量保证体系认证证书、安全生产许可证、涂敷商业绩、质量保证体系、以往类似工程的表面处理工艺鉴定及涂敷工艺鉴定记录及报告、修补工艺鉴定记录等。

2. 供货商业绩和经验要求

投标人应提供近三年来在油气管线上不少于 500km 的应用业绩，投标者需提供涂敷预制的实际应用清单，同时用国际单位制标出主要参数。提供的参数应包括：防腐管长度、管道直径，材质和管型等，用户名称和地点，联系电话，供货年份等情况。

(二) 强制技术条款

供货商应提供 ISO9001 质量保证体系认证证书，原材料供货商应提供技术规格书要求的全部检验项目的第三方检验报告。

供货商应提供近三年来在油气管线上不少于 500km 的应用业绩，包括用户名称和地点，联系电话，供货年份、用户反馈信息等资料。

(三) 投标承诺

1. 供货商职责

供货商需递交简介，内容包括为项目提供原材料、涂敷预制、检验和试验、售后服务和技术支持的供货商。

供货商应提供良好的售后服务和技术支持，国外供货商应具有国内技术支持能力，需在国内设有办事处，并配有国内的技术支持人员。所有主要供货商及分包商的工厂均需获得 ISO9001 认证。

2. 提供资料

供货商应提交下列证书的复印件：

(1) 与提供产品相符合的营业执照。

(2) 原材料第三方检测报告。

(3) 类似工程防腐层检测报告。

（4）ISO9001认证书。

（5）相应的入网证。

3. *质量承诺*

供货商应对防腐层预制、供货、检查负有全部责任，保证所提供的防腐层应满足国家和行业有关标准和规范以及规格书的要求。

防腐层所有选用的材料应该是新的高质量的，不存在任何影响到性能的缺陷。

业主使用时发生性能不合格等质量问题，供货商要赔偿由此带来的所有损失和费用。要求供货商对上述情况作出保证。

在业主选用防腐层适当和遵守保管及使用规程的条件下，从供货商发货之日起24个月内，或者连续运转不超过24个月（取时间较长者），因涂敷商制造质量而发生损坏和不能正常工作时，供货商应该免费为业主更换，如因此而造成业主人身和财产损失的，供货商应对其予以赔偿。

4. *进度承诺*

供货商应对防腐层预制的进度与相关责任进行承诺。该承诺被认为是合同需执行的内容。

5. *其他*

供货商必须对本技术条件逐条作出明确答复，应逐条回答“满足”或“不满足”，并给出所提供产品的详细技术数据，对诸如“已知”“理解”“注意”“同意”等不明确、不具体的答复视为不满足。对有技术指标要求的，应写出具体技术数据、指标和作出详细说明，不得仅以“满足什么的标准”或“满足”为答复。如有异于本技术条件要求的，应论述其理由。

（四）对供货商应答的验证手段和欺诈处理

在开标以后的所有时间内，业主保留对供货商提供的投标资质、认证等证明文件进行验证的权力，如发现与事实不符，可立即废除该标书；对于已经授予中标函的，招标方有权取消授标函，并将视对工程的影响保留索赔的权利；对于已经签订合同的，招标方将保留索赔的权利。

五、供货范围

（一）概述

供货商应通过ISO9000质量体系认证或与之等效的质量体系认证，以及HSE体系认证，证书必须在有效期内。供货商应对三层PE防腐层的设计，原材料采购、生产、安装、资料的提供以及与各个分包商间的联络、协同、检验和在不同场所进行的试验负有全部责任。

供货商应能提供良好的售后服务和技术支持，并具备提供长期技术支持的能力。

（二）供货范围

三层PE防腐层的供货范围为完整的、性能可靠的、满足生产要求的合格产品。供货范围见表3-14。

表 3-14　三层 PE 防腐层管道供货范围

管道规格	防腐层结构			管线长度/m	备　注
	环氧粉末层/μm	胶黏剂层/μm	防腐层最小厚度/mm		
D323	≥120	≥170	2.9	14052	高温型加强级
D711	≥120	≥170	3.2	6694	常温型加强级
D508	≥120	≥170	3.2	1616	常温型加强级

注：实际三层 PE 防腐层管道长度、防腐等级以详细设计为准。

卖方的供货范围最终数量以合同为准。

（三）供货商的职责

供货商应对以下工作内容负责：设计、材料选用、采办、制造、检验、试验、包装运输和售后服务。

除非经业主批准，三层 PE 防腐层应完全依照本规格书、数据表及其他相关文件的要求。规格书中的任何遗漏都不能作为解脱供货商责任的依据，所有改动应提交给业主批准。

供货商提供的三层 PE 防腐层性能指标应满足规定的使用条件。

六、技术质量要求

（一）材料

1. 基本要求

（1）防腐层各种原材料，即环氧粉末、胶黏剂、聚乙烯专用料供货商应提供其产品主要组分及原材料生产厂、产品规格型号、合格证等信息资料，在项目合同执行期间，其每批次产品的上述相关信息应与投标阶段提交的资料一致，业主保留随机抽查及核实的权利。

（2）防腐层各种原材料均应有出厂质量证明书、使用说明书、安全数据单表、出厂合格证、生产日期及有效期。环氧粉末涂料供应商应提供产品的热特性等资料，并提交 24 个月内的第三方检验报告。

（3）防腐层原材料应包装完好，并应按说明书的要求存放。包装上至少包括的信息是：生产厂家、原材料型号、批号、生产日期、有效期、搬运、存放等要求。包装破损或标识不全的产品业主有权拒收。

（4）对每种牌(型)号的材料在使用前均应由通过国家计量认证的检验机构按本技术规格书规定的相应性能项目进行检验，性能达不到要求的不能使用。

（5）防腐层原材料供货商在投标时应提供由第三方出具的其拟供产品的红外光谱分析图谱。防腐层原材料应在涂敷生产线上进行原材料涂装工艺评定，并得到业主的认可，只有经过业主认可的材料才可以用于钢管的涂敷。

2. 性能要求

1）环氧粉末

（1）环氧粉末及其涂层的性能指标应符合表 3-15 和表 3-16 的规定。

（2）涂敷厂应对每一生产批次（不超过20t）环氧粉末按表3-15和表3-16中的规定进行质量复检，其中表3-15的第4项、第5项、第6项中的厂家给定值，应该以进行涂装工艺评定且合格的首批环氧粉末相关检测值为准。

（3）应对每一生产批次（不超过20t）环氧粉末进行红外光谱分析（不得含有聚酯类物质）和热特性的第三方抽检检测，检测结果应与涂装工艺评定试验所用批次的环氧粉末一致，并与供货商投标阶段谱图对比，若有明显偏差，应重新进行工艺评定，并报经业主审核确认。

表3-15　环氧粉末的性能指标

序　号	项　目	指　标	测试方法
1	粒径分布/%	150μm筛上粉末≤3.0 250μm筛上粉末≤0.2	GB/T 6554
2	挥发分/%	≤0.5	GB/T 6554
3	密度/（g/cm³）	1.3~1.5	GB/T 4472
4	胶化时间（200℃）/s	≥12且符合厂家给定值的±20%	GB/T 6554
5	固化时间（200℃）/min	≤3	GB/T 23257 附录A
6	熟特性：ΔH/（J/g） 热特性：T_g/℃	≥45 ≥95	GB/T 23257 附录B

表3-16　熔结环氧涂层的性能指标

序　号	项　目	指　标	测试方法
1	附着力/级	≤2	GB/T 23257 附录C
2	阴极剥离（65℃，48h）/mm	≤8	GB/T 23257 附录D
3	阴极剥离（65℃，30d）/mm	≤15	GB/T 23257 附录D
4	抗弯曲（-20℃，25°）/mm	无裂纹	GB/T 23257 附录E

注：实验室喷涂试件的涂层厚度应为300~400μm。涂覆温度为产品说明书指定的温度。

2）胶黏剂

胶黏剂的性能指标应符合表3-17的规定。涂敷厂应对每一生产批次（不超过30t）胶黏剂按表3-17的要求进行质量复检。

表3-17　胶黏剂的性能指标

序　号	项　目	性能指标	试验方法
1	密度/（g/cm³）	0.920~0.950	GB/T 4472
2	熔体流动速率（190℃，2.16kg）/（g/10min）	≥0.7	GB/T 3682
3	维卡软化点（10N）/℃	≥90	GB/T 1633
4	脆化温度/℃	≤-50	GB/T 5470
5	氧化诱导期（200℃）/min	≥10	GB/T 23257 附录F
6	含水率/%	≤0.1	HG/T 2751—1996
7	拉伸强度/MPa	≥17	GB/T 1040.2
8	断裂伸长度/%	≥600	GB/T 1040.2

3）聚乙烯专用料性能

聚乙烯专用料及其压制片材的性能指标应符合表3-18和表3-19的规定。涂敷厂应对每一生产批次（不超过500t）聚乙烯专用料进行质量复检。聚乙烯专用料的性能指标至少应符合表3-18中规定的第1项、第2项、第3项、第4项、第5项，压制片的性能指标至少应符合表3-19中规定的第1项、第2项、第3项性能进行质量复验，对其他性能指标有怀疑时亦可进行复验。

表3-18　聚乙烯专用料的性能指标

序　号	项　目	性能指标	试验方法
1	密度/(g/cm^3)	0.940~0.960	GB/T 4472
2	熔体流动速率(190℃，2.16kg)/(g/10min)	≥0.15	GB/T 3682
3	炭黑含量/%	≥2.0	GB/T 13021
4	含水率/%	≤0.1	HG/T 2751—1996
5	氧化诱导期(220℃)/min	≥30	GB/T 23257
6	耐热老化(100℃，2400h或100℃，4800h)/%[a]	≤35	GB/T 3682

注：a 耐热老化指标为试验前后的熔体流动速率偏差。

常温型：试验条件为100℃，2400h；高温型：试验条件为100℃，4800h。

表3-19　聚乙烯专用料压制片的性能指标

序　号	项　目		性能指标	试验方法
1	拉伸强度/MPa		≥20	GB/T 1040.2
2	断裂伸长率/%		≥600	GB/T 1040.2
3	维卡软化点(10N)/℃		≥110	GB/T 1633
4	脆化温度/℃		≤-65	GB/T 5470
5	电气强度/(MV/m)		≥25	GB/T 1408.1
6	体积电阻率/Ω·m		≥1×10^{13}	GB/T 1410
7	耐环境应力开裂(F_{50})/h		≥1000	GB/T 1842
8	压痕硬度/mm	23℃	≤0.2	GB/T 23257 附录G
		50℃或70℃[a]	≤0.3	
9	耐化学介质腐蚀(浸泡7d)[b]	10%HCl	≥85	GB/T 23257 附录H
		10%NaOH	≥85	
		10%NaCl	≥85	
10	耐紫外光老化(336h)[b]	≥80		GB/T 23257 附录I

注：a 常温型试验条件为50℃；高温型试验条件为70℃。

b 耐化学介质腐蚀及耐紫外光老化指标为试验后的拉伸强度和断裂伸长率的保持率。

3. 原材料储存

应按照原料厂家的要求进行存贮、搬运原材料。储存时间不应超过原材料厂家规定的保质期。不同批号的原材料在运输、储存和搬运中应按批号单独堆放。

4. 原材料的更换

如果没有业主的书面认可，即使用来替换的原材料符合本规格书的要求，供货商也不应更换业主已经认可的原材料。

（二）涂装工艺评定

（1）涂装厂应用所选定的防腐层材料在涂覆生产线上进行工艺评定试验，并对防腐层性能进行检测。工艺评定试验符合要求并获得业主认可后，涂敷厂应按照工艺评定试验确定的工艺参数进行防腐层涂装生产。当防腐层材料生产厂家，牌(型)号，钢管管径改变或壁厚增大，生产设备、工艺过程及参数变化时均应重新进行工艺评定试验。

（2）涂装作业方案。

① 涂敷厂应在涂装工艺评定试验前向业主提交涂装作业方案。

② 钢管。裸管检查、焊缝余高及其表面缺陷处理、表面污物的清除，管搬运及堆放程序。

③ 防腐层原材料。原材料的完整信息，包括原材料贮存、生产商的数据表、性能检测报告、检验合格证、质量控制及涂装工艺推荐作法，原材料的监督(见证)取样和送检。

④ 表面处理工艺。钢管表面预处理，包括预热、喷射清理，喷射磨料的类型、硬度、规格品牌，以及表面锚纹、清洁度的测定方法。

⑤ 工艺参数。涂装作业线主要生产设备设施及其技术参数、作业流程，钢管加热方式及预热温度、中频频率、涂装温度、温度的监测及校准、线速度和相应的胶化和固化时间(包括推荐预热温度、最高和最低预热温度下的胶化和固化时间)、静电电压、压辊硬度、质量控制措施等。

⑥ 检测工艺。

a. 详细的检测及试验计划，包括原材料的监督或见证取样和送检。

b. 连续控制及监测设备。

c. 仪器和设备型号、制造和使用、校准方法及校准频次明细。

d. 实验室设施及设备明细。

⑦ 修补工艺。防腐层缺陷的具体修补方法。

⑧ 其他。

a. 裸管及涂装管的标识。

b. 质量保证体系。

c. 涂装施工的 HSE 计划。

（3）涂装工艺试验。

① 业主或业主授权代表对涂敷厂的涂装作业方案作出书面认可后，方可进行涂装工艺试验。

② 按确定的工艺参数涂敷聚乙烯层(不含胶和环氧粉末涂层)进行性能检测，结果应符合表 3-20 的规定。

③ 在进行 3PE 管道涂装过程中，在业主或第三方监督和见证下，随机从管段的某处(如距离管子前进端约 2m 或由涂敷商确定)开始，先停掉聚乙烯的缠绕，管段继续前行一段距离后再停掉胶黏剂层的涂覆，再继续前行，形成一段检测用管段，如图 3-1 所示。从

该管段上直接或截取试件进行熔结环氧涂层、胶黏剂层以及防腐层厚度的检测。熔结环氧涂层性能应符合表 3-21 的规定，防腐层整体性能应符合表 3-22 的规定。

表 3-20　聚乙烯层的性能指标

序　号	项　目		性能指标	试验方法
1	拉伸强度	轴向/MPa	≥20	GB/T 1040. 2
		周向/MPa	≥20	
		偏差[a]/%	≤15	
2	断裂伸长率/%		≥600	GB/T 1040. 2
3	压痕硬度/mm	23℃	≤0. 2	GB/T 23257 附录 G
		50℃或 70℃[b]	≤0. 3	
4	耐环境应力开裂(F50)/h		≥1000	GB/T 1842

注：a 偏差为轴向和周向拉伸强度的差值与两者中较低者之比。
b 常温型试验条件为 50℃；高温型试验条件为 70℃。

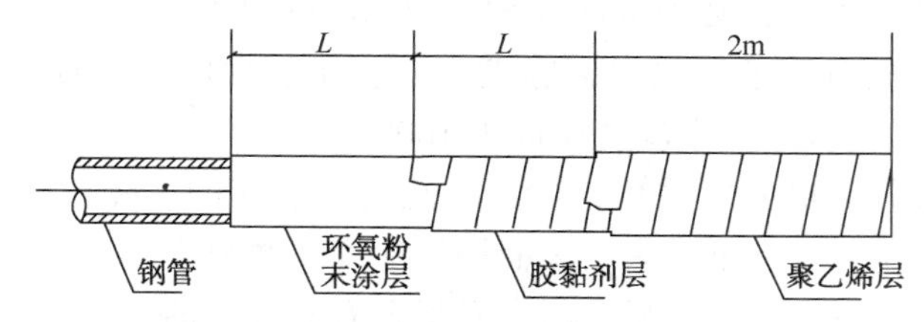

图 3-1　3PE 检测管段示意图

表 3-21　环氧粉末的性能指标

序　号	项　目	性能指标	试验方法
1	附着力/级	1～2	GB/T 23257—2009 附录 C
2	阴极剥离(65℃，48h)/mm	≤8	GB/T 23257—2009 附录 D
3	环氧粉末固化度固化百分率/%	≥95	GB/T 23257—2009 附录 B
	$\lvert \Delta T_g \rvert$/℃	≤5	

表 3-22　防腐层的性能指标

序　号	项　目		性能指标	试验方法
1	剥离强度/(N/cm)	20℃±10℃	≥100(内聚破坏)	GB/T 23257—2009 附录 J
		50℃±5℃	≥70(内聚破坏)	GB/T 23257—2009 附录 J
2	阴极剥离(65℃，48h)/mm		≤6	GB/T 23257—2009 附录 D
3	阴极剥离(最高使用温度，30d)/mm		≤15	GB/T 23257—2009 附录 D
4	环氧粉末固化度：固化百分率/%		≥95	GB/T 23257—2009 附录 B
	环氧粉末固化度：玻璃化温度变化值 $\lvert \Delta T_g \rvert$/℃		≤5	
5	冲击强度/(J/mm)		≥8	GB/T 23257—2009 附录 K
6	抗弯曲(-30℃，2. 5°)		聚乙烯无开裂	GB/T 23257—2009 附录 E
7	耐热水浸泡(80℃，48h)		翘边深度平均≤2mm 且最大≤3mm	ISO 21809-1 附录 M

④ 本工程严禁使用环氧粉末落地粉，落地粉的处置业主有知情权。

(4) 工艺评定试验报告。

防腐厂应提供翔实的工艺评定试验报告，符合要求并获得业主认可后方可正式生产。业主有权要求进行涂装工艺确认。如业主对试验结果有异议时，业主保留在独立实验室对涂装工艺评定要求的某项试验或全部试验进行验证的权利，实验费用由供货商承担，业主的结论为最终结果。

(5) 试验管的处置。

在完成涂装工艺评定后，防腐厂应将所有用于进行涂敷工艺评定的整根钢管的涂敷层彻底清除，并重新上线生产。

七、防腐层涂敷

(一) 表面预处理

在喷(抛)射除锈处理前，必须按标准 SY/T 0407 的要求除掉表面的油和油脂污物。

喷(抛)射前，应先对管子预热以去除潮湿，管子表面的温度保持高于露点温度以上 3℃，但在喷(抛)射和检查过程中温度应低于 100℃。

用于喷(抛)射除锈的磨料宜采用钢砂，应是清洁、无油、无污染并干燥的。其硬度、形状、规格尺寸等应能产生满足要求的表面锚纹深度。磨料应满足 GB/T 18838.3 的要求。供喷砂处理使用的压缩空气必须干燥洁净，不得含有水分和油污及其他污染物。

表面预处理完后，钢管表面所有的铁锈、油污、氧化皮、焊渣、毛刺、灰尘等均应清除干净。喷(抛)除锈质量等级应达到 GB/T 8923.1 中 Sa2.5 级的要求。锚纹深度必须达到 70~110mm。灰尘度应不低于 GB/T 18570.3 规定的 2 级。

喷(抛)射除锈完后，应按 GB/T 18570.9 规定的方法检测表面的盐分含量，钢管表面的盐分不应超过 $20mg/m^2$。除锈后不得用酸洗或其他清洗溶液或溶剂清洗，这包括不得使用防止生锈的缓蚀性洗涤剂。

表面处理后的钢管应在 4h 内进行涂料的涂敷，超过 4h 或当表面返锈或污染时，必须重新进行表面处理。

对可能产生涂层漏点或妨碍管线表面达到 Sa2.5 级其他缺陷的不完整表面应通过锉/研磨的方法消除。

任何锉/研磨不允许减薄管线壁厚。

喷(抛)射除锈后，确定为不完整表面的管线，通过锉/研磨的方法消除缺陷，单个缺陷的面积大于 $5cm^2$ 或超过 3 个的管线，必须重新进行喷(抛)射处理。

(二) 涂装

三层 PE 涂层应按照工艺评定试验确定的工艺参数和涂装程序进行涂装。

(1) 管线涂敷温度。钢管表面应加热至三层 PE 涂层系统组分厂家推荐的且经防腐层适应性试验确定的涂敷温度。应采用中频加热系统加热钢管。加热系统应能够连续、均匀、充分的加热钢管，不应对已清洁过的表面造成污染和氧化。每小时至少应记录一次温度。

（2）环氧粉末涂覆。环氧粉末应采用静电技术喷涂，环氧粉末应均匀涂敷在钢管表面，喷枪出粉应稳定、均匀，雾化良好。应对环氧粉末喷枪中的气压进行连续控制，每班（最长12h）应对其记录至少4次。气压应控制在涂敷工艺评定的范围之内。在气压超出极限值时，监控系统应具有报警的作用。在气压超出极限值期间涂敷的钢管应剥离涂敷层后重新涂敷。

（3）胶黏剂涂敷应在环氧粉末胶化过程中进行。

（4）聚乙烯层应按防腐层材料适应性试验确定的时间限度内涂敷在胶黏剂层上，也应满足生产厂家推荐的时间和温度。供货商应确保搭接部分的聚乙烯及焊缝两侧的聚乙烯完全辗压密实，避免防腐层产生气泡。

（5）涂敷管在涂敷完成后，应淋水冷却一段时间，以使得涂敷管的温度便于搬运和检验。

（6）涂层厚度。三层PE涂层最小干膜总厚度应符合相关规定。

（7）管端预留。钢管两端预留一定的无涂层区，聚乙烯层端面应形成小于或等于30°的倒角。聚乙烯层端部外应保留20~30mm的环氧粉末涂层，管端预留区应考虑防止翘边的措施。

（8）补伤。

① 补伤可采用辐射交联聚乙烯补伤片、热收缩带、聚乙烯粉末、热熔修补棒和黏弹体加外护等方式。

② 小于或等于30mm的损伤，可采用辐射交联聚乙烯补伤片修补。补伤片的性能应达到对热收缩带的规定，补伤片对聚乙烯的剥离强度应不低于50N/cm。

③ 修补时，应先除去损伤部位的污物，并将该处的聚乙烯层打毛。然后将损伤部位的聚乙烯层修切圆滑，边缘应形成钝角，在孔内填满与补伤片配套的胶黏剂，然后贴上补伤片，补伤片的大小应保证其边缘距聚乙烯层的孔洞边缘不小于100mm。贴补时应边加热边用辊子滚压或戴耐热手套用手挤压，排出空气，直至补伤片四周胶黏剂均匀溢出。

④ 对于大于30mm的损伤，可按照上一条的规定贴补伤片，然后在修补处包覆一条热收缩带，包覆宽度应比补伤片的两边至少各大50mm。

⑤ 对于直径不超过10mm的漏点或损伤深度不超过管体防腐层厚度50%的损伤，可用与管体防腐层配套的聚乙烯粉末或热熔修补棒修补。

八、质量检验

（一）业主检验

（1）业主或业主代表有权检查供货商根据本技术规格书要求所做的任一或所有工作，并可以自由出入（在正常工作时间内）供货商正在进行相关工作的任何场所。

（2）供货商应在合同签约后14d内将生产计划通知业主，任何试验开始前至少8周通知业主，以便业主有时间安排业主代表亲自验证这些试验。

（3）业主代表的检查不能减轻供货商应负的任何责任。

（二）原材料检验

（1）供货商应提供所有材料的质量证明书或质检报告，结果应满足相关要求。

（2）原材料的抽检和送检取样均为随机取样，并应采取监督取样或见证取样方式。监督或见证人由防腐厂、监理或业主代表、原材料供货商等组成。在监督和见证下，在送检样包装箱上打上封条并附上见证取样书(单)，并进行拍照留存，必要时应对取样过程进行录像。见证取样书上至少应包括样品名称、数量、规格型号、批号、取样地点、送检单位、各方见证人签字盖章等信息。

(三) 涂装工艺

涂装工艺试验检验应满足前面所述的要求。

(四) 涂敷过程检验

1. 表面处理

（1）表面处理后的钢管应逐根进行表面除锈等级检验，用 GB/T 8923.1 中相应的照片或标准板进行目视比较，钢管表面的清洁度应达到 GB/T 8923.1 规定的 Sa2 级的要求；表面锚纹深度应每班至少测量 2 次，每次测量两根钢管，宜采用粗糙度测量仪锚纹拓印膜测定，锚纹深度应达到 70~110μm；对螺旋焊缝管，必须检查焊道两边根部的处理效果，应符合上述要求。

（2）表面处理过程的钢管表面温度应进行监测，钢管表面温度应不低于露点温度以上 3℃。

（3）钢管表面灰尘度应每班至少检测 2 次，每次检测 2 根钢管。按照 GB/T 18570.3 规定的方法进行表面灰尘度评定，灰尘度应不低于 GB/T 18570.3 标准规定的 2 级。

（4）每班钢管在表面处理后应至少抽测 2 根钢管表面的盐分。按照 GB/T 18570.9 规定的方法或其他适宜的方法进行钢管表面盐分的测定，钢管表面的盐分不应超过 $20mg/m^2$。

（5）除锈后，应检查钢管表面缺陷，钢管表面缺陷和不规则(重皮、损伤、划伤等)未经修复后不应涂敷。表面处理不合格的钢管应重新进行处理。

2. 加热检验

（1）应采用适宜的仪器如红外线传感器、接触式热电偶等对涂敷过程中钢管加热温度进行连续监测与记录。监测仪器应设有报警装置，以便在钢管温度超出生产厂家推荐的温度范围的情况时进行报警。至少每小时记录一次温度值。

（2）应对胶黏剂和聚乙烯的挤压温度进行连续监控，且每班(最长 12h)应至少记录 4 次。监控仪器与温度控制仪器应相互独立。每班生产前应用接触式测温笔对红外线测温仪进行校准。

（3）对不满足要求的温度下涂敷的所有钢管应通过标记予以识别和拒收。这些拒收的钢管应重新涂敷。

3. 涂装检验

（1）在防腐管正式连续生产后，至少在第 1km、10km、100km 以及之后每 100km 的管段，按相关要求进行检验和质量评定。

（2）防腐层外观应逐根目测检查。聚乙烯层表面应平滑，无暗泡、无麻点、无皱折、无裂纹，色泽应均匀。防腐管端应无翘边。

（3）防腐层的漏点应采用在线电火花检漏仪进行连续检查，检漏电压为25kV，无漏点为合格。单管有两个或两个以下漏点时，可按规定进行修补；单管有两个以上漏点或单个漏点沿轴向尺寸大于300mm时，该防腐管为不合格。

（4）连续生产的钢管防腐层厚度至少应检测第1根、第5根、第10根，之后每10根至少测一根。宜采用磁性测厚仪或电子测厚仪测量钢管3个截面圆周方向均匀分布的各4点的防腐层厚度，同时应检测焊缝处的防腐层厚度，结果应符合相关规定。

（5）防腐层的黏结力按GB/T 23257的方法通过测定剥离强度进行检验。每班至少在2个温度条件下各抽测一次。

（6）每班至少应测量一次三层结构防腐管的环氧粉末涂层厚度及热特性。

（7）每连续生产的第10km、第20km、第30km的防腐管均应按GB/T 23257的方法进行一次48h的阴极剥离试验，之后每50km进行一次阴极剥离试验。如不合格，应加倍检验。加倍检验全部合格时，该批防腐管为合格；否则，该批防腐管为不合格。

（8）每连续生产50km防腐管应截取聚乙烯层样品，按GB/T 1040.2检验其拉伸强度和断裂伸长率。若不合格，可再截取一次样品，若仍不合格，则该批防腐管为不合格品。

4. 修补检验

（1）补伤质量应检验外观、漏点及剥离强度等三项内容。

① 补伤后的外观应逐个检查，表面应平整、无皱折、无气泡、无烧焦碳化等现象；补伤片四周应黏结密封良好。不合格的应重补。

② 每一个补伤处均应用电火花检漏仪进行漏点检查，检漏电压为15kV。若不合格，应重新修补并检漏，直至合格。

③ 采用补伤片补伤的黏结力按GB/T 23257规定的方法进行检验，管体温度为10～35℃时的剥离强度应不低于50N/cm。

（2）涂敷厂生产过程的补伤，每班（不超过8h）应抽测一处补伤的黏结力，如不合格，加倍抽查。如加倍抽查仍有一个不合格，该班的补伤全部返工。

九、成品管的标记

检验合格的防腐管应在距管端约400mm处标有产品标志。产品标志应包括防腐层结构、防腐层类型、防腐等级、执行标准、制造厂名（代号）、生产日期等，并将钢管标志信息移置到防腐层表面。

十、堆放和搬运

（1）供货商应至少在开始工作前两周提供成品防腐层钢管和裸管的详细的搬运和贮存程序给业主审查和批准。该程序至少应包括：堆放位置和层数；裸管从业主处吊装运输开始，直到成品防腐层钢管被交付给业主（或运输承包商）期间的钢管标识标记系统等。

（2）挤压聚乙烯防腐管的吊装，应采用尼龙吊带或其他不损坏防腐层的吊具。

（3）堆放时，防腐管底部应采用两道（或以上）支垫垫起，支垫间距为4～8m，支垫最小宽度为100mm，防腐管离地面不应少于150mm，支垫与防腐管之间及防腐管相互之间应垫上柔性隔离物。运输时，宜使用尼龙带等捆绑固定，装车过程中应避免硬物混入管垛。

（4）挤压聚乙烯防腐管的允许堆放层数应符合表3-23的规定。

表3-23 防腐管的允许堆放层数

公称直径 *DN*/mm	*DN*<200	200≤*DN*<300	300≤*DN*<400	400≤*DN*<600	600≤*DN*<800	800≤*DN*<1200	*DN*≥1200
堆放层数/层	≤10	≤8	≤6	≤5	≤4	≤3	≤2

（5）挤压聚乙烯防腐管露天存放时间不宜超过3个月，若需存放3个月以上时，应用不透明的遮盖物对防腐管加以保护。

（6）整个储存期间，涂敷商应对管线的涂敷层质量负责，对损伤应修复直至业主满意。

十一、文件

所有提交文件、图纸和计算公式都应采用国际单位制。

（一）投标提交的文件

在投标过程中，供货商应向设计/业主提供如下的文件：

（1）企业简介、业绩表/跟踪报告。

（2）最近工程的环氧粉末、胶黏剂、聚乙烯原材料第三方检验报告。

（3）满足招标技术规格书中要求的环氧粉末、胶黏剂、聚乙烯原材料的24个月内第三方检验报告。

（4）原材料厂的规模、资质、业绩情况。

（5）其他类似工程的表面处理工艺、涂敷工艺、修补工艺的鉴定记录及防腐层测试报告。

（6）质量控制、质检制度、质检记录、测试验收大纲。

（7）涂敷工艺的有关技术资料，如样本、涂敷作业线工艺流程、在线和实验室检验检测岗位配置情况、原材料储存等。

（8）生产及堆放场地布置图。

（9）原材料检验、涂敷工艺评定要求、制造、检测时间计划。

（10）本项目涂敷工艺要求及修补、复涂、重涂要求。

（11）与涂敷、测试和检测相关的技术标准以及具体的检验与测试指标。

（12）作业线主要设备、控制和监测仪器、实验室设施明细。

（13）成品管的标记、装运和储存规定。

（14）对防腐层质量、可靠性、使用寿命、技术服务与相关责任的承诺。

（15）供货商应对标书技术文件有实质性的响应。

（16）如果投标文件对招标技术文件有偏离，应在投标文件中列出偏差表。

（17）主要检测设备及仪器。

（18）其他。

（二）订货后提交的文件

（1）前面规定的环氧粉末、胶黏剂、聚乙烯原材料的第三方质量检验报告。

（2）生产和检测计划。

（3）防腐管出厂检验记录及合格证。

（4）修补、复涂、重涂记录及检验报告。

（5）业主需要的其他有关资料。

（三）过程文件

（1）涂装工艺评定报告。

（2）至少在开工前30d，提交获得业主批准的涂装程序和检测计划文件。

（3）抽检取样及送检报告。

（4）日报、检测报告。

（5）业主需要的其他有关资料。

（四）交工文件

在管线全部涂装完成2周内，供货商应提交以下文件：

（1）成品管出厂合格证。内容包括：防腐管编号、规格、材质、生产厂名称、执行标准、外涂层类型、生产日期、检验员编号等。

（2）防腐层原材料的质量证明书、合格证及复验报告。

（3）三层结构聚乙烯涂层的质量检验报告。

（4）涂装工艺评定报告、开工报告。

（5）补伤施工记录及检验报告。

（6）业主所需的其他有关资料。

十二、技术服务

（1）当防腐层不能满足业主要求时，供货商应按照业主要求进行服务，直到业主满意为止。

（2）当业主需要供货商提供服务时，供货商应在48h内派服务工程师到现场。

（3）在质保期内，技术服务的费用应由供货商承担，在质保期外的技术服务费用由业主和供货商协商各自承担的比例。

十三、验收

（一）工厂验收

成品防腐管的验收在涂敷厂进行，包括检查产品加工过程中质量记录、产品性能检验报告、涂装工艺评定等有关情况，并由业主代表、驻厂监理和运输承包商签字确认，准予发货。所有签字验收资料应归档，业主保留在商检和使用过程中发现质量问题进行索赔的权利。

防腐管验收后出厂前，应由驻厂监造监督检查在防腐管吊装、倒运、装卸与存放等环节中对防腐层的保护措施。

（二）到货验收

成品管到货后，应对成品管规格、数量、涂层外观、产品合格证、附带的质量记录、检验报告等进行检查验收。对验收不合格管应单独标记、单独存放。

十四、保证和担保

（1）业主有权随时根据需要进行检查。根据需要的条件，业主保留要求供货商对涂层性能检验的权利。

（2）业主代表有权在涂敷的任何时间检查涂装商是否按批准的材料、工艺规定、质量控制进行涂装作业。涂装承包商应于涂敷开工前至少2个星期通知业主。

（3）供货商应在合同规定的时间内提供产品，并且应对产品的设计、材料采购、制造，以及与各个分包商间的联络、协同、检验和在不同场所进行的试验负有全部责任，保证所提供的产品满足相关标准及本技术规格书的要求。

（4）供货商所提供的产品应有完整的材料质量证明书，并应严格执行材料进场的复验。材料标记的移植必须有见证，不得使用任何来源不明、无标记的材料。

（5）业主按规程使用产品时发生性能不合格、误差超过范围等质量问题，供货商要赔偿由此带来的损失和费用。在产品使用期间（该期间不受担保期的限制）因产品质量问题造成业主的其他经济损失，业主保留向供货商索赔的权利。运输中出现问题，供货商负责找承运单位理赔。

第九节　外夹式超声波流量计

一、概述

（一）气象条件

气象条件描述详见表3-2。

（二）气质参数

工作介质为天然气，气源来自榆林—济南输气管道、鄂安沧管道及山东LNG管道。其中鄂安沧管道近期气源为天津LNG管道气，远期为内蒙古煤制气。以上三种管道气源的气质均符合《天然气》（GB 17820—2012）中的Ⅱ类气质标准。

（三）卖方要求

参加投标的供货商应认真仔细地阅读和研究招标书的具体要求，并根据买方要求的服务和供货范围，针对本工程的特点，按期提交详细投标文件。

中标的供货商应根据技术规格书及澄清纪要进行最终确认，并根据合同和买方要求的服务和供货范围提供合格的产品。

（四）卖方资格

卖方应具有类似于本项目丰富的天然气管道工艺和计量系统及其相关自动控制系统方面的经验和业绩，并具有为本项目提供所需的产品以及系统集成和技术支持的能力。卖方为本项目委派的项目经理和主要的技术人员应是在天然气输送管道计量系统方面的专家，并且在最近几年内有多项与本项目类似的工作业绩。

卖方必须具有权威部门授予的ISO9000系列质量体系认证证书。卖方应具有设备集成的能力和资质，并且应具有相关权威部门颁发的制造设备的许可证书。计量系统应由流量计制造商在其工厂集成，若在其他工厂集成，除应提供相应的资质外，必须事先取得买方的批准。卖方在最近5年内在国内应至少有3项天然气行业(压力等级大于等于Class 2500)的业绩，并提供合同证明文件。卖方应至少有10台以上的类似工况下(压力等级大于等于Class 2500)在本规格书中所提供的环境条件下成功运行2年以上的案例，并提供产品能够长期地和安全地运行的证明。

卖方应有工厂测试、验收设备的能力，有现场安装、测试、试运及后期服务的能力。

由供货商指定的项目经理必须是最近3年内具有类似本工程的工作经验的人，且是其中的主要的管理人员和技术人员，该项目经理在本项目完工之前不应被随意更换，如需更换应得到业主的批准，替代人员应有相应资质。

卖方应能对现场进行技术服务。投标书中应说明卖方的维修能力和方式。对于国外进口设备，卖方应在国内建有备件库，并具有专门的办事机构和技术服务人员。

(五) 卖方职责

计量系统应是一个"交钥匙"工程，卖方应对计量系统的设计、制造、系统集成、工厂试验、现场安装、调试、标定、投产以及包装运输、培训、备品备件供应、售后服务等负全部责任，保证所提供的产品设备满足相关标准、规范的要求。

卖方提供的产品应该是近几年发展和改进的新技术、新设备，应经过现场考验，未经使用过的、高质量的，不存在任何影响到性能的缺陷。

卖方所提供的产品及各种工程附件必须是合同签订以后生产的，在此之前生产的设备材料严禁使用在本工程上。

投标书中应提供一份用户名单，包括用户名称、安装地点、投运时间、完成的功能等。

卖方还应对设备性能负责，指导安装、调试，并进行现场服务。卖方还应负责完成计量系统与站控系统之间的信息交换，协助站控系统供货商完成通信协议的转换。同时还应负责完成与计量系统相关的辅助设备的安装、调试及数据通信等工作。

二、相关资料

(一) 规范和标准

《工业过程测量和控制用检测仪表和显示仪表准确度等级》(GB 13283—2008)；

《爆炸性环境　第1部分：设备　通用要求》(GB 3836.1—2010)；

《爆炸性环境　第2部分：由隔爆外壳"d"保护的设备》(GB 3836.2—2010)；

《外壳防护等级(IP代码)》(GB 4208—2008)；

《流体流量测量　不确定度的评估程序》(ISO 5168—2005)；

《天然气-热值、密度和相对密度及化合物沃泊指数的计算》(ISO 6976—2016)；

《天然气-在线分析系统的性能评定》(ISO 10723—2012)；

《天然气和其他相关碳氢液体的压缩因数 Compressibility Factors of Natural Gas and Other Related Hydrocarbon Gases》(A. G. A Report No. 8)；

《用多通道超声波测量仪测量气体 Measurement of Gas by Multipath Ultrasonic Meters》(A. G. A Report No. 9)；

《Speedof Soundin Natural Gas and Other Related Hydrocarbon Gases》(A. G. AReport No. 10)；

《天然气压缩因子的计算　第1部分：导论和指南》(GB/T 17747.1—2011)；

《天然气压缩因子的计算　第2部分：用摩尔组成进行计算》(GB/T 7747.2—2011)；

《天然气压缩因子的计算　第3部分：用物性值进行计算》(GB/T 17747.3)；

《管法兰和法兰管件》(ANSI B16.5)；

《结构长度》(ANSI B16.10)；

《法兰端和焊接端阀门》(ANSI B16.34)；

《天然气输送及配送管道系统》(ANSI B31.8)；

《材料性能、试验、相关规定》(ASTM)；

《由外壳提供的保护等级(IP)规定》(IEC529)；

《工业过程检测和控制设备的运行条件》(IEC654)；

《天然气计量系统技术要求》(GB/T 18603—2014)；

《用气体超声流量计测量天然气流量》(GB/T 18604—2014)；

《油气田及管道工程仪表控制系统设计规范》(GB/T 50892—2013)；

《油气田及管道工程计算机控制系统设计规范》(GB/T 50823—2013)。

卖方有责任提供其他未列出的相关标准和规范。

(二) 相关图纸和资料

数据表：见表3-24、表3-25所列数据表文件号。

注：卖方应在表3-24、表3-25所列数据表中填写上所采用的设备相关数据。

表3-24　设备一览表

序　号	设备名称	站场名称	数　量
1	外夹式超声波流量计(双声道，双向)	井场	4" Class 2500　61套

表3-25　外夹式超声波流量计相关设参见数据表一览表

序　号	设备名称	数据表文件号
1	一体化温度变送器	DDS-0401仪01-02
2	压力变送器	DDS-0401仪01-04
3	外夹式超声波流量计	DDS-0401仪01-11

注：卖方应提供随机备品备件，并在投标书中给出具体清单。

卖方提供专用工具和仪器仪表清单及其他需要的清单。

(三) 优先顺序

若本规格书与有关的其他规格书、数据表、图纸以及上述规范和标准出现相互矛盾时，应遵照下列优先次序执行。

(1) 相关备忘录(如果需要)。

（2）数据表。

（3）本技术规格书。

（4）其他供参考的规格书。

（5）本规格书及其附属文件提及的规范和标准。

对于不能妥善解决的矛盾，卖方有责任以书面形式通知买方。

卖方应提供技术偏离表，列出与以上文件不一致的地方并予以说明，否则认为完全符合上述文件要求。

即使卖方符合本规格书的所有条款，也并不等于解除卖方对所有提供的设备和附件应当承担的全部责任，所提供的设备和附件应当具有正确的设计，并且满足特定的设计和使用条件及当地有关的健康和安全法规。

三、供货范围

卖方应提供符合本技术规格书所要求的产品。

供货商的供货范围(应包括但不仅限于以下内容)：

（1）提供流量计、信号处理单元(流量变送器)、配套安装附件等。

（2）提供安装所需其他附件、备品备件以及专用维修工具等。

（3）本技术规格书中未提及但完成本项目所需的内容和工作也在供货范围之内。

（4）供货数量及规格详见数据表。

四、技术要求

（一）概述

外夹式超声波流量计用于天然气的流量计量，能够完成流量计算，是一个“交钥匙”工程。卖方应为本工程提供一套适应工程需要、技术先进、性能可靠、稳定、性能价格比高的外夹式超声波流量计。该系统应能完全满足设计要求的全部功能和设计中遗漏但在实际生产过程中需要的功能。

本工程中，井场采用外夹式超声波流量计主要包括超声流量计、电涌保护系统等。

卖方应根据买方所提供的参数选择合适的流量计口径，并保证整个计量系统的计量精度。

（二）工作界面

（1）卖方负责整套外夹式超声波流量计设备的调试。

（2）卖方应提供计量系统的接地要求及计量系统的接地母线，由第三方完成计量系统的接地母线与站场接地系统之间的连接。站内电气接地、自控、通信的保护接地及工作接地、防雷防静电接地等共用同一接地装置，接地电阻≤4Ω。

（三）设计原则

气体计量应按在正常情况下无人操作原则进行设计，由所在井场的站控系统进行控制。正常情况下，由站控系统采集计量系统的运行参数，如温度、压力、流量等信息。当投产、重新启动、设备检修以及流量计现场标定时，流程切换到由人工现场手动完成。

（四）超声流量计

1. 定义

分辨率：仪表能显示的流速变化的最低程度。

准确度：测量结果与被测量(约定)的真值之间的一致程度。

重复性：在整个刻度范围内，并在相同操作条件和相同参比流量下，对同一被测量进行连续多次测量所得结果之间的一致性。

复现性：在改变了的测量条件下，同一被测量的测量结果之间的一致性。

速度采样间隔：由整套传感器或声道测得的两个相邻气体流速值之间的时间间隔，取决于仪表的尺寸，典型值为0.05~0.5s。

零流量：当气流在静止状态下的最大允许流速读数，即轴向流速和非轴向流速分量均为零。

偏差：由被检流量计测得的实际体积流量(如工程单位为m^3/h的流量)与标准流量计测得的实际体积流量之差。

误差：测量结果减去被测量的真值。百分比误差按式(3-1)所示计算：

百分比误差=[(被测仪表读数-标准仪表读数)÷标准仪表读数]×100%　　(3-1)

最大误差：在规定的仪表操作范围内的允许误差极限。

2. 概述

外夹式超声波流量计的设计应满足双向计量要求，应保证流量计有尽可能长的使用寿命、稳定的性能以及尽可能高的系统计量准确度。

卖方提供的由气体超声流量计及其相关的附件组成的流量计量系统应适合本项目中的天然气流量的连续测量，适应被测天然气组分、流量、压力、温度的变化，满足现场安装、使用环境的需求。

供货商提供的超声波流量计形式应为数字传播时间差法气体超声流量计，采用先进可靠的传感器技术和微处理器为基础的电子系统，以确保其在准确度、重复性、稳定性、可调量程范围、抗干扰能力、通信能力等方面具有较高的性能。

卖方应提供因被测天然气组分的不同对测量精度的影响说明，特别是CO_2、H_2O等，提供流量计对CO_2、H_2O等可容忍的最大含量。

流量计至现场流量主机的连接电缆、电气附件由供货商提供，连接电缆应采用阻燃屏蔽型信号电缆，电缆其他暴露部分应能抗紫外光、火焰、油类和油脂。流量计和现场流量主机在室外露天安装，并处于爆炸危险场所区域内，防爆等级不应低于ExdⅡBT4，防护等级不应低于IP65，其电子部件应适合在环境温度-25~45℃下正常工作。流量计应能适应当地气候条件。应提供被测天然气中固体杂质对测量准确度的影响。应提供超声流量计测量探头上的附着物对测量准确度的影响，并提供清除附着物的具体方法。气体超声流量计不得有天然气泄漏。

超声流量计应具备抗噪声设计(包括探头频率、电路设计、管道震动、调节阀调节引起的气流噪声)。供货商应提供说明噪声及振动对流量计流量测量准确度的影响，并推荐解决措施。流量计应具备防雷击、防浪涌设计。

供货商必须明确提供的流量计、现场流量主机所有功能，调试、诊断、接口和应用软件不受业主和使用期限限制。具备探头自动识别功能，能读取探头标定参数，避免现场误用探头带来的误差。探头自带温度修正功能，可以减少导声材料因温度变化带来的测量误差，符合 ANSI/ASME MFC-5M-1985 推荐配套相应的安装附件。

3. 传感器

流量探头采用夹具夹装在管道外壁。

流量探头的测量准确度在其分界流量 q_t 与最大流量 q_{max} 之间应不低于±1%，在最小流量 q_{min} 与分界流量 q_t 之间应不低于±2%。供货商/制造商应提供在安装、启动、维修维护和操作过程中，流量探头降压和升压速率的详细、明确的说明。流量计的所有外部零部件应该用抗腐蚀材料制造或者用适合在流量计所处环境中使用的抗腐蚀涂层进行保护。

由于现场流量变化较大，要求流量计量程不小于 150∶1。考虑长期运行的安全性和维护成本，流量探头应使用防爆结构。要求各制造商提供此次外夹式超声波流量探头测量天然气的最小压力要求，同时提供压力与管道壁厚的对应表。

4. 信号处理单元

气体超声流量计的现场流量主机应以微处理器为核心，现场流量主机能进行现场温、压补偿计算，将流量计算为标况流量。具有 2 路模拟信号输入功能(温度、压力输入信号，4~20mA/DC 无源信号，应内置 24V/DC 电源，为温度、压力变送器供电，用于温压补偿)。具有压缩因子补偿功能。能准确、稳定、可靠的将被测介质的流量转换为标准的 RS232 串口通信信号(通过 RS-232 接口最少将有关的流量、密度、介质温度、压力、声波传播的速度、流体的流向、故障、自诊断等信号传送至业主相应设备)及模拟信号(4~20mA)。信号处理单元的供电电源应采用 24V/DC。

信号处理单元应适于在户外和爆炸危险性场所安装，其防爆、防护等级应符合现场要求，其防爆等级不应低于 ExdⅡBT4，防护等级不应低于 IP65。信号处理单元应具有在现场显示及对系统参数、各种常数进行重设的能力。信号处理单元应具有自诊断和单元故障报警输出的能力。流量计参数在现场应可调。

现场流量主机能根据信号衰减情况对信号进行自动增益补偿。现场流量主机具有数据记录功能。数据传输套件与相关软件。

(五) 电涌保护器

超声波流量计应配置电涌保护器，电涌保护器的性能指标应满足电涌保护器技术规格书的要求。①为一体化温度变送器。②整体精度：±0.25%。

1. 热电阻

检测元件：Pt-100(0℃时，电阻值为 100Ω，α=0.00385Ω/℃的铂热电阻)。

RTD 温度检测信号采用 3 线制。

RTD 的保护管一般为 Φ12mm 的不锈钢(304)套管，与外保护套管应采用螺纹连接，连接处的螺纹规格：M27X2 内螺纹。

RTD 保护套管的长度应根据相应的数据表中提供的传感器安装位置处的管径确定。

湿度极限：0~100%相对湿度。

精度：A 级。

防爆等级：ExdⅡBT4(最低要求)。

全天候结构，外壳防护等级：IP65。

外保护套管：外保护套管可直接焊接在管道上，其材质采用304不锈钢，外保护套管压力等级见相应数据表。

稳定性：12个月无零点漂移。

材料：保护套管采用304不锈钢，测温体保护管采用304不锈钢，表壳为铸铝合金。

2. 温度变送器

精度：优于±0.25%(最低要求)。

输出：4~20mA，符合HART通信协议(两线制)。

供电电源：24V/DC。

开启时间：变送器加电2s达到性能指标。

湿度极限：0~99%相对湿度。

防爆等级：ExdⅡBT4(最低要求)。

全天候结构，外壳防护等级：IP65(最低要求)。

稳定性：12个月无零点漂移。

温度变送器应具有良好的温度特性，其零点和量程在环境温度发生变化时所受的影响在最大量程条件下环境温度影响应优于0.0002℃/1.0℃(1.8℉)。

一体化温度变送器应适合在环境温度-30~60℃范围内正常工作。

一体化温度变送器应具有瞬变电压保护功能。

(六) 压力变送器

应选用智能型变送器，其测量原理采用电容式或单晶硅谐振式等。

应选用灵敏型变送器，其测量精度要不低于满量程的±0.075%，信号分辨率应大于0.025%。

输出信号为4~20mA/DC(二线制)，可选择线性或平方根输出，并能输出基于HART通信协议的数字信号。

供电电源：24V/DC。

变送器应具有自诊断功能。可用专用手持编程操作器对其进行零点及量程的调整，支持HART通信协议。

应具有长期的稳定性，零点稳定性至少在6个月以上。在变送器安装后其零点及量程应不受安装位置的影响，不易发生零点漂移且极少需要重新校准。

环境温度变化以及静压力对变送器的测量准确度影响应尽量小。压力变送器采用露天安装方式，环境温度对其的影响不可小视，尤其是用于计量系统的压力变送器。压力变送器应具有良好的温度特性，其零点和量程在环境温度发生变化时所受的影响，在最大量程的条件下环境温度影响应不大于：±(0.025%量程上限+0.125%量程)/50℉(28℃)。静压影响应优于：±0.1%量程上限/1000psi(6.9MPa)。卖方在投标时应提供温度特性曲线和报告。

变送器应适合在环境温度-30~60℃下正常工作。

变送器应具有承受最大量程的100%的过载能力。

变送器测量室中的灌充液应能适应现场环境温度的要求。灌充液应采用对温度不敏感的介质。

变送器应具有防止瞬变电压的保护功能。应能在危险区域内安装并正常使用，其防爆等级不应低于 ExdⅡBT4，防护等级不应低于 IP65。与介质接触的部分应选用 316 不锈钢材质。

变送器应带有 LCD 就地指示表头。

压力变送器的安装采用根部阀和双阀组截止阀组合安装。如果引压取自流量计表体，根部阀采用关断截止阀，阀体材质采用 304 不锈钢；如果引压取自流量计后管线，根部阀采用一体化焊接式阀门，焊接端可直接焊接在工艺管线上，阀体材质为 A216 WCC，阀内件材质采用 304 不锈钢。双阀组截止阀带排放口，材质采用 304 不锈钢。

五、文件要求

在投标阶段卖方应至少提供以下文件：

（1）详细的工作内容、界面和执行计划。

（2）对招标技术文件的逐条应答。

（3）详细的系统技术方案和说明。

（4）详细的系统配置图。

（5）操作原理。

（6）I/O 表。

（7）计量柜的盘面布置及外形尺寸图。

（8）计量系统中所选主要设备的性能和产品说明书。

（9）详细的设备材料清单。

（10）备品配件清单(可选项)。

（11）维修和校验仪表清单(可选项)。

（12）所需的资质证书。

（13）第三方产品的授权书及质量、售后服务保证书，卖方的详细情况介绍、资质证书、业绩等。

（14）质量保证手册。

（15）售后服务保证书。

（16）最近几年内与本项目类似的工作业绩。

（17）提供技术文件清单。

（18）负责和参加项目的主要人员名单及简历和工作业绩。

（19）分包方及其参与项目的人员的详细情况介绍、资质证书、业绩等。

（20）采用的标准和规范清单。

（21）培训计划及课程安排。

（22）SAT 和 FAT 内容及执行计划。

（23）现场调试方案及执行计划。

（24）投产方案及执行计划。

（25）施工组织设计。

（26）存在的问题和建议。

卖方在中标后应根据本技术规格书及其他的相关文件进行计量系统的详细设计，并在供货合同签订后30d内提交详细的设计文件，设计文件需经业主和设计单位批准后方可实施，否则由此造成的一切损失应由卖方自己承担。详细设计文件最少应包括：

（1）操作原理。

（2）计量系统配置方案详细说明(包括流量计算机)。

（3）计量系统功能方块图。

（4）计量柜正面布置及安装尺寸图。

（5）各种仪表及设备的接线原理图。

（6）计量系统接线图。

（7）计量柜内端子接线图。

（8）向站控系统提供的I/O表和接口类型。

（9）电缆敷设图和说明。

（10）电缆表。

（11）流量计的选型说明。

（12）流量计的计算书。

（13）仪表和其他主要设备数据表。

（14）计量系统用电负荷。

（15）供配电系统。

（16）电涌保护系统。

（17）接地系统。

（18）系统中采用的各种设备和材料详细的产品说明书。

（19）详细的设备和材料清单。

（20）操作手册。

（21）用户指南。

（22）项目实施计划。

（23）培训内容和计划。

（24）流量计标定的详细内容和计划。

（25）FAT和SAT的详细内容和计划。

（26）现场调试方案和实施计划。

（27）投产方案和实施计划。

（28）运输方案和实施计划。

（29）建议。

随本技术规格书一同提供的数据表主要有超声波流量计数据表、流量计算机数据表，同时还将提供压力测量仪表、温度测量仪表的数据表。卖方应根据所选仪表及设备的技术规格以及数据表中的要求，填写所有仪表及主要设备的数据表，这些数据表将作为设计文件的一部分，向买方和设计单位提交。

六、备品备件及专用工具

卖方提供的所有产品在中国境内应有备品备件的保证能力，应提供能够保证备品备件供应的时间、供应方法和渠道。卖方应提供一份调试备件和两年内运行所需的备品备件清单及报价。推荐的备品备件及价格在投标文件中按可选项列出。清单内容应包括名称、序列号、单价、数量等。卖方提供的备件应单独包装，便于长期保存，同时备件上应有必要的标志，便于日后识别。

卖方应提供设备维修、调校所需的专用工具，包括专用工具清单和单项报价在内。

七、铭牌

卖方应在设备适当的部位安装永久性的316不锈钢制成的铭牌，铭牌的位置易于观察，内容清晰，其安装可采用不锈钢支架和螺栓固定，但不允许直接将铭牌焊到设备上。

产品铭牌语言采用中文编写。

铭牌应包括但不限于以下内容：

（1）制造单位名称。

（2）产品全称、位号。

（3）出厂编号。

（4）型号及主要参数，如压力等级、测量范围等。

（5）出厂日期。

（6）在明显部位应有注册商标。

（7）若对人身可以造成损伤，应注明危险标志。

注：仪表位号的编制由中标厂家与设计院具体联络，由设计院统一确认提供。

八、检验、试验和证书

（一）检验机构

卖方自检和买方检验以及有关的技术检测机构。

（二）检验项目和试验内容

所有设备在出厂前应根据有关规范进行工厂试验，本项测试应由买方派驻工作人员到卖方现场监督每台设备的出厂测试情况，以保证卖方所提供的设备在各方面均能完全符合买方的要求。

产品应依据相应的工业标准或其他的管理规范进行测试。

卖方应向买方提供每台设备的出厂测试报告及质量检验报告，应是具有签署和日期的正式报告。

卖方必须对所供设备进行100%的试验和检验，其内容至少应包括：

1. 静态测试

（1）数量检查(包括附件)。

（2）外观检验(包括漆面质量、表面光洁度等检验)。

（3）尺寸检测。

（4）标牌标识是否完整、清晰。

（5）紧固件、盘面等是否有松动现象。

(6) 连接件形式、尺寸是否符合标准。

(7) 是否遵从焊接规范和标准。

(8) 材质是否与卖方提供的证明相符(内部件、外壳、连接件等)。

2. 动态测试

(1) 滞后性。

(2) 重复性试验。

(3) 绝缘性能试验。

(4) 电磁抗干扰试验。

(5) 振动试验。

(6) 高温、低温和湿度环境试验。

(7) 压力测试。

(8) 强度试验(包括流量计壳体强度试验和信号处理单元壳体试验)。

(9) 气密性测试。

(10) 无损探伤检验及其报告。

(11) 零流量检测试验。

(12) 系统性能测试并提供检验测试报告。

(13) 其他内容测试。

(三) 现场验收试验

设备运抵安装现场后，由卖方与买方共同开箱检查，发现问题，由卖方负责解决(即使在卖方工厂已试验过后)。

在现场验收试验前两星期，卖方事先提出书面试验计划，并须征得买方的批准。现场试验合格后，由买方预验收。

在设备安装和投运期间，卖方应派遣有经验的工程师到现场指导，负责并监督所有设备的正确安装、调试及正常运行。

(四) 证书

(1) 检验和试验报告：卖方提供所有仪表设备单台试验报告。

(2) 检验证书：卖方提供具有效力的上述有关检验内容的检验证书一式两份。

(3) 耐压测试报告：卖方需提供由具有压力检测资质的第三方出具的所有仪表设备单台耐压测试报告。

(4) 出厂合格证书：每台仪表必须具有合格证书，并注明型号、规格、制造商名称、生产日期等。

(5) 防爆证书。

(6) 材料证书。

九、性能保证

除非买方以文字的方式另行同意，卖方对它所提供的设备应承担如下保证：

(1) 在数据表中规定的工作条件下能正常可靠地运行，并达到额定的设计参数。

（2）通过试验证实卖方对各项性能方面的保证。

（3）满足买方在符合检验要求的情况下，提供的产品符合技术要求。

十、油漆和运输

（一）油漆

油漆按制造商标准执行。

（二）运输要求

卖方必须遵守下列要求，除非有买方的书面指示，无任何例外：

（1）不允许将货物分成几次、几部分发运。

（2）不允许不经验收就发运货物。

（3）卖方应将订单中规定的由卖方提供的货物的安装、调试和试运工具、配件和消耗品与货物一同发运。

（4）卖方应把各个站场的设备分开包装，同一站场使用的设备应装在一起，以方便现场分发。包装箱除注明发货及收货人名称和地址外，还应注明设备名称、安装地点和保证安全运输所需的标志等。每个包装箱均应附有详细的装箱清单。

（5）采用木箱和防水包装。

（6）产品在运输途中，应防止碰撞、雨淋，不允许倒置堆放，保证货物无任何损失。

（三）装卸要求

在预制/制造大尺寸货物时，卖方应从有关管理机关获得和遵守铁路和公路运输的尺寸限制，以保证货物能顺利地抵达目的地。

每个货物集装箱、板条箱、包装箱都必须在上面或侧面用油漆或其他方式刷上清晰可读的运输防护标志，如防水、防晒、不准倒置等标志，需标识吊装重心，应在包装箱上有明显重心标注，并在装卸时严格遵守。

十一、服务

（一）售前、售中服务

当设备进行现场安装、投产运行时，卖方应派有经验的工程师到现场指导安装、试运工作，提供技术支持。

当卖方发货前一个月，卖方应及时通知买方，在买方确认后组织系统的培训，培训人数为3~4人，培训日期为一周。培训主要内容有系统的介绍、功能、操作、注意事项、日常维护等。培训应达到参加培训人员能够独立进行现场的维护工作。

技术服务的费用应由卖方承担。

培训由买方提出要求，费用单独报价，不含在总价里。

（二）售后服务

在买方选用设备恰当和遵守保管及使用规程的条件下，从卖方发货之日起18个月内（对于国外产品，以在港口检验后的时间算起），或者连续运转不超过12个月（取时间较长者)，设备因制造质量不良而发生损坏和不能正常工作时，卖方应派有经验的工程师及时给予技术支持，并提供免费现场服务，同时卖方应该免费为买方更换或修理设备零件部件，直到问题解决，如因此而造成买方人身和财产损失的，卖方应对其予以赔偿。

十二、文件图纸和数据要求

供货商应提供6套完整的工程技术文件和2套刻录在光盘中的全套工程技术文件。工程技术文件采用中文。

图纸应使用Auto CAD 2000及以上版本的软件绘制，若使用了特殊的字型及线形，应随图纸一并提供。文档采用Microsoft Office 2000软件以上(如Word、Excel、Access等)编制。

在系统设计期间，供货商除向买方和设计方提交系统的有关技术文件以外，还应提供涉及系统相关部分的技术资料和参数，如对通信的要求、供电要求、接地要求、设备安装尺寸、设备重量等(不限于此)。

供货商最终提供的文件最少应包括：

(1) 文件目录/索引。

(2) 系统设计文件。

(3) 系统设计和详细技术方案及功能说明。

(4) 仪表数据表(按ISA S20)。

(5) 供货界面图(包括公司必需的资料，如本设备与外部设备的管线连接尺寸，仪表进出线孔及仪表管连接尺寸、位置)。

(6) 系统配置图。

(7) 网络拓扑图。

(8) 供配电系统要求及供电负荷明细表。

(9) 电气接线图。

(10) 安装图。

(11) 接地系统图。

(12) 全系统内部和外部的连接点以及终端。

(13) 系统中采用的各种设备和材料详细的产品说明书以及备品备件清单。

(14) 所有设备的操作使用说明书。

(15) 监控系统中文操作手册。

(16) 竣工文件。

(17) 双方的会议和来往文件。

(18) 所有校验、测试、验收报告。

(19) 所有的软件。

(20) 其他必须资料。

提交文件的详细种类、内容、数量、时间等，应在合同签订前进行确认。

合同生效后，卖方将设备的主要图纸、材料单、计算书和数据表提供买方审查和批准。

第十节 锚固法兰

一、概述

本技术规格书规定了用于文23地下储气库工程的锚固法兰、材料、检验和试验的最低要求。

二、相关文件

(一) 规范性引用文件

下列文件对于本文件的应用是必不可少的。凡是标注日期的引用文件，仅注日期的版本适用于本文件。凡是不注日期的引用文件，其最新版本(包括所有的修改单)适用于本文件。

《压力容器》(GB/T 150.1~150.4—2011)；

《钢的成品化学成分允许偏差》(GB/T 222)；

《金属平均晶粒度测定方法》(GB/T 6394)；

《钢中非金属夹杂物含量的测定 标准评级图显微检验法》(GB/T 10561)；

《钢的显微组织评定方法》(GB/T 13299)；

《压力容器涂敷与运输包装》(JB/T 4711)；

《承压设备无损检测》(NB/T 47013.1~47013.6)；

《承压设备用碳素钢和合金钢锻件》(NB/T 47008)；

《低温承压设备用低合金钢锻件》(NB/T 47009)；

《Quality management systems—Requirements》(ISO 9001)；

《Gas Transmission and Distribution Piping Systems》(ASME B31.8)；

《Steel Pipe Flanges》(MSS SP-44)。

(二) 业主文件

《锚固法兰数据表》(DDS-0401 集 01-30)。

(三) 优先顺序

若本规格书与有关的其他规格书、数据表、图纸以及上述规范和标准出现相互矛盾时，应遵照下列优先次序执行。

(1) 数据表。

(2) 本规格书。

(3) 本规格书及其附属文件提及规范和标准。

若本技术规格书与有关的其他规格书、数据表、图纸以及上述规范和标准出现相互矛盾时，应按最为严格的执行。

三、供货商要求

(1) 锚固法兰供货商应通过ISO9001质量体系认证，有健全的质量保证体系，取得中华人民共和国特种设备制造许可证。证书必须在有效期内。

（2）供货商应具有与本项目锚固法兰压力等级相匹配的压力管道元件设计、制造资质。

（3）供货商应有近年来在国内外为至少2个与本项目相似工况工程提供锚固法兰的供货业绩或其他相关领域中的锚固法兰供货业绩，供货商应提交锚固法兰的实际应用业绩。供货商应提交近5年来不小于本项目公称尺寸和公称压力的产品在国内同类项目服务2年以上的合同或业绩证明，并证明其所提供的产品能够长期地和安全地运行。

（4）供货商应能提供良好的售后服务和技术支持，并具备提供长期技术支持的能力。

（5）供货商若有与第二章所提及的文件不一致的地方，应在其投标书中予以说明，若没有说明，则被认为完全符合上述文件所有要求。即使供货商符合本技术规格书的所有条款，也并不等于解除供货商对所提供的锚固法兰及附件应当承担的全部责任，所提供的锚固法兰及附件应当具有正确的设计，并且满足规定的设计和使用条件及当地有关的健康和安全法规。

（6）除非经业主批准，锚固法兰应完全依照本技术规格书、数据表、其他相关文件及标准和规范的要求。技术文件中的任何遗漏都不能作为解脱供货商责任的依据，所有改动应提交给业主批准。对于不能妥善解决的问题，供货商有责任以书面形式通知业主。

四、供货范围

（一）概述

（1）供货商应对锚固法兰的设计、材料采购、制造、零部件的组装、检验与试验、图纸、资料的提供以及与各个分包商间的联络、协同负有全部责任。供货商还应对锚固法兰的性能、安装、调试负责。

（2）供货商所提供的锚固法兰应是签订供货合同以后生产的，在此之前生产的锚固法兰不应使用在本工程上。

（二）供货范围

锚固法兰规格、数量详见锚固法兰数据表。

每台锚固法兰的供货范围应包括但不限于以下部分：

（1）锚固法兰本体。

（2）锚固法兰袖管。

（3）铭牌。

（4）备件及专用工具。

（5）服务（现场安装、调试及技术培训）。

（6）相关文件。

五、通用条件

（一）工作场所

锚固法兰安装在室外、埋地。

（二）工作场所

工作介质为天然气，注气气源主要来自榆林—济南输气管道、鄂安沧管道。其中鄂安沧管道近期气源为天津 LNG 管道气，远期为内蒙古煤制气。以上三种管道气源的气质均符合《天然气》(GB 17820—2012)中的Ⅱ类气质标准。

储气库建成后，采出气组分可以根据管道来气、原始地藏气组分进行拟合，同表 3-3。

采出气经注采站脱水处理后外输气为干气，外输干气符合《天然气》(GB 17820—2012)中Ⅱ类天然气的要求，见表 3-26。

表 3-26　干气产品指标

序　号	项　目	规范要求指标
1	高位发热值/(MJ/m^3)	≥31.4
2	总硫(以硫计)/(mg/m^3)	≤200
3	硫化氢/(mg/m^3)	≤20
4	二氧化碳/%(V/V)	≤3.0
5	水露点/℃	在天然气交接点压力和温度，水露点比环境温度低 5℃

六、技术要求

（一）总体要求

（1）地下储气库工程是一个完整的系统。供货商应从工程运行的角度来统筹设计、选择、制造、供应锚固法兰以及提供售后服务和技术支持。

（2）锚固法兰的设计和选型，应充分考虑中国天然气工业的实际情况和本项目的技术要求，利用目前最适当的技术确保管线安全可靠的运行。

（二）设计要求

（1）锚固法兰应能承受和传递由内压、温差及其他载荷产生的应力。

（2）锚固法兰的强度计算与结构设计应遵循 ASME B31.8，并且应符合 GB 150.1～GB 150.4—2011 的有关规定。

（3）锚固法兰内径应与相连管线内径一致。

（4）锚固法兰的尺寸根据最大推力确定。供货商应对锚固法兰的尺寸进行校核，并做有限元应力分析，如对数据表上提供的锚固法兰尺寸有异议，应及时与设计方协商。供货商应对产品尺寸的可靠性负责。

（5）锚固法兰两端需在工厂焊接袖管，袖管长度应根据锚固法兰的固定墩尺寸确定，以保证锚固法兰在安装到固定墩上之后每边外伸长度至少为 300mm。

（三）材料选择

（1）锚固法兰的材质宜优先选用国内普遍常用材料(包括压力容器和压力管道材料)。

（2）锚固法兰应为整体锻制，锻件用钢应选用电炉、氧气转炉冶炼的细晶粒全镇静纯净钢。锻件应进行热处理，热处理工艺可根据化学成分、锻件截面尺寸由制造厂确定。当采用淬火加回火的热处理工艺时，须考虑由于不同的冷却速度导致的沿锻件断面屈服强度的差异。

(3) 所有材料都应具有材料制造厂的质量证明书(或其复印件)，质量证明书的内容至少包含热处理曲线和硬度检测报告。锚固法兰供货商应按本技术条件对主体材料进行复验。

(4) 锻件化学成分(熔炼分析和产品分析)应与相连袖管材料一致或相近。分析结果的允许偏差应符合 GB/T 222 的规定。

① $C \leqslant 0.14\%$，$P \leqslant 0.015\%$，$S \leqslant 0.010\%$。

② $C_{eq} \leqslant 0.42$。

③ $P_{cm} \leqslant 0.22$。

注：碳当量(C_{eq})和冷裂纹敏感系数(P_{cm})应按式(3-2)、式(3-3)计算：

$$C_{eq}=\mathrm{C}+\frac{\mathrm{Mn}}{6}+\frac{\mathrm{Cr+Mo+V}}{5}+\frac{\mathrm{Cu+Ni}}{15} \tag{3-2}$$

$$P_{cm}=\mathrm{C}+\frac{\mathrm{Si}}{30}+\frac{\mathrm{Mn+Cu+Cr}}{20}+\frac{\mathrm{Ni}}{60}+\frac{\mathrm{Mo}}{15}+\frac{\mathrm{V}}{10}+5\mathrm{B} \tag{3-3}$$

(5) 每一熔炼炉次应进行一次熔炼分析和成品分析。

(6) 如果一个熔炼炉次的化学成分不符合要求，则该熔炼炉次的所有钢材应予拒收。

(7) 锻件材料应与相连袖管材料之间具有良好的可焊性。

(8) 所用锻件的标准屈服强度应与相连袖管材料标准屈服强度一致。

(9) 钢制锻件除应满足 NB/T 47008 或 NB/T 47009 标准对Ⅲ级锻件的要求外，尚应符合本技术条件的规定。

(10) 锻件晶粒度检测应符合 GB/T 6394 的规定。

(11) 锻件中非金属夹杂物按 GB/T 10561 中的 B 法进行评定，A、B、C、D、Ds 夹杂物均不得大于 1.5 级，A+C、B+D+Ds 均不得大于 2.0 级，A、B、C、D、Ds 总和不得大于 4.0 级。

(12) 锻件热处理后应无明显带状组织，且不大于 GB/T 13299 中 1 级规定的。

(13) 锻件应做冲击试验(夏比 V 形缺口)：

① 试样尺寸：10mm×10mm×55mm。

② 试验温度：-20℃。

③ 冲击功：3 个试样的平均值≥50J。允许其中一个试样的冲击功值<50J，但不得<34J。

(14) 锻件表面硬度值应≤235HV10。

(15) 锻件主截面部分的锻造比不得<4，钢锭的头尾应有足够的切除量，锻件应尽可能锻至接近成品零件的形状和尺寸。

(16) 锻件应逐件进行超声检测，超声检测要求：

① 检验区域：全部表面。

② 检验标准：NB/T 47013.1~47013.6 承压设备无损检测，验收按 NB/T 47008 或 NB/T 47009 的要求执行。

（17）锻件不允许进行焊补。

（18）供货商应提供锚固法兰和相连袖管的焊接工艺评定，并提交业主。

（19）锻件机加工后应逐件进行100%磁粉检测，磁粉检测应按照JB/T 4730.4的规定执行，合格级别为Ⅰ级。

（20）不允许使用低价劣质材料，材料来源应在制造前经业主审批，未得到书面认可不得使用。

（21）供货商应对焊缝金属和焊缝热影响区进行夏比V型缺口冲击试验。取两组试样，每组3件，第1组试样缺口开在焊缝金属上，第2组试样缺口开在焊缝热影响区上。

① 试样尺寸：10mm×10mm×55mm。

② 试验温度：-20℃。

③ 冲击功：3个试样的平均值≥55J。允许其中一个试样的冲击功值<55J，但不得<42J。

（22）所有焊缝金属和焊缝热影响区应按JB/T 4730.1～4730.6承压设备无损检测进行100%射线检测及100%超声检测，射线检测Ⅱ级合格，超声检测Ⅰ级合格。不能进行射线和超声检测的焊缝，应进行表面检测，采用磁粉或渗透检测，合格级别为Ⅰ级，确认无裂纹或其他危害性的缺陷存在。

（23）焊缝和热影响区表面硬度值应≤240HV10（L415）和250HV10（L450）。

七、制造、检验与验收

（1）供货商应按合同要求向业主提交尺寸齐全的制造图纸，材料性能（包括焊接性能）说明及制造工艺说明。材料、尺寸及加工工艺一经业主确认，不得任意改变。在未得到业主的书面批准前，不允许开始制造。

（2）应按规定要求对材质证明书进行确认，有疑问时应进行复验。

（3）锚固法兰外形尺寸（内径 D_i、法兰环外径 D_f）应机加工定径。

（4）与管线焊接连接的坡口，应机加工成型，连接管线的坡口形式详见ASME B31.8附录Ⅰ的有关规定。

（5）外形尺寸检验。

① 锚固法兰的内径尺寸 D_i[D_i=连接管公称直径（外径）-2倍连接管公称壁厚]偏差为±0.5mm。

② 锚固法兰端部（与袖管对接处）切斜<1.5mm。

③ 锚固法兰端部厚度偏差为±0.25mm。

④ 锚固法兰的其他尺寸偏差应遵循MSS SP-44的有关规定。

（6）无损检测。

① 锚固法兰应进行100%超声检测，确认无裂纹、无分层存在。

② 焊接坡口表面及离焊接坡口端部50mm范围内应进行100%磁粉或着色检测，下列缺陷不允许存在：

a. 任何裂纹和白点；

b. 任何横向缺陷显示；

c. 任何长度>2mm 的线性缺陷显示；

d. 单个尺寸≥4mm 的圆形缺陷显示；

e. 在 $100\times100mm^2$ 范围内，允许存在缺陷的累计长度应<3mm。

(7) 压力和弯曲试验。

强度试验压力应≥1.5 倍设计压力，水压试验时应同时施加弯矩：在法兰环中径部位沿轴向加载，载荷为 1.2 倍总轴向推力。稳压时间不少于 30min。对于 *DN*800 锚固法兰应至少试验 1 件，如果试验不合格，应再取两件成品进行上述试验，如仍有不合格，则所有成品均须进行上述试验。试验后应重新按上述无损检测的要求进行无损检测。

(8) 涂漆。

① 锚固法兰外表面应进行喷射除锈处理，达到“近白”级要求，并喷涂或涂刷非导电的环氧类底漆和面漆，涂层干膜总厚度≥800μm[离焊接端口 100mm 范围内(管颈部位)不涂刷，但应做防锈处理]。所用涂料的储藏、混合、稀释、操作、涂刷和凝固要求应按照涂料供货商的技术指导书进行。检验标准按防腐专业技术要求进行。

② 漏点检测：在常温下，对涂层进行全面积密集检测，检漏电压为 4000V。

八、铭牌

每台产品应在图样规定的位置上至少应标示出以下内容：

(1) 产品名称和系列号。

(2) 设计压力。

(3) 设计温度。

(4) 设计总轴向推力。

(5) 锻件材质。

(6) 结构特性尺寸：焊接端内径和壁厚，法兰环外径及结构总长度。

(7) 供货商名称。

(8) 安装地点。

(9) 出厂日期和出厂编号。

九、包装与运输

1. 包装与运输要求

(1) 包装、运输按《压力容器涂敷与运输包装》(JB/T 4711)的规定，应适宜海运、铁路及公路运输。

(2) 包装应考虑吊装、运输过程中整个设备元件不承受导致其变形的外力，且应避免海水和大气及其他外部介质的腐蚀。

(3) 锚固法兰端部坡口处应用硬橡胶环保护，不得损坏。

(4) 包装箱上应以耐久的油漆注明订货单位、产品名称、规格、数量、净重、毛重、制造厂商名称、发运地址及发运日期等。

2. 发货要求

(1) 当所有的测试和检验已经全部完成、技术文件齐备，且产品已准备发运时，供货商应通知业主，并请求业主采购部的授权人员签名下达放行指令。在收到业主指令前放行的产品，业主将拒收并拒付任何款项。

（2）当供货商未满足订单中关于运输文件、证书、包装、标识和交货点等方面的要求时，发生的费用由供货商承担。

十、备件及专用工具

（1）供货商应提供用于现场安装、调试、开车等所需的备件，并提供备件清单。

（2）供货商应提供2年运行使用的备件推荐清单，并单独报价。清单内容应包括备件名称、数量、单价等。

（3）供货商提供的备件应单独包装，便于长期保存；备件上应有必要的标志，便于日后识别。

（4）供货商应提供设备维修所需的专用工具，包括专用工具清单和单价在内。

十一、文件要求

（一）语言

对于国外订货的设备，所有文件、图纸、计算书、技术资料等都应使用中英文对照，对于国内定货的设备使用中文。供货商对翻译的准确度负有完全责任。

（二）单位

供货商提供的所有文件和图纸，包括计算公式的单位制应是SI单位。

（三）文件要求

（1）供货商应提供表3-27规定的文件。

表3-27　文件清单

序　号	文件描述	与标书一起提交的份数		先期确认文件		最终确认文件		竣工文件	
		份数	时间	份数	时间	份数	时间	份数	时间
1	售后服务保证	3P	随报价						
2	供货商质量体系、HSE体系证书	3P	随报价						
3	供货商设计、制造资质证书	3P	随报价						
4	供货商业绩清单	3P	随报价						
5	供货商业绩证明	3P	随报价						
6	分包商资格的详细资料	3P	随报价						
7	制造/检测时间计划	3P	随报价						
8	安装、调试备品清单(附带价格)	3P	随报价					3P+1E	2(5)
9	两年运行的备件清单(附带价格)	3P	随报价					3P+1E	2(5)
10	特殊工具清单(若有)	3P	随报价					3P+1E	2(5)
11	结构确认图、安装外形图			3P	4(3)	3P	2(4)	6P+1E	2(5)
12	设计计算书			3P	4(3)	3P	2(4)	6P+1E	2(5)

续表

序号	文件描述	与标书一起提交的份数		先期确认文件		最终确认文件		竣工文件	
		份数	时间	份数	时间	份数	时间	份数	时间
13	设备热处理试验报告(包括升、保温曲线)			3P	4(3)	3P	2(4)	6P+1E	2(5)
14	压力加弯曲试验报告			3P	4(3)	3P	2(4)	6P+1E	2(5)
15	材料的化学成分和机械性能测试及成品规定检验项目的检验报告							6P+1E	2(5)
16	相应无损检测报告							6P+1E	2(5)
17	硬度检测报告							6P+1E	2(5)
18	要求的附加试验的试验报告							6P+1E	2(5)
19	产品合格证书							6P+1E	2(5)
20	外观及尺寸检查报告							6P+1E	2(5)
21	产品质量证明书							6P+1E	2(5)
								6P+1E	2(5)
22	操作、维修手册							6P+1E	2(5)
23	表面处理、涂层报告							6P+1E	2(5)
24	包装清单							6P+1E	2(5)

注：① 符号P为复印件(或蓝图)，符号E为电子文件；
② 符号(3)左侧的数字为合同生效后的周数；
③ 符号(4)左侧的数字为供货商收到业主返回带审查意见的文件(在加盖的审查专用章中的“批准”或“修改后批准”栏前的方框内标有“√”)后的周数；
④ 符号(5)左侧的数字为设备发运后的周数；
⑤ 提供文件的数量、形式和时间以最终签订的合同要求为准。

（2）图纸和文件审批后，在设备制造过程中如果发生变更，供货商必须以书面形式通知业主，在得到业主的书面确认后方可实施，同时应把变更后的图纸和文件提交给业主。

（3）由于供货商没有按合同执行而导致的所有设计变更由供货商承担。

（4）供货商提供的资料应全面、清晰和完整，并对资料的可靠性负全责。

十二、服务与保证

（一）服务

（1）供货商应提供的服务包括：

① 现场安装指导、调试及投产运行。

② 现场操作人员的技术培训。

③ 使用后的维修指导等。

（2）当业主通知供货商需要提供服务时，供货商应在24h内作出响应，在48h内到达现场。供货商应派有经验的工程师到现场指导工作，提供技术支持。

（二）保证

（1）供货商应对其供货范围内的所有事项进行担保，确保设计、材料和制造无缺陷，完全满足技术文件的要求。并应保证设备自到货之日起的24个月或该设备现场运行之日起的16个月内(以先到者为准)符合规定的性能要求。设备因质量不良而发生损坏和不能正常工作时，供货商应该免费更换或修理，如因此造成人身伤害和财产损失的，供货商应对其予以赔偿。若在保证期内有任何缺陷，供货商应提供必要的更换和维修，并赔偿各种费用。

(2) 供货商购自第三方的产品应由业主批准。

(3) 如果整套设备的全部或部分不满足担保要求，供货商应立即对设备中的缺陷进行修改、补救、改进或更换设备，直到设备满足规定的条件为止。

第十一节　绝缘接头

一、概述

本技术规格书规定了用于文23地下储气库工程的绝缘接头材料、检验和试验的最低要求。

二、相关规范

(一) 规范和标准

本技术规格书指定产品应遵循的规范、标准法规主要包括但不仅限于以下所列范围：

《涂覆涂料前钢材表面处理表面清洁度的目视规定　第1部分：未涂覆过的钢材表面和全面清除原有涂层后的钢材表面的锈蚀等级和处理等级》(GB/T 8923.1)；

《压力容器涂敷与运输包装》(JB/T 4711)；

《承压设备无损检测》(NB/T 47013.1~47013.6)；

《承压设备用碳素钢和合金钢锻件》(NB/T 47008)；

《低温承压设备用低合金钢锻件》(NB/T 47009)；

《绝缘接头与绝缘法兰技术规范》(SY/T 0516)；

《Paints and Varnishes—Cross-cut Test》(ISO 2409)；

《Quality management systems—Requirements》(ISO 9001)；

《Standard Specification for Carbon and Alloy Steel Forgings for Pipe Flanges, Fittings, Valves, and Parts for High-Pressure Transmission Service》(ASTM A694)；

《Gas Transmission and Distribution Piping Systems》(ASME B31.8)。

(二) 优先顺序

若本规格书与有关的其他规格书、图纸以及上述规范和标准出现相互矛盾时，应遵照下列优先次序执行：

(1) 本规格书。

(2) 本规格书及其附属文件提及规范和标准。

对于不能妥善解决的矛盾，供货商有责任以书面形式通知业主。

供货商若有与以上文件不一致的地方，应在其投标书中予以说明，若没有说明，则被认为完全符合上述文件所有要求。

即使供货商符合本规格书的所有条款，也并不等于解除供货商对所有提供的镁合金牺牲阳极和附件应当承担的全部责任，所提供的镁合金牺牲阳极和附件应当具有正确的设计，并且满足特定的设计和使用条件或当地有关的健康和安全法规。

三、基础资料

1. 气象条件

气象条件描述详见表3-2。

2. 介质

工作介质为天然气，气源来自榆林—济南输气管道、鄂安沧管道及山东LNG管道。其中鄂安沧管道近期气源为天津LNG管道气，远期为内蒙古煤制气。以上三种管道气源的气质均符合《天然气》(GB 17820—2012)中的Ⅱ类气质标准。

四、供货商要求

(1) 供货商应通过ISO9001质量体系认证或与之等效的质量体系认证，以及HSE体系认证，证书必须在有效期内。

(2) 供货商具有与本项目绝缘接头压力等级相匹配的压力管道元件设计、制造资质。供货商应具有绝缘接头的设计、制造资质，提供相应的资质证书，并具有至少5年以上绝缘接头的设计业绩和制造经验。

(3) 供货商应有近年来在国内外为至少2个与本项目相似工况项目提供绝缘接头的供货业绩或其他相关领域中绝缘接头的供货业绩，供货商应提交绝缘接头的实际应用业绩。供货商应提交近5年来同种材料且不小于本项目公称尺寸和压力等级的产品在国内外同类项目服务超过1年以上的合同或业绩证明，并证明其所提供的产品能够长期地和安全地运行。

(4) 供货商应能提供良好的售后服务和技术支持，并具备提供长期技术支持的能力。

(5) 供货商若有与第二章所提及的文件不一致的地方，应在其投标书中予以说明，若没有说明，则被认为完全符合上述文件所有要求。即使供货商符合本技术规格书的所有条款，也并不等于解除供货商对所提供的绝缘接头及附件应当承担的全部责任，所提供的绝缘接头及附件应当具有正确的设计，并且满足规定的设计和使用条件及当地有关的健康和安全法规。

(6) 除非经业主批准，绝缘接头应完全依照本技术规格书、数据表、其他相关文件及标准和规范的要求。技术文件中的任何遗漏都不能作为解脱供货商责任的依据，所有改动应提交给业主批准。对于不能妥善解决的问题，供货商有责任以书面形式通知业主。

五、供货范围

(一) 概述

(1) 供货商应对绝缘接头的设计、材料采购、制造、零部件的组装、检验与试验、图纸、资料的提供以及与各个分包商间的联络、协同负有全部责任。供货商还应对绝缘接头的性能、安装、调试负责。

（2）供货商所提供的绝缘接头应是签订供货合同以后生产的，在此之前生产的绝缘接头不应使用在本工程上。

（二）供货范围

绝缘接头的供货范围见表 3-28。

表 3-28 绝缘接头的供货范围

序 号	名 称	规 格	数 量
1	绝缘接头	*DN*700，8MPa	1
2	绝缘接头	*DN*500，10MPa	1

最终规格及最终数量以合同为准。

六、技术要求

（一）设计要求

（1）绝缘接头的设计与制造应遵循本技术规格书、SY/T 0516 及相关标准规范的要求。

（2）绝缘接头应能长期满足工况要求，绝缘接头材料的选取应能适应现场环境气候条件，设计寿命不低于 30 年。

（3）在极限的工作条件下，应密封可靠，电绝缘性能良好。

（4）绝缘接头应为焊接端整体结构。结构主体可为整体锻制或锻制本体与短节（钢板卷制或钢管）焊接连接结构。

（5）压力密封应采用 O 形或其他适宜形式的自紧密封圈，且密封圈应模压成型。密封圈应具有良好的残余弹性以保证接头的可靠密封。

（6）绝缘接头须采用将绝缘和密封材料固定于整体结构内的型式。接头内部的所有空腔应充填绝缘密封物质。环形空间的外侧应采用合适的绝缘密封材料密封，以阻止土壤内潮气渗入接头内部。

（7）绝缘接头的内径应与所接管道的内径一致，且不得影响清管器的通过。

（8）供货商应保证绝缘接头与管线焊接良好的可焊性，并保证与管线焊接时所产生的热量不会影响接头的密封性和电绝缘性。

（二）材料要求

1. 一般规定

（1）制造绝缘接头的所有金属材料（锻件、板材或管材）除满足相应材料标准的有关规定外，选取的材料还应能够适应现场环境气候条件及所处的工况操作条件。

（2）不允许使用低价劣质材料，材料来源应在制造前经业主审批，未得到书面认可不得使用。

2. 补充规定

（1）绝缘接头金属材料用钢应选用电炉、氧气转炉冶炼的镇静钢。

（2）锻件的标准屈服强度应与所连管线材料标准屈服强度一致或相近。短节（与锻件焊接的短节）的屈服强度应与所连管线的屈服强度一致，短节的长度宜取为外接管道的外径，但不应<300mm。

（3）钢制锻件应符合 NB/T 47008 或 NB/T 47009 中Ⅲ级锻件的各项检验要求及其他技术要求。

（4）短节与管道的连接端应保证材质强度适配性，并应确保短节厚度满足强度要求。

（5）当使用 NB/T 47008 或 NB/T 47009 标准规定以外的材料时，钢材的化学成分应满足以下要求：$C\leqslant0.16\%$，$P\leqslant0.02\%$，$S\leqslant0.015\%$。

钢中碳含量≤0.12%时，锻件应满足 $CE_{pcm}\leqslant0.24$，钢板或管材的 $CE_{pcm}\leqslant0.21$，其中碳当量 CE_{pcm} 应使用公式（3-4）确定：

$$CE_{pcm}=C+\frac{Si}{30}+\frac{Mn+Cu+Cr}{20}+\frac{Ni}{60}+\frac{Mo}{15}+\frac{V}{10}+5B \tag{3-4}$$

钢中碳含量大于0.12%时，碳当量 $CE_{Ⅱw}$ 应满足 $CE_{Ⅱw}\leqslant0.43$，且碳当量 $CE_{Ⅱw}$ 应用公式（3-5）确定：

$$CE_{Ⅱw}=C+\frac{Mn}{6}+\frac{Cr+Mo+V}{5}+\frac{Cu+Ni}{15} \tag{3-5}$$

（6）冲击试验（夏比V形缺口）。

受压元件应做夏比冲击试验。

冲击试验温度：按最低操作温度不同分别取试验温度为-20℃、-45℃。

夏比冲击试验冲击功要求按表3-29执行。

表3-29 夏比冲击韧性要求

试验温度/℃	抗拉强度/MPa	试样尺寸/mm	三个试样的冲击功平均值 A_{kV}/J
-20、-45	$630<R_m\leqslant760$	10×10×55	48
	$570<R_m\leqslant630$		42
	$510<R_m\leqslant570$		38
	$450<R_m\leqslant510$		34
	$R_m\leqslant450$		31

注：① 三个试样的冲击功平均值不得低于表中的规定；允许其中一个试样的冲击功值可小于平均值，但不得小于平均值的80%。

② 若无法制备标准试样时，则应当依次制备宽度7.5mm和5mm的小尺寸冲击试样，要求的冲击功指标分别为标准试样冲击功指标的75%和50%。

③ R_m 为钢材标准抗拉强度下限值。

（7）接管为X70M及以上的绝缘接头所用钢材的硬度值应≤265HV10；接管为X65M的绝缘接头所用钢材的硬度值应≤250HV10；接管为X52M、B和A333 Gr.6的绝缘接头所用钢材的硬度值应≤240HV10。

3. 绝缘环材料要求

绝缘环应采用具有高抗压强度（≥350MPa）、高抗渗透能力、低吸水性、高电绝缘强度、抗老化和良好的机加工特性的材料制造。

4. 密封元件材料要求

密封元件应根据工作压力、工作温度、密封介质选用合适的材料。宜采用低吸水性、高抗压强度的聚合材料(例如氟橡胶)制作，材料的性能应符合相应材料标准的规定。

5. 绝缘接头材料要求

绝缘接头的绝缘填料应为低黏度、热固树脂，并具有一定的抗压强度和电绝缘性能。

6. 兼容性要求

在绝缘接头制造前，应使用样品验证密封材料与绝缘材料的兼容性。

(三) 制造要求

1. 一般规定

(1) 在制造开始前，供货商应向业主提供尺寸完整的设计总图，主要材质的性能，锻件及短节材料的化学成分及供货检验项目，制造工艺，质量保证措施等技术文件，提交份数按合同要求。待业主书面审查同意后，方可开工制造。

(2) 在最后组装中所使用的工艺，应将绝缘接头的内部组件(绝缘环、密封元件、绝缘密封填充物)紧固在规定的位置上，且保证可靠密封不会泄漏。

(3) 焊接应按经批准的焊接工艺指导书进行。焊接工作必须由通过考试取得资格的焊工完成。

2. 绝缘接头端部

端部坡口应遵循 ASME B31.8 中对接接头的有关规定，且与相焊管线相匹配。

3. 焊接工艺评定

对于不带焊接短节的整体锻造绝缘接头，签订合同后，批量生产前，供货商应提供长度不小于 200mm 的锻造圆环供焊接工艺评定使用，并在响应文件中明确提供时间。圆环与绝缘接头材质相同，锻造工艺相同，热处理条件相同。

4. 焊接接头冲击性能

焊接接头冲击试验温度按本技术规格书前文所述的冲击试验要求，取两组试样，每组 3 件，第 1 组试样缺口开在焊缝金属上，第 2 组试样缺口开在焊缝热影响区上。焊接接头夏比冲击韧性要求按本技术规格书前文所述的要求执行。

5. 表面处理及涂敷

绝缘接头内外表面均应进行喷射除锈处理，达到 GB/T 8923.1 中 Sa2½的等级，并涂刷非导电的无溶剂液体环氧涂料(距焊接端 100mm 范围内不涂漆，但应进行不影响焊接质量的防锈处理)，内涂层干膜厚度不小于 300μm，外涂层干膜厚度不小于 1200μm。接头外部防护采用适当的防腐层，防腐性能应不低于管道防腐层。

所用涂料的储藏、混合、稀释、操作、涂刷和凝固要求应按照涂料供货商的技术指导书进行。

七、检验与试验

(一) 业主检查

业主或业主代表有权检查供货商根据本技术规格书和绝缘接头数据表要求所做的任一或所有工作，并可以自由出入(在正常工作时间内)供货商正在进行相关工作的任何场所。

货商应在合同签约后14d内将生产计划通知业主，任何试验开始前至少14d通知业主，以便业主有时间安排业主代表亲自验证这些试验。

业主代表的检查不能减轻供货商应负的任何责任。

（二）材料复验

供货商应向业主提供所有部件材料的质量证明书或质检报告。

（三）焊缝检测

（1）所有对接接头应进行100%射线检测及100%超声波检测。不能进行射线和超声检测的焊缝，应进行表面检测，采用磁粉、渗透或其他可靠的方法进行，确认无裂纹或其他危害性的缺陷存在。

（2）所有无损检测均应符合NB/T 47013.1～47013.6的要求。射线检测按照NB/T 47013.2的相关要求进行，技术等级不低于AB级，合格级别不低于Ⅱ级；超声波检测按照NB/T 470.3的相关要求进行，技术等级不低于B级，合格级别不低于Ⅰ级；表面磁粉检测按NB/T 4730.4的规定执行，Ⅰ级合格。

（3）无损检测的操作和分析应由具有资格的技术人员担任。

（4）焊缝及热影响区的强度、表面硬度和韧性指标，应不低于对锻件和短节母材的要求。

（5）管端坡口面应经磁粉、着色或超声检测，确认无裂纹和分层存在。

（四）试验

要求的试验均需提供相应的试验报告。

1. 压力试验

每个绝缘接头应在完成制造7d后进行水压试验。试验压力为1.5倍设计压力。水压试验应使用洁净水。水压试验的持续时间（稳定后）不应少于30min。水压试验中法兰连接处无泄漏、各绝缘零件无损坏、法兰和各紧固件绝缘零件无目视可见的残余变形为合格。

2. 水压加弯矩试验

应对同种规格产品的5%，且不少于1个，进行水压加弯矩试验。在保持试验压力的同时，使用加载设备对绝缘接头施加弯矩，该弯矩值的大小应能在承受相同弯矩的相焊管线管段内，产生不小于72%管材屈服强度的纵向应力。

如果发现任何破坏、泄漏或缺陷，则另需抽查5%（且不少于1个）同类产品。若仍有不合格产品，则所有该规格绝缘接头应全部进行水压加弯矩试验。

3. 水压压力循环（疲劳）试验

应对同种规格产品的5%，但不少于1个，进行水压压力循环（疲劳）试验。在内压作用下，连续施加40个疲劳周期。每个周期，内压从1MPa到强度试验压力的85%，再到1MPa。结束以上疲劳测试后，维持最高试验压力最少30min。温度需恒定。如果发现任何泄漏或破坏，则另须抽查5%（但不少于1个）同类产品。若仍有不合格产品，则所有该规格绝缘接头应全部进行水压压力循环（疲劳）试验。

4. 气密性试验

上述水压试验合格后，所有的绝缘接头应采用空气进行气密性试验，试验压力为1倍的设计压力，通过肥皂泡或其他合适的方法检查，无泄漏为合格。

5. 绝缘电阻测试

水压试验合格后，拆除封堵盲板(如几个绝缘接头焊在一起时，则应分开)，彻底排水，用热空气将接头内外部吹干，然后对每个绝缘接头进行电绝缘测试。

绝缘接头垂直放置，用合适量程的兆欧表进行测量。1000V 直流电压下，绝缘接头的电阻值须大于 10MΩ。

绝缘接头的电阻值若达不到规定值，则将其与测试设备分开，用热空气再次吹干，再次测量电阻值。如仍达不到规定值，则认为该绝缘接头不合格。

6. 电绝缘强度试验

每个绝缘接头垂直放置，加频率 50~60Hz 的正弦波交流电 2.5kV，电压从初始值不大于 1.2kV 逐步上升，30s 内达到 2.5kV，保持 60s。

在整个绝缘接头测试过程中无绝缘损坏和表面电弧，则认为合格。

7. 涂层缺陷检测

内涂层在至少 1.5kV 电压下，外涂层在至少 8kV 电压下，用漏电检测器对每个绝缘接头内外涂层进行缺陷检查，发现外涂层和内涂层上的缺陷后，应予以修补，对缺陷处进行清理、打磨、涂覆后，应重新测试，直至合格。埋地使用的绝缘接头，外部包覆热收缩套后，应使用 15kV 的电火花检漏。

8. 涂层干膜厚度测量

应采用适宜的无损测厚方法对每一个绝缘接头进行涂层干膜厚度测量。用于测量局部厚度的每个基准表面面积应不小于 $1cm^2$，基准表面的个数应使基准表面的总面积不小于有效表面面积的 5%，基准表面的位置应均匀分布在整个有效表面上，在选择的基准面内做 5 点测量。单点干膜厚度应大于设计厚度的 90%，基准表面内的平均厚度应大于设计要求的干膜厚度，且能通过漏电检测器的检测。

9. 黏附力测试

应对产品的 10%但不少于 1 个，进行内外涂层黏附力测试，测试按 ISO2409 或业主能接受的其他标准规定进行。涂层黏附力不够时，需将原来的内外涂层用喷射方法清除，然后重新涂敷，重新测试。

(五) 外观和尺寸检查

所有绝缘接头的外观应平整美观，焊接接头光滑平整，端部坡口内侧以及锻件本体内侧应与所接管线内侧齐平。

八、铭牌

每一个绝缘接头应使用业主认可的方法进行标识。铭牌上的文字应在现场条件下长期保持清晰可读，并应使用不锈钢螺钉固定。铭牌上文字为中文，单位制为 SI 制。

绝缘接头的铭牌上应包含下列信息：

(1) 产品名称。

(2) 供货商名称。

(3) 公称尺寸。

(4) 设计压力。

(5) 试验压力，单位为MPa。

(6) 绝缘接头焊接端材质和壁厚。

(7) 绝缘电阻值，单位为MΩ。

(8) 安装位置。

(9) 设备位号(安装地点及站场代号+设备编号)。

(10) 总长度、总质量。

(11) 出厂日期。

九、包装与运输

(一) 前提条件

(1) 全部产品应检查和试验合格。

(2) 本规格书规定的技术文件齐备。

(二) 要求

(1) 供货商应对所提供的绝缘接头进行仔细包装，确保接头在运输和现场储存过程中不受污染、腐蚀和机械损伤。对焊接头端部坡口处应用硬橡胶环保护。

(2) 包装运输应符合JB/T 4711及相关标准、规范的要求，适宜海运、铁路及公路运输。

(3) 包装应考虑吊装、运输过程中绝缘接头不承受导致其变形的外力，且应避免海水和大气及其他外部介质的腐蚀。

(4) 供货商需明确不同口径绝缘接头的包装方法，是否独立包装，并明确现场安装时的吊装位置及吊装方法。

十、备件及专用工具

(1) 投产与运行时所需备件应由供货商推荐并由供货商提供，并在投标书中列出。质保期内备品备件应免费提供。每个绝缘接头规格至少提供1套备用密封件。

(2) 由供货商推荐并经业主认同的运行期为2年的备件应单独列表，并单独报价。

(3) 维护时所需的专用工具应由绝缘接头供货商提供并在其标书中列出，并提供操作维护规程。

十一、文件要求

(一) 语言

对于国外订货的绝缘接头，所有文件、图纸、计算书、技术资料等都应使用中英文对照，对于国内定货的绝缘接头使用中文。供货商对翻译的准确度负有完全责任。

(二) 单位

供货商提供的所有文件和图纸，包括计算公式的单位制应是SI单位。

(三) 文件要求

(1) 供货商应提供表3-30规定的文件。

表 3-30　文件清单

序　号	文件描述	与标书一起提交的份数		先期确认文件		最终确认文件		竣工文件	
		份数	时间	份数	时间	份数	时间	份数	时间
1	售后服务保证	3P	随报价						
2	供货商质量体系、HSE 体系证书	3P	随报价						
3	供货商设计、制造资质证书	3P	随报价						
4	供货商业绩清单	3P	随报价						
5	供货商业绩证明	3P	随报价						
6	分包商资格的详细资料	3P	随报价						
7	安装、调试备品清单(附带价格)	3P	随报价					3P+1E	2(5)
8	两年运行的备件清单(附带价格)	3P	随报价					3P+1E	2(5)
9	特殊工具清单	3P	随报价					3P+1E	2(5)
10	尺寸完整的装配图			3P	4(3)	3P	2(4)	6P+1E	2(5)
11	产品合格证书							6P+1E	2(5)
12	完整的制作工艺资料(包括焊接工艺评定等资料)							6P+1E	2(5)
13	各部件材质证明书							6P+1E	2(5)
14	压力试验报告							6P+1E	2(5)
15	无损检测报告							6P+1E	2(5)
16	其他检查、试验报告							6P+1E	2(5)
17	安装和维修说明书							6P+1E	2(5)
18	包装清单							6P+1E	2(5)

注：① 符号 P 为复印件(或蓝图)，符号 E 为电子文件。
② 符号(3)左侧的数字为合同生效后的周数。
③ 符号(4)左侧的数字为供货商收到业主返回带审查意见的文件(在加盖的审查专用章中的“批准”或“修改后批准”栏前的方框内标有“√”)后的周数。
④ 符号(5)左侧的数字为绝缘接头发运后的周数。
⑤ 提供文件的数量、形式和时间以最终签订的合同要求为准。

(2) 图纸和文件审批后，在绝缘接头制造过程中如果发生变更，供货商必须以书面形式通知业主，在得到业主的书面确认后方可实施，同时应把变更后的图纸和文件提交给业主。

(3) 供货商提供的资料应全面、清晰和完整，并对资料的可靠性负全责。

十二、服务与保证

(一) 服务

供货商应提供的服务包括：

(1) 现场安装指导、调试及投产运行。

（2）现场操作人员的技术培训。

（3）使用后的维修指导等。

当业主通知供货商需要提供服务时，供货商应在 24h 内作出响应，在 48h 内到达现场。供货商应派有经验的工程师到现场指导工作，提供技术支持。

（二）保证

（1）供货商应对其供货范围内的所有事项进行担保，确保设计、材料和制造无缺陷，完全满足本技术规格书和订单的要求。并应保证绝缘接头自到货之日起的 18 个月或该绝缘接头现场安装之日起的 12 个月内（以先到者为准）符合规定的性能要求。绝缘接头因质量不良而发生损坏和不能正常工作时，供货商应该免费更换或修理，如因此造成人身伤害和财产损失的，供货商应对其予以赔偿。若在保证期内有任何缺陷，供货商应提供必要的更换和维修，并赔偿相关费用。

（2）供货商购自第三方的产品应由业主批准。

（3）如果整套绝缘接头的全部或部分不满足担保要求，供货商应立即对绝缘接头中的缺陷进行修改、补救、改进或更换绝缘接头，直到绝缘接头满足规定的条件为止。

第十二节　多联机空调

一、概述

本技术规格书规定了用于文 23 地下储气库工程的多联机空调材料、检验和试验的最低要求。

二、相关资料

（一）标准和规范

下列引用规范均为现行规范，下列文件中的条款通过本技术规格书的引用而成为本技术规格书的条款。本技术规格书达成协议后建议使用这些文件的最新版本。

《制冷和供热用机械制冷系统安全要求》（GB/T 9237—2001）；

《房间空气调节器》（GB/T 7725—2004）；

《机械电气安全　机械电气设备　第 1 部分：通用技术条件》（GB/T 5226.1—2008）；

《制冷剂编号方法和安全性分类》（GB/T 7778—2008）；

《标牌》（GB/T 13306—2011）；

《机电产品包装通用技术条件》（GB/T 13384—2008）；

《制冷装置用压力容器》（JB/T 4750—2010）；

《制冷和空调设备噪声的测定》（JB/T 4330—1999）；

《多联式空调（热泵）机组》（GB/T 18837—2015）；

《多联式空调（热泵）机组能效限定值及能源效率等级》（GB 21454—2008）；

《空调与制冷设备用无缝铜管》（GB/T 17791—2007）；

《机械产品环境技术要求　湿热环境》(GB 14093.1—2009)；

《电气装置安装工程　接地装置施工及验收规范》(GB 50169—2016)。

机组设计、加工制造标准等同于或高于国家最高标准(产品获国际权威部门认证优先)。

(二) 优先顺序

若本技术规格书与有关的其他规格书、数据表、图纸以及上述规范和标准出现相互矛盾时，应按最为严格的执行。

供货商若有与以上文件不一致的地方，应在其投标书中予以说明，若没有说明，则被认为完全符合上述文件的所有要求。即使供货商符合本规格书的所有条款，也并不等于解除供货商对所提供的设备及附件应当承担的全部责任，所提供的设备及附件应当具有正确的设计，并且满足规定的设计和使用条件及当地有关的健康和安全法规。

对于不能妥善解决的问题，供货商有责任以书面形式通知业主。

三、供货商要求

(1) 多联机空调制造商须提供 ISO9000 质量体系认证证书、ISO14001 环保体系认证证书，证书必须在有效期内；投标人为经销商的，需取得多联机空调制造商的唯一授权书，否则视为不满足招标要求。

(2) 多联机空调制造商应具有至少 10 年以上多联机空调设备的设计制造经验。

(3) 供货商应提交空调器的实际应用业绩。供货商所提供的设备首先是制造厂的标准产品，并且应提供至少有 5 台(套)以上的类似规格产品在本技术规格书中所提供的环境条件下成功运行 2 年以上的合同或业绩证明，并证明其所提供的产品能够长期地和安全地运行。业主不接受未经使用的新试制产品。

(4) 供货商应能提供良好的售后服务和技术支持，并具备提供长期技术支持的能力。

(5) 除非经业主批准，多联机空调应完全依照本规格书、数据表及其他相关文件的要求。规格书中的任何遗漏都不能作为解脱供货商责任的依据，所有改动应提交给业主批准。

(6) 多联机空调须具有全国工业产品生产许可证、入选中国节能产品政府采购清单、3C 认证(有效期内)。

四、工作范围

(一) 概述

(1) 供货商应对多联机空调的设计、材料采购、制造、零部件的组装、检验与试验、图纸、资料的提供以及与各个分包商间的联络、协同负有全部责任。供货商还应对设备的性能、安装、调试、培训等负责。

(2) 多联机空调室外机组安放在综合楼室外地坪上，供货商需根据经验核实冷媒管及相关配套安装材料，并对空调的完整性和功能性负责。

(二) 供货范围

投标方应按照技术规格书的要求提供多联机空调，并满足(但不限于)本规格书技术部分的全部要求。每台多联机空调的供货范围应包括但不限于以下部分：

（1）室内机及室外机，数量及性能要求见数据表（DDS-0111暖01）。

（2）装置运行所必需的所有配件及辅助设备，包括冷媒管、冷凝水管、保温、风口及控制器（多联机室内机均配有线控制器）和冷媒等。

（3）装置必备的备品备件、专用工具和仪器。

（4）随设备附带检测报告、合格证、使用说明书、安装图及维修手册等。

（三）交接界限

（1）设备及管路室。内机、室外机、连接管路、室外机支架。

（2）电源与控制线路。供货商应提供室内机随机遥控器（线控器）等，确保设备能够安全运行并方便操作。

（3）安装及调试。供货商应负责多联机空调的安装就位并调试正常。

五、通用条件

（一）工作场所

多联机空调室内机安装在室内，环境温度为18~28℃，空调室外机安装在室外，该区域夏季空调室外计算温度为34.7℃，冬季空调室外计算温度为-7℃。

（二）气象条件

濮阳市位于中纬地带，常年受东南季风环流的控制和影响，属暖温带半湿润大陆性季风气候。特点是四季分明，春季干旱多风沙，夏季炎热雨量大，秋季晴和日照长，冬季干旱少雨雪。光辐射值高，能充分满足农作物一年两熟的需要。年平均气温为13.3℃，年极端最高气温达43.1℃，年极端最低气温为-21℃。无霜期一般为205d。年平均日照时数为2454.5h，平均日照百分率为58%。年太阳辐射量为118.3kcal/cm^2，年有效辐射量为57.93kcal/cm^2。年平均风速为2.7m/s，常年主导风向是南风、北风。夏季多南风，冬季多北风，春秋两季风向风速多变。年平均降水量为502.3~601.3mm。

六、多联机空调系统技术要求

（一）系统一般要求

（1）额定制冷量在室内温度27℃（干球）/19℃（湿球），室外温度35℃（干球）/24℃（湿球）工况下测得。

（2）额定制热量在室内温度20℃（干球）/15℃（湿球），室外温度7℃（干球）/6℃（湿球）工况下测得。

（3）多联机空调系统的平均无故障时间≥40000h。

（4）空调系统应具备故障自诊断功能。

（5）实现以上功能的操作界面应为中文。

（6）空调系统应具备智能化霜功能，除霜方式请投标自报，并详细描述。

（7）空调压缩机，室外机主电脑板等核心部件应该为原品牌件（知名品牌）。

（8）空调设备应具备安全可靠的避雷性能。

（9）多联机空调系统的 IPLV 值≥4.5，满足《多联式空调（热泵）机组能效限定值及能源效率等级》的一级要求。

（10）电源技术性能。

① 空调机组的电气性能应符合 IEC 标准，室外机为交流三相+PE+N，380V（上下浮动10%），频率为 50Hz±2Hz。室内机为 220V±10%，频率为 50Hz±2Hz。

② 交流电源停电和恢复时，应有报警功能，电源恢复后能自动或人工启动。

③ 控制电路应对交流电源和设备用电的过流、过压、欠压、缺相、过热、短路等有可靠的保护装置。

（二）多联机空调-室外机要求

（1）多联机空调压缩机形式应为高压腔直流变频涡旋压缩机，变频范围能够在10%~100%之间无极变频调节，变频压缩机品牌应为国内或国际知名品牌：如 Copeland 或大金、三洋、日立等，平衡精确回油、均油控制技术、冷媒平衡控制技术，并提供样册说明。

（2）单台机组制冷量允许正偏离≤5%，不能负偏离。

（3）单台机组制热量允许正偏离≤5%，不能负偏离。

（4）投标人应说明每种室外机的重量、基础尺寸及安装后的尺寸。室外机所占据的位置和面积，必须符合招标人提供的室外机安装场地的要求。

（5）制冷运转范围为-5~48℃（DB）；制热运转范围为-23~15℃（WB）。

（6）空调系统应配置吊耳及吊环，以便设备的吊装及组装。

（7）噪声要求：在国家标准工况及测定条件下，单台室外机最高风速噪声不大于 63dB。

（8）投标人在投标文件中，应提供机组使用的冷媒的牌号（R410a）、性能和灌装量，机组使用的冷却油、润滑油牌号、性能和灌装量。

（9）请投标人提供额定工况条件下，所有室外机满负荷的单机耗电量、总耗电量；室外机组应符合濮阳地区气象条件，室外机应具有良好的刚性和防腐性能（铜翅片或防腐铝翅片），并能适应多种环境条件；室外机风机电机、压力控制器等应有良好的防水性能；室外机出厂时应保压，管路端口应有防止异物进入的措施。

（10）投标人应在投标文件中提供室外机技术性能表，格式如表 3-31 所示。

表 3-31　室外机技术性能表

型　号	单　位	数　据	备　注
品牌			
制造商全称			
制造地点			
电源			
空调系统的季节性性能系数	kW/kW		
额定制冷能力	kW		
输入功率	kW		

续表

型号		单位	数据	备注
输入电流		A		
满负荷制热性能系数		kW/kW		
制冷温度范围	室内温度	℃		
	室外温度	℃		
额定制热能力		kW		
	输入功率			
	输入电流			
满负荷制热性能系数		kW/kW		
冬季室外干球温度6℃工况下，22hp室外机、50m管长制热衰减率		%		
制热温度范围	室内温度	℃		
	室外温度	℃		
可连接的室内机	总能力			
	机型/数量			
噪声(测噪声的环境)		dB		
冷媒管径	液管			
	气管			
	外壳			
尺寸(高×宽×深)		mm		
净重		kg		
	热交换器			
压缩机	形式			
	生产厂家			
	启动方式			
	电机输出功率	kW		
	壳体加热器	kW		
	压缩机油			
	压缩机容量控制方式(级数)			
	容量调节范围	%		
风机	气流速率	m^3/min		
	机外静压	Pa		
	类型×数量			
	控制，驱动机构			
	电机输出功率	kW		
	散热风机控制级数			

续表

型　号		单　位	数　据	备　注
保护装置	高压保护			
	变频回路(压缩机/风机)			
	压缩机			
	风机电机			
除霜方式				
冷媒	类型×原始充填量			
	控制			
图纸	外形尺寸图			
	电气配线图			
	冷媒回路图			
标准附件	资料			
	附件			

(11) 自动控制。

① 多联机空调应具有下述功能：能够根据室内冷(热)负荷变化，自动调节室外机组的冷(热)负荷，实现节能控制。

② 多联机空调的控制器应能手动和自动控制：多联机空调的开、关、风速、湿度及室温的自动控制等。

③ 电流互感器压缩机内部无需位置传感器，以电流互感器计算压缩机转子位置。

④ 具有应用过冷器的空调系统及其制冷剂流量的控制方法、模块化多联机组及其冷冻机油均衡控制方法。

(12) 保护和安全控制。

① 压缩机保护系统所有机组应安装安全保护装置，令压缩机正常工作。

② 高压开关和低压开关。当排气压力高于设定值，吸气压力低于设定值时，此开关能令压缩机停止运作。

③ 三相快速反应过电流继电器。当通过压缩机的电流高出其设定值，此过电流继电器能快速停止压缩机运作。

④ 压缩机电机温感器。应置于压缩机绕线组内。当压缩机温度高出正常值时压缩机停止运作。

⑤ 安全阀。设置在冷凝器上，当排气压力高于设定值，安全阀开启以防止压缩机不正常压力的状况。

⑥ 防冻结温感器。当蒸发器之水温低于设定值，安装在蒸发器出口位置的防冻结温感器就会停止压缩机运作。

(三) 多联机空调-室内机要求

(1) 单台机组制冷量允许正偏离≤3%，不能负偏离。

(2) 单台机组制热量允许正偏离≤3%，不能负偏离。

（3）所有室内机的风量可分挡调节。

（4）所有室内机须配置长效过滤网，并具备过滤网清洗提示功能。

（5）所有室内机必须具备冷凝水提升功能，冷凝水提升泵扬程不得小于600mm。

（6）投标人须说明吊装在装修吊顶内的室内机安装后占据空间的高度尺寸。

（7）室内机的形式以设备清单及图纸要求的形式为准。

（8）室内机控制器具有以下功能：

① 控制器为有线控制，固定在墙上，并能通过液晶显示器显示所有运行数据和机器工作情况。

② 具备温度、除湿控制、制冷制热模式的设定，以及风量调节功能，并能进行3d以内的开关机设定。

③ 持续检测系统，备有故障自我诊断功能，故障发生时能在液晶显示器上显示故障信息信号。

（9）噪声要求：在国家标准工况及测定条件下，单台室内机最高风速噪声不大于40dB。

（10）制冷剂：R410a。空调系统的调试应在完成制冷剂注入工作之后进行，质保期内在正常使用情况下，如需要补充或更换制冷剂，买方不再支付任何费用。

（11）投标人应在投标文件中提供室内机技术性能表，格式如表3-32所示。

表3-32 室内机技术性能表

型号		单位	数据	备注
品牌				
制造商全称				
制造地点				
电源				
额定制冷能力		kW		
输入功率		kW		
输入电流		A		
额定制热能力		kW		
	输入功率			
	输入电流			
冷媒管径	液管			
	气管			
外壳				
尺寸（高×宽×深）		mm		
噪声（测噪声的环境）		dB		
净重		kg		
热交换器				
风机	气流速率	m^3/min		
	机外静压	Pa		

续表

型　号		单　位	数　据	备　注
风机	类型×数量			
	控制，驱动机构			
	电机输出功率	kW		
	散热风机控制级数			
噪声(低-高) (测噪声的环境)		dB		
隔热材料				
空气过滤网				
保护装置				
冷媒控制装置				
可连接的室外机				
图纸	外形尺寸图			
	电气配线图			
	冷媒回路图			
标准附件	资料			
	附件			

(四) 多联机空调安装、附件要求

1. 室内机

(1) 要保证室内机周围有足够的安装和维修空间并应符合室内机包装盒内所附安装说明书的要求。

(2) 水平安装时，应保证水平度在±1°以内。

2. 室外机

(1) 当上方空间高度<3m 时，应加装阻力<6mmH_2O 的排气管。

(2) 当室外机安装在不同的楼层时，应有防止气流短路的措施。

(3) 安装后应预留足够的维修保养空间，且应注意防尘、防杂物。

3. 冷媒管安装

(1) 冷媒管安装时必须保证其干燥、清洁、密封。

(2) 安装顺序应为：安装室内机-决定冷媒管尺寸-临时安装管道-氮气置换-钎焊-吹净-气密试验-真空干燥。

(3) 保存中的铜管必须用端盖或胶带封口；必须用木支架等使铜管高于地面，以防水、防尘。

(4) 穿保温套、穿墙时必须封口，并用塑料包裹好。

(5) 在冷媒管线安装施工过程中，应当现场记录液体管的实际长度，以便追加充填冷媒。

(6) 分支接头可以垂直安装或水平安装(可倾斜±30°)，短管只能水平安装。

（7）接头和端管的出口、入口侧均要求500mm以上的直管，并要求用吊钩等固定。

（8）铜管焊接时必须进行氮气置换。

（9）冷媒管安装后应去除钎焊时的氧化膜、灰分和水分，并将管口封好。

4. 凝结水管

（1）支管坡度应≥1/100，并应就近排放。

（2）应与其他水管分开设置，以防排水不畅堵塞室内机。

（3）应与污水管分开设置，以防止异味进入室内。

5. 保温

（1）气管和液管必须分开保温，再用胶布缠到一起。

（2）室内、室外机接口处和冷媒管焊接处要在气密试验后再进行保温。

（3）配管连接和穿墙部分必须进行保温；分支组件处的保温不能留有缝隙，应使用专用的配套保温套，不得用其他代替。

6. 安装位置

（1）多联机空调应根据用户的环境状况放置在：

① 避开易燃气体发生泄漏的地方。

② 避开人工强电、磁场直接作用的地方。

③ 尽量避开易产生噪声、振动的地点。

④ 尽量避开自然条件恶劣（如油烟重、风沙大、阳光直射或有高温热源）的地方。

⑤ 儿童不易触及的地方。

⑥ 尽量缩短室内机和室外机连接的长度。

⑦ 维护、检修方便和通风合理的地方。

（2）室内机组的安装应充分考虑室内空调位置和布局，使气流组织合理、通畅；室外机组的安装应考虑环保和整个厂区布局美观等要求。

（3）多联机空调的配管和配线应连接正确、牢固、走向与弯曲度合理。机组的安装高度差、连接管长度、制冷剂补充等应符合产品说明书的要求。

（4）安装面。

多联机空调的安装面应坚固结实具有足够的承载能力。安装面为建筑物的墙壁或屋顶时，必须是实心砖、混凝土或与其强度等效的安装面，其结构、材质应符合建筑规范的有关要求。

建筑物预留有机组安装面时，必须采用足够强度的钢筋混凝土结构件，其承重能力不应低于实际所承载的重量。并应充分考虑多联机空调安装后的通风、噪声及市容等要求。

安装面为木质、空心砖、金属、非金属等结构或安装表面装饰层过厚其强度明显不足时应采取相应的加固、支撑和减震措施，以防影响多联机空调的正常运行或导致安全危险。

（5）电气安全。

多联机空调的室外机安装位置应远离强烈电磁干扰源，室内机的安装应尽可能地避开电视机、音响等电气器具以防电磁干扰。

在湿热环境雷霆较频繁地区、位置较高或空旷场地的独立建筑物上安装多联机空调时，若周围又无防雷设施，则应在必要时考虑防雷措施。

多联机空调的电气连接一般应用专用分支电路，其容量应大于多联机空调最大电流值的1.5倍，其接户电线进户电线的线径(或横截面积)应按用户使用电量的最大值选取。

电源线路应安装漏电保护器或空气开关等保护装置，多联机空调与房间内电气布线应可靠地连接，不得随意更改电源线及其末端。

多联机空调的室内、室外电气连接线应不受拉伸和扭曲应力的影响，不应随意改变接线长度。如果必须加长或改变，应采用符合要求的导线。

(6) 机械强度。

承重。多联机空调的安装架的承载能力应不低于多联机空调机组自重的4倍。多联机空调室外机组不应在材质较松的安装面上(如旧式房屋砖墙、空心砖墙等)进行挂壁式安装；因安装条件所限须采用挂壁安装时，应充分考虑安装面的材质强度和承载耐受力及同一安装面安装空调的数量等因素，必要时采取加固或防护措施，以确保多联机空调的安全运行和人身安全。

防松。多联机空调安装时，其安装面与安装架、安装架与机组之间的连接应牢固、稳定、可靠，确保安装后的多联机空调不会滑脱、翻倒或跌落。

防锈。钢制安装架和钢制紧固件应进行防锈处理，经过防锈处理后的安装件应符合GB/T 7725的相关要求。

(7) 安装寿命。

多联机空调的安装寿命应不低于产品的使用年限。多联机空调安装后1年内，不应由于安装不良影响多联机空调的正常运行及使用性能；安装后3年内，不应由于安装不良影响多联机空调的安全运行和发生重大安全事故。多联机空调安装使用后，用户根据使用情况经常进行检查和进行必要的维护并定期向有关部门报检，以确保多联机空调正常、安全、可靠地运行。

(五) 安装附件

(1) 电子控制器。室内机的电子控制器应符合相应的国家标准、行业标准和产品说明书的要求。

(2) 说明书。多联机空调的产品说明书应符合安装、使用要求。

七、检验、试验和证书

(一) 一般要求

多联机空调的检测和试验除要遵循本技术规格书及相关标准规范。

(1) 设备出厂前，供应商应根据国家、行业有关标准进行检验。

(2) 业主根据有关标准及合同进行检验。

(3) 有关质检、环保、安全等机构依据国家法律、法规进行检验。

(二) 检验项目和试验内容

(1) 多联机空调安装前，应逐箱逐件进行全面的数量清点与外观质量检查。不合格的设备和零件不允许投入安装。

（2）多联机空调安装完毕后，应按要求检查安装工作，特别要注意：

① 管线连接、走向应合理。

② 电气配管应安全、正确。

③ 机械连接应牢固、可靠。

④ 使用功能应良好实现。

（3）多联机空调应按照相关规范和使用说明书的要求进行试运行，试运行时间不应少于8h。

（4）多联机空调运行稳定后应按产品说明书的功能检查是否实现良好使用功能，必要时可检测多联机空调送、回风温度和运行电流及制冷系统压缩机是否运行正常。

（5）多联机空调安装完毕后，安装人员应：

① 认真填写安装凭证单，经用户确认并由用户和安装人员签字备案。

② 向用户介绍和讲解多联机空调的使用、维护、保养的必要知识，并向用户说明用户所具有的权利和责任。

（三）检验方法

1. 强度试验

（1）承载安装件在定型、批量生产前应进行承重试验。

（2）将安装件固定在模拟的安装面上，按多联机空调的正常使用状态用紧固件或等效方法将其固定在安装架上，并按最不利受力位置和方向加载，承载安装架不应滑移、松动和弯折。

2. 防锈试验

（1）多联机空调的安装架、紧固件及可能对安全、环保等产生不利影响的护栏、挡板等金属制件，按GB/T 7725进行表面涂层湿热试验和涂漆件漆膜附着力的试验。取样大小可根据标准要求或实际情况按比例选取试样。

（2）电镀件按GB/T 7725中6.3.19的要求进行试验。

3. 电气安全检验

（1）绝缘电阻。多联机空调室内、室外机组固定并进行管线连接后，应按GB 4706.32第16章进行绝缘电阻的测量。

（2）接地检查。安装人员通过视检和使用有效或专用接地测量装置（接地电阻仪等），对安装固定好的多联机空调和用户电源的接地进行检查，并对其接地可靠性进行判定。

（3）漏电检查。多联机空调安装后进行试运行，安装人员可用试电笔或用万用表等仪表对其外壳可能漏电部位进行检查，若有漏电现象应立即停机并进一步进行检查和判断故障原因，确属安装问题应解决后再次进行试运行，直至多联机空调安全、正常运行。

（4）制冷剂泄漏检测。根据多联机空调的泄漏可疑点，如：分体机内、外机组连接的四个接口和二通、三通阀的阀芯等处，可用下述方法进行现场检查：

① 泡沫法：将肥皂水或泡沫剂均匀地涂在或喷在可能发生泄漏的地方，仔细观察有无气泡出现。

② 仪器检漏法：按检漏仪（如卤素检漏仪）说明书要求，将仪器探头对准泄漏可疑部位仔细进行检查。

（四）证书

（1）检验和试验报告：供应商提供单台试验和检验报告。

（2）检验证书：供应商提供工厂出具的具有效力的检验证书一式两份。

（3）出厂合格证书：每台必须具有合格证书，并注明型号、规格、适用介质、制造商名称、生产日期。

八、铭牌

多联机空调均应设置铭牌。铭牌应采用奥氏体不锈钢材料制成，并牢固的安装在设备宜于观察之处。安装应采用支架和螺栓固定，不能直接焊到设备上。铭牌上的内容要标识清楚且至少应包括以下各项：

（1）设备名称及规格型号。

（2）制造单位名称和制造许可证号。

（3）制造单位对该产品的编号。

（4）质量等级。

（5）劳动局检验章。

（6）出厂日期。

（7）最大外形尺寸。

（8）设备质量。

九、包装与运输

（一）包装

包装必须与运输方式相适应，包装方式的确定及包装费用均由投标方负责；由于不适当的包装而造成货物在运输过程中的任何损坏由投标方负责。

包装应足以承受整个过程中的运输、转运、装卸、储存等，充分考虑到运输途中的各种情况（如暴露于恶劣气候等）和气候特点以及工地露天存放的需要。如出现包装破损，投标方应采取补救措施，保证设备在运输过程中不受损失及损坏。如出现损失及损坏，责任由投标方承担。

（二）运输

运输要求供货商必须遵守下列要求，除非有总包商的书面指示，无任何例外：

（1）不允许将货物分成几次、几部分发运。

（2）不允许不经验收就发运货物。

（3）不允许分供货商将货物直接向总包商发运货物。

（4）供货商应将订单中规定的由供货商提供的货物的安装、调试和试运工具、配件和消耗品与货物一同发运。采用适当包装。应以安全、经济的原则，按合同规定的成套范围、时间将货物运到指定地点。

（三）发货要求及现场验收

（1）当所有的测试和检验已经全部完成，且产品已准备发运时，供货商应通知业主，并请求业主采购部的授权人员签名下达放行指令。在收到业主指令前放行的产品，业主将拒收并拒付任何款项。

(2) 当供货商未满足订单中关于运输文件、证书、包装、标识和交货点等方面的要求时，发生的费用由供货商承担。

(3) 货物运抵工地后3日内，由买、卖双方清点货物，双方及相关部门签署到货验收书。如发现缺少、损坏部件，投标方须及时补齐，如因此造成工期拖延，招标方有权按延期交货索赔。在整个安装调试期间，设备部件(货物)由招标方或招标方指定的安装队伍负责保管。

十、备件及专用工具

(1) 供货商应提供用于现场安装、调试、开车等所需的备件，并提供备件清单。

(2) 供货商应提供2年运行使用的备件推荐清单，并单独报价。清单内容应包括备件名称、数量、单价等。

(3) 供货商提供的备件应单独包装，便于长期保存；备件上应有必要的标志，便于日后识别。

(4) 供货商应提供设备维修所需的专用工具，并附专用工具清单和单价在内。

十一、文件要求

(一) 语言

对于国外订货的设备，所有文件、图纸、计算书、技术资料等都应使用中英文对照，对于国内定货的设备使用中文。供货商对翻译的准确度负有完全责任。

(二) 单位

供货商提供的所有文件和图纸，包括计算公式的单位制应是SI单位。

(三) 文件要求

(1) 供货商应提供表3-33规定的文件。

表3-33 文件清单

序号	文件描述	与标书一起提交的份数		先期确认文件		最终确认文件		竣工文件	
		份数	时间	份数	时间	份数	时间	份数	时间
1	售后服务保证	3P	随报价						
2	供货商质量体系、HSE体系证书	3P	随报价						
3	供货商设计、制造资质证书	3P	随报价						
4	供货商业绩清单	3P	随报价						
5	供货商业绩证明	3P	随报价						
6	分包商资格的详细资料	3P	随报价						
7	安装、调试备品清单(附带价格)	3P	随报价					3P+1E	2(5)
8	两年运行的备件清单(附带价格)	3P	随报价					3P+1E	2(5)

续表

序　号	文件描述	与标书一起提交的份数		先期确认文件		最终确认文件		竣工文件	
		份数	时间	份数	时间	份数	时间	份数	时间
9	特殊工具清单	3P	随报价					3P+1E	2(5)
10	设备详图			3P	4(3)	3P	2(4)	6P+1E	2(5)
11	基础条件图			3P	4(3)	3P	2(4)	6P+1E	2(5)
12	主要受压元件材料证明书及材料复验报告							6P+1E	2(5)
13	主要受压元件材料无损检测报告							6P+1E	2(5)
14	焊接工艺评定报告							6P+1E	2(5)
15	焊接接头质量的检测和复验报告							6P+1E	2(5)
16	热处理报告							6P+1E	2(5)
17	压力试验报告							6P+1E	2(5)
18	产品合格证书							6P+1E	2(5)
19	外观的检查报告							6P+1E	2(5)
20	调试大纲							6P+1E	2(5)
21	操作、维修手册							6P+1E	2(5)
22	培训手册							6P+1E	2(5)
23	焊工资格证书							6P+1E	2(5)
24	包装清单							6P+1E	2(5)

注：① 符号 P 为复印件(或蓝图)，符号 E 为电子文件。

② 符号(3)左侧的数字为合同生效后的周数。

③ 符号(4)左侧的数字为供货商收到业主返回带审查意见的文件(在加盖的审查专用章中的“批准”或“修改后批准”栏前的方框内标有“√”)后的周数。

④ 符号(5)左侧的数字为设备发运后的周数。

(2) 图纸和文件审批后，在设备制造过程中如果发生变更，供货商必须以书面形式通知业主，在得到业主的书面确认后方可实施，同时应把变更后的图纸和文件提交给业主。

(3) 由于供货商没有按合同执行而导致的所有设计变更由供货商承担。

(4) 供货商提供的资料应全面、清晰和完整，并对资料的可靠性负全责。

十二、服务与保证

(一) 服务

供货商应提供的服务包括：

(1) 现场安装指导、调试及投产运行。

(2) 现场操作人员的技术培训。

(3) 使用后的维修指导等。

当业主通知供货商需要提供服务时，供货商应在 24h 内作出响应，(如必要)在 48h 内到达现场。供货商应派有经验的工程师 1~2 人到现场指导工作，提供技术支持。

（二）保证

供货商应对其供货范围内的所有事项进行担保，确保设计、材料和制造无缺陷，完全满足本技术规格书和订单的要求。并应保证设备自发货之日起的18个月或该设备现场安装之日起的12个月内(以先到者为准)符合规定的性能要求。设备因质量不良而发生损坏和不能正常工作时，供货商应该免费更换或修理，如因此造成人身和财产损失的，供货商应对其予以赔偿。若在保证期内有任何缺陷，供货商应提供必要的更换和维修，并赔偿相关费用。供货商购自第三方的产品应由业主批准。

如果整套设备的全部或部分不满足担保要求，供货商应立即对设备中的缺陷进行修改、补救、改进或更换设备，直到设备满足规定的条件为止。除非业主以文字的方式另行同意，供应商对它所提供的设备应承担如下保证：

(1) 在数据表中规定的工作条件下能正常可靠地运行，并达到额定的设计参数

(2) 通过试验证实供应商对各项性能方面的保证

十三、分包商要求

供货商选用的空调产品品牌需获得业主认可，且是国家认可的节能产品。

空调品牌(建议)如表3-34所示。

表3-34 空调品牌

序 号	品 牌	电 话	邮 箱
1	大金		
2	海尔		
3	格力		
4	美的		
5	LG		

第十三节 电动消防泵及电动稳压装置

一、概述

本技术规格书规定了用于文23地下储气库工程的电动消防泵及电动稳压装置材料、检验和试验的最低要求。

二、相关资料

（一）气象条件

气象条件描述详见表3-6。

（二）规范和标准

下列文件对于本文件的应用是必不可少的。凡是标注日期的引用文件，仅标注日期的版本

适用于本文件。凡是不标注日期的引用文件，其最新版本(包括所有的修改单)适用于本文件。

《消防泵》(GB 6245)；

《消防给水及消火栓系统技术规范》(GB 50974)；

《旋转电机　定额和性能》(GB 755)；

《回转动力泵　水力性能验收试验 1 级和 2 级》(GB/T 3216)；

《外壳防护等级(IP 代码)》(GB 4208)；

《离心泵技术条件(Ⅱ类)》(JB/T 5656)；

《输送流体用无缝钢管》(GB/T 8163)；

《旋转电机噪声测定方法及限值　第 3 部分：噪声限值》(GB 10069.3—2008)；

《离心泵、混流泵和轴流泵气蚀余量》(GB/T 13006)；

《离心泵效率》(GB/T 13007)；

《标牌》(GB/T 13306)；

《机电产品包装通用技术条件》(GB/T 13384)；

《中小型三相异步电动机能效限定值及能效等级》(GB 18613)；

《钢制管法兰、垫片、紧固件》(HG/T 20592~20635—2009)；

《泵的震动测量与评价方法》(GB/T 29531)；

《泵的噪声测量与评价方法》(GB/T 29529)；

《固定式消防泵》(JB/T 10378)；

《石油化工中、轻荷载离心泵工程技术规定》(SH/T 3140)；

《流体输送用不锈钢无缝钢管》(GB/T 14976)。

其他未列出的与本产品有关的规范和标准，厂家有义务主动向业主提供。

(三) 业主文件

《注采站电动消防泵数据表》(DDS-0401 消 01-01)。

(四) 优先顺序

若本规格书与有关的其他规格书、图纸以及上述规范和标准出现相互矛盾时，应遵照下列优先次序执行。

(1) 数据表。

(2) 技术规格书。

(3) 本规格书及其附属文件提及规范和标准。

对于不能妥善解决的矛盾，供货商有责任以书面形式通知业主。

若本技术规格书与有关的其他规格书、数据表、图纸以及上述规范和标准出现相互矛盾时，应按最为严格的执行。

供货商若有与以上文件不一致的地方，应在其投标书中予以说明，若没有说明，则被认为完全符合上述文件所有要求。

即使供货商符合本规格书的所有条款，也并不等于解除供货商对所有提供的设备和附件应当承担的全部责任，所提供的设备和附件应当具有正确的设计，并且满足特定的设计和使用条件及当地有关的健康和安全法规。

三、供货商要求

(1) 供货商应通过ISO9000质量体系认证或与之等效的质量体系认证，以及HSE体系认证，证书必须在有效期内。

(2) 供货商应具有与操作介质、工作环境、流量和扬程相匹配的消防泵、消防稳压装置的设计和制造资格，并具有至少5年以上同类泵设备的设计业绩及制造经验。

(3) 供货商应有在近年来类似工程或与本工程相关领域中的供货业绩，设计、制造能力证明及提供长期技术支持的能力。供货商需提供电动消防泵的实际应用证明。

(4) 供货商应能提供良好的售后服务和技术支持，并具备提供长期技术支持的能力。

(5) 供货商若有与本书“相关资料”中所提及的文件不一致的地方，应在其投标书中予以说明，若没有说明，则被认为完全符合上述文件的所有要求。即使供货商符合本规格书的所有条款，也并不等于解除供货商对所提供的设备及附件应当承担的全部责任，所提供的设备及附件应当具有正确的设计，并且满足规定的设计和使用条件及当地有关的健康和安全法规。

(6) 除非经业主批准，消防泵及消防稳压装置应完全依照技术规格书、数据表、其他相关文件及标准和规范的要求。技术文件中的任何遗漏都不能作为解脱供货商责任的依据，所有改动应提交给业主批准。对于不能妥善解决的问题，供货商有责任以书面形式通知业主。

四、供货范围

(一) 概述

(1) 供货商应对消防泵撬块及消防稳压装置的设计、材料采购、制造、零部件的组装、检验与试验、图纸、资料的提供以及与各个分包商间的联络、协同负有全部责任。供货商还应对消防泵的性能、安装、调试负责。

(2) 供货商所提供的消防泵及消防稳压装置应是供货合同签订以后生产的，在此之前生产的设备严禁使用在本工程上。

(二) 供货范围

(1) 电动消防泵及消防稳压装置供货数量见表3-35。

表3-35 消防泵数量表

序号	设备名称	设备位号	扬程/m	流量/(L/s)	功率/kW	数量	备注
1	电动消防泵	P-1001	90	60	110	1台	
	附：数字智能消防巡检设备、配电柜、控制柜等					1套	
2	消防稳压装置		44	1.8	2.5	1套	

(2) 每台消防泵撬块、消防稳压装置应包括但不限于以下部分：

① 消防泵及其附件。

② 电动机及其附件。
③ 稳压泵及其附件。
④ 立式隔膜式气压罐(SQL1200*1.6)及其附件。
⑤ 数字智能消防巡检设备及其附件。
⑥ 电控箱极其附件。
⑦ 轴封。
⑧ 联轴器及其护罩。
⑨ 联合底座。
⑩ 地脚螺栓、螺母、垫片等。
⑪ 用于安装和维修的专用工具。
⑫ 进口、出口配对法兰及其螺栓、螺母和垫片。
⑬ 安装和开车、试车用备品备件。
⑭ 两年用备品备件清单。
⑮ 相关文件。
⑯ 现场指导及培训。

(三) 交接界限

(1) 管道系统。所有与消防泵及消防稳压装置连接的管道接口，采用法兰连接的配对法兰由供货商提供(包括垫片、螺栓和螺母等)。

(2) 电气系统。供货商应在接线盒中预留所需外接电缆的位置，并提供与外部电缆连接用的端子及连接密封件。

(3) 仪控系统。供货商应提供启停稳压泵及启动消防泵触点及触点容量等。

(4) 设备本体上不与外部管道连接的管口，供货商应配置截止阀门及丝堵。

(5) 基础。供货商应提供消防泵、消防稳压装置及数字智能消防巡检设备对基础的载荷及连接尺寸详图，并提供地脚螺栓、螺母及垫片。

五、技术要求

(一) 基本要求

(1) 泵和电机的设计应符合本技术规格书和相关标准的要求。

(2) 泵的设计应尽量减少与介质接触的零部件。

(3) 泵的设计应满足设计条件下能平稳运行。

(4) 泵在室内安装。

(5) 所有暴露于外的运动部件应装配防护罩。所有密封的腔室应能有效防止外来有害介质的喷溅。

(6) 所有的安全防护罩在检修时应能方便地拆除。

(7) 消防泵火灾时工频运行，采用自耦降压变压器启动。

(二) 设计要求

(1) 所选叶轮尺寸的额定负荷不应超过叶轮最大尺寸额定负荷的90%。

（2）泵轴应有足够的强度和刚性，以保证泵工作可靠。泵运行期间，由于径向载荷引起密封处轴的挠度应不超过50μm。

（3）轴套应设计成可更换的，并应采用耐磨、耐蚀、耐冲刷的材料制造。轴套应可靠的固定在轴上，并能满足工作条件下的温度变化而不松脱。

（4）采用耐磨轴承，并且轴承寿命应不低于25000h。运行过程中轴承的温度应不超过轴承制造商的要求。

（5）轴承体上所有与外部相通的孔或缝隙在正常工作条件下，应能防止灰尘与输送介质的进入和润滑剂外泄。轴承体底部应设置放油塞，上部应设置放气塞。

（6）有效汽蚀余量（NPSHa）应比泵所必需汽蚀余量（NPSHr）大10%的裕量，并且不得小于0.6m。

（7）泵及其他设备应具有起吊用的吊耳。

（8）泵体上应标识泵轴转向。

（三）填料密封

电动消防泵采用填料密封。

（1）选择填料密封时应考虑定子组件的刚性、轴的挠度以及工作介质的温度、压力和组分。

（2）填料密封应装配在泵上发货。如果填料密封到现场后还需要调校，供货商应随泵附一个警告说明。

（3）供货商应提供填料密封专用工具和附件。

（四）机械密封

消防稳压泵采用机械密封。

（1）密封端面的平面度和粗糙度要求：密封端面平面度偏差不大于0.0009mm；金属材料密封端面粗糙度 R 的最大允许值为0.2μm，非金属材料端面粗糙度 R 的最大允许值为0.4μm。

（2）静止环和旋转环的密封端面对辅助密封圈接触的端面的平行度按《形状位置公差未注公差的规定》（GB 1184—1996）的7级公差。

（3）静止环和旋转环与辅助密封圈接触部位的表面粗糙度 R 的最大允许值为3.2μm，外圆或内孔尺寸公差为h8或H8。

（4）静止环密封端面对与静止环辅助密封圈接触的外圆垂直度、旋转环密封对于旋转环辅助密封圈接触的内孔的垂直度，均按GB 1184—1996的7级公差。

（5）其他零件的技术要求均应满足相关规范的要求。

（五）底座

（1）泵和电机应装配在一个联合底座上。底座应为整体铸造或钢材焊接结构。底座应能承受由管路传来的力和力矩，且不致使泵和原动机的两半联轴器同轴度超过规定值。

（2）底座及灌浆孔四周应有凸缘以便收集和排出泄漏液。排液底面至少要以1∶100的斜度向排液孔方向倾斜。

（3）底座上应设置吊耳。

（六）润滑

（1）选择合理的润滑方式。

（2）供货商应考虑消防泵及电机的润滑油牌号统一，并提供相应的国内润滑油牌号，以方便管理和采购。

（3）润滑油组件应保证密封，防止润滑油的泄漏和外界杂质的进入。

（4）在测试和交货前，供货商应对要求润滑的零部件进行润滑。

（七）联轴器及其护罩

（1）泵和电机之间的连接应采用弹性膜片联轴器。所选的联轴器应能传递配带动力的最大扭矩，联轴器的转速应与配带动力转速相适应。

（2）应采用带间隔套（加长段）的联轴器。

（3）供货商应提供由不产生火花材料制成的可拆式联轴器护罩。

（八）电气及控制要求

1. 电机要求

（1）电机所接电源为3相/380V，50Hz。电机应适合全压启动。电源电压变化不超过额定电压的±10%时，电机在额定负载和频率下应能正常地运行；在电源频率变化不超过额定频率的±5%时，电机在额定负载和电压下应能正常地运行；在频率变化不超过±5%时，电源电压和频率的合成变化不超过额定电压和额定频率的±10%时，电机应能成功地在额定负载下运行。

（2）电机的规格应满足最大规定操作条件（包括传动损失）。

（3）电动消防泵电机的铭牌额定值至少应为泵额定轴功率（包括传动损失）的110%。

（4）电机的设计和制造应满足GB 755的规定；电机的设计和制造应符合相关规范要求，并应确保技术成熟可靠。

（5）供货商所选用电机在额定输出功率的效率应不低于GB 18613表1中2级能效等级的要求。

（6）消防泵组应在GB 6245中6.4.2.2要求的工况下，运转30min，泵组应工作正常，电动机无过度发热等的异常现象，电动机的轴承座温度应在允许的工作范围内。

（7）消防泵组在GB 6245中6.4.2.2要求的工况下，电机的输出功率宜不超过5%的额定功率。

（8）供货商应提供在最大流量下的电机启动电流、电机效率、功率因数、额定电流及静阻转矩。

2. 防爆及防护要求

电机为非防爆电机，外壳防护等级不低于IP55，绝缘等级不低于H级，温升不超过F级。

3. 端子盒和电缆连接

外接电缆应通过端子盒上的电缆填料函（由供货商提供）连接到端子盒中的接线座上（压接式连接）。电缆填料函尺寸规格应与业主协商。接线盒应给电力电缆的接线预留足够的空间，接线柱应明确标示相序。

4. 接地

电机撬座和端子盒内应配有合适的接地端子，以便于进行接地连接。

5. 闲置处理

电机经过处理和浸渍后，在不需要使用抗冷凝加热器的情况下，应能闲置在所规定的环境下，其绝缘和构成材质都不会遭受有害的影响。

（九）振动及噪声

1. 振动

（1）泵在运转无汽蚀的情况下，在轴承体上测得的均方根振动速度值不应超过4.5mm/s。

（2）泵在达到额定转速的整个过程中应平稳运转。

（3）泵的振动烈度限额及测量方法执行JB/T 8097。

2. 噪声

离机组边缘1m处测定的机组总体噪声（声压级）应不超过85dB。测量方法须执行JB/T 8098。

（十）材料

（1）所有采用的材料应符合相关材料标准的要求，且是新的、未经使用过的、无缺陷的。

（2）铸件应完好无瑕疵，无疏松、热裂、缩孔、气孔、裂纹、砂眼和其他类似的有害缺陷。没有业主的特别批准，铸件不能进行焊接修补。

（3）供货商应负责最终的材料选择，并应根据规定的材料等级及规定的操作条件，选择每一个零部件的材料，且在数据表中标明主要零部件材料的具体牌号。

（十一）数字智能消防巡检设备及消防双电源互投要求（简称消防巡检设备）

（1）消防巡检含消防双电源互投为一体认证设备应符合、国家标准《电能质量-公共电网谐波》（GB/T 14549）检验报告，公安部和地方现行消防法规定。产品需满足国家标准GB 27898.2—2011和GB 16806—2006，产品须取得国家固定灭火系统和耐火构件质量监督检验中心的检验报告和3C证书，产品须取得国家消防电子产品质量监督检测中心的检验报告3C证书其产品检验形式报告全部在有效期内。

（2）消防巡检专用设备应能保证每天自动巡检电动消防水泵一次，且能按需要任意设定，持续时间为5min。巡检为低速巡检不应对管网增压。巡检时设备接到消防命令会立即停止巡检，瞬间启动消防泵。

（3）消防巡检专用设备应有完善和可靠的显示和报警装置，显示消防水泵的启、停及工作故障状态并可以把以上信号在就地显示装置上显示及上传至站场控制室。巡检时发生故障自动巡检装置会发出声光报警，具有数据记忆功能，可完成对故障时的参数记忆，便于维修、分析。可通过巡检界面显示巡检运行参数，具有上位电话报警及巡检时故障参数打印功能。自动巡检设备为低频低速自动巡检方式，自动巡检功能不能对消防泵系统的正常运行造成影响，需与工况控制系统相协调。

（4）中标厂家提供的数字智能消防巡检设备须满足设计图纸的要求，生产厂家出二次原理图，须设计单位审核批准方能生产。

（5）消防双电源互投控制柜能接受两路380V/220V，50Hz电源，两路电源在柜内设电源自动切换装置，实现自动切换，互为闭锁。并且在自动切换时不造成运行中的稳压泵掉闸。投标方就地电源互投柜、控制柜内至少应包括接触器热继电器、空气开关等主要电气元件，所选用的元器件均应是优质合格产品，一次元件满足动热稳定要求。

（十二）电控箱要求

卖方应提供单泵电控箱(配不锈钢格兰头)，电控箱至用电设备的互连均由卖方提供，买方仅提供电源电缆至电控箱。

电气装置电机电源采用380V，50Hz。

消防泵由卖方根据设备功能的要求自带电控箱。

箱体材质为304不锈钢，厚度1.2mm，防护等级IP55，绝缘等级F，箱体带不锈钢格兰头。

电器元件采用西门子、ABB、施耐德(排名不分先后)等，箱内接线端子采用凤凰或魏德米勒端子，所有电缆、端子、回路的标识字迹均清晰、不易擦除。

电控箱明显位置需有设备铭牌及接线图。

设备内配线采用阻燃型电缆。

配管或配线槽均采用金属材质。

所有进DCS系统的仪表信号统一由该电控箱提供。同类型信号在电控箱接线位置应集中布置。

泵体所有的信号(如出水口压力、泵的启动、停止、运行、故障和手动/自动等信号)由该电控箱提供，并可由电控箱远传至DCS系统，实现设备的就地、远程控制。

电控箱与DCS采用RS485通信，支持MODBUS协议，其中泵体启动、停止、故障和手动/自动信号与DCS通信采用硬接线方式。

（十三）电缆技术要求

动力电缆：所有动力电缆全部采用耐污水的重型防水橡套软电缆，电缆的导体采用铜导体。

控制电缆：控制电缆全部采用阻燃型聚乙烯电缆。

所有电缆的绝缘及护套采用低卤素的阻燃绝缘电缆材料，在高温时没有毒气放出。

多芯电缆的每根导线的绝缘层上将有永久性的编号。

电力电缆和控制电缆长度初定为15m，需满足以上标准及技术规格的需求。

供货方供货控制电缆为控制专用屏蔽软电缆，各芯导线由不同的颜色或永久性数字标识区分。

六、检验和验收

（一）一般要求

（1）出厂前供货商根据国家、行业有关标准进行检验。

（2）业主根据有关标准及合同进行检验。

（3）有关质检、环保、安全等机构依据国家法律、法规进行检验。

（二）检验项目和试验内容

（1）供货商应制定设备完整的检查与试验程序，包括所有检验项目及具体时间安排，并提前提交给业主。供货商还应负责检查、试验及第三方检验所需的设备、工具、材料、人员及其资格证明、程序报批、业主及第三方检验申请等工作。

（2）具体检验项目和试验内容如下：

① 交货检验：转动设备运输到现场后检查方法与要求应符合 GB/T 3216、GB 6245 和 JB/T 10378 的规定。

② 所有承压零件（如泵壳、泵盖、进出口法兰等）及叶轮应进行材料、焊接缺陷等方面的检测。

③ 承压部件应进行液压试验，试验压力应为最高允许操作压力的 1.5 倍，应至少维持 30min。

④ 泵的叶轮及轴组装时应做动平衡试验。

⑤ 试运转，包括：

a. 负荷运载试验。

b. 密封、温度、振动、噪声检查。

c. 额定工作点试验。

d. 汽蚀性能试验。

e. 整台机组试验。

额定工作点试验时间不少于 4h，现场试运转时间应不少于 48h。试验方法、结果及数据处理应符合 GB/T 3216、GB 6245 和 JB/T 10378 的要求。

⑥ 其余零件按图纸检验。

⑦ 安装检验：泵在安装前，应逐箱逐件进行全面的数量清点与外观质量检查。不合格的设备和零件不允许投入安装。

（3）在检查与试验过程中，当出现异常情况时，应进行所需部分或整个装置的拆装工作。对有问题或质量不合格的零部件应进行更换直到试验合格。整个过程要做记录，不合格的零部件要列出清单。记录、试验报告、失效品清单及产品合格证要在试验过后 2 周内且在装运准备前提交给业主批准。

（4）供货商还应负责所供装置的现场安装指导及现场调试，直到性能全部符合业主要求。整个过程要有完整的记录、报告，包括出现的问题及解决办法，最后一起提交给业主。

（三）证书

供货商应提供如下证书：

（1）单台设备试验和检验报告。

（2）数字智能消防巡检设备获取，国家标准《电能质量-公共电网谐波》（GB/T 14549）检验报告。

（3）数字智能消防巡检设备，获取国家消防电子产品质量监督检测中心的检验报告 3C 证书。

（4）工厂出具的具有效力的设备检验证书。

（5）每台设备必须具有合格证书（包括型号、规格、适用介质、制造商名称、生产日期）。

（6）电机出厂合格证书、试验证书。

七、铭牌

所有泵均应设置铭牌。铭牌应采用奥氏体不锈钢材料制成，并牢固的安装在设备的醒目之处。铭牌上的内容应标识清楚，且至少应包括以下各项：

（1）制造厂名称。

（2）产品名称。

（3）位号。

（4）型号。

（5）流量。

（6）扬程。

（7）转速。

（8）允许汽蚀余量。

（9）质量。

（10）配用功率。

（11）效率。

（12）出厂日期。

（13）出厂编号。

八、包装和运输

（一）涂装要求

泵经出厂试验合格后应除尽泵内积水，并作如下涂装处理：

（1）内部加工表面应涂防锈油脂，泵的外露加工表面应涂硬化防锈油；

（2）外部非加工表面应清除铁锈和油污，然后涂上底漆和面漆，外观平整，手感光滑，触摸无凹凸感，色泽柔和。

（3）泵涂装后用塞帽封闭进口和出口。

（二）包装和运输

（1）包装、运输按 GB/T 13384 的规定，要适宜海运、铁路及公路运输。

（2）包装应考虑吊装、运输过程中整个设备元件不承受导致其变形的外力，且应避免海水和大气及其他外部介质的腐蚀。

（三）发货要求

（1）当所有的测试和检验已经全部完成，且产品已准备发运时，供货商应通知业主，并请求业主签名下达放行指令。在收到业主指令前放行的产品，业主将拒收并拒付任何款项。

（2）当供货商未满足订单中关于运输、文件、证书、包装、标识和交货点等方面的要求时，发生的费用由供货商承担。

（四）运输要求

除非有总包商的书面指示，供货商必须遵守下列要求：

（1）不允许将货物分成几次、几部分发运。

（2）不允许分供货商将货物直接向总包商发运货物。

（3）供货商应将订单中规定的由供货商提供的货物的安装、调试和试运工具、配件和消耗品与货物一同发运。

（4）采用可靠包装形式。

（5）设备需设吊装环。

（6）应以安全、经济的原则，按合同规定的范围、时间将货物运到指定地点。

九、备件和专用工具

（1）供货商应提供用于现场安装、调试、开车等所需的备件，并提供备件清单。

（2）供货商应提供2年运行使用的备件推荐清单，并单独报价。清单内容应包括备件名称、数量、单价等。

（3）供货商提供的备件应单独包装，便于长期保存；备件上应有必要的标志，便于日后识别。

（4）供货商应提供设备安装和维修所需的专用工具，包括专用工具清单和单价。

十、文件要求

（一）语言

所有文件、图纸、计算书、技术资料等都应使用中文。

（二）单位

供货商提供的所有文件和图纸，包括计算公式的单位制应是SI单位。

（三）文件要求

（1）供货商应提供表3-36规定的文件。

（2）图纸和文件审批后，在设备制造过程中如果发生变更，供货商必须以书面形式通知业主，在得到业主的书面确认后方可实施，同时应把变更后的图纸和文件提交给业主。

（3）供货商提供的资料应全面、清晰和完整，并对资料的可靠性负全责。

表3-36 文件清单

序号	文件描述	与标书一起提交的份数		先期确认文件		最终确认文件		竣工文件	
		份数	时间	份数	时间	份数	时间	份数	时间
1	售后服务保证	3P	随报价						
2	供货商质量体系、HSE体系证书	3P	随报价						

续表

序号	文件描述	与标书一起提交的份数		先期确认文件		最终确认文件		竣工文件	
		份数	时间	份数	时间	份数	时间	份数	时间
3	供货商设计、制造资质证书	3P	随报价						
4	供货商业绩清单	3P	随报价						
5	供货商业绩证明	3P	随报价						
6	分包商资格的详细资料	3P	随报价						
7	撬块外形尺寸及设备布置图	3P	随报价	3P	2(a)	3P	2(b)	6P+1E	2(c)
8	设备性能(流量、扬程、效率、汽蚀余量等)及电机性能资料	3P	随报价	3P	2(a)	3P	2(b)	6P+1E	2(c)
9	设备参数表、性能曲线及材料、泵数据表	3P	随报价	3P	2(a)	3P	2(b)	6P+1E	2(c)
10	电气仪表原理及接线图、电气负荷清单	3P	随报价	3P	2(a)	3P	2(b)	6P+1E	2(c)
11	安装、调试备品清单(附带价格)	3P	随报价					6P+1E	2(c)
12	两年运行的备品清单(附带价格)	3P	随报价					6P+1E	2(c)
13	特殊工具清单(附带价格)	3P	随报价					6P+1E	2(c)
14	工艺、强度计算书			3P	2(a)	3P	2(b)	6P+1E	2(c)
15	表面清洁及涂装程序			3P	2(a)	3P	2(b)	6P+1E	2(c)
16	基础条件图			3P	2(a)	3P	2(b)	6P+1E	2(c)
17	主要受压元件材料无损检测报告							6P+1E	2(c)
18	泵的外形及装配图(包括设备及部件的布置、外形尺寸、接管尺寸、管嘴受力要求、配电要求、震动参数、建议基础图、设备自重、吊点、维修操作空间、外接口方位、主要润滑部位、润滑要求及油品种类等)	3P	随报价	3P	2(a)	3P	2(b)	6P+1E	2(c)
19	主要受压元件材料证明书及材料复验报告							6P+1E	2(c)
20	焊接工艺评定报告							6P+1E	2(c)
21	焊接接头质量的检测和复验报告							6P+1E	2(c)
22	热处理报告(如果有)							6P+1E	2(c)
23	压力试验报告							6P+1E	2(c)
24	产品合格证书							6P+1E	2(c)
25	外观检测报告							6P+1E	2(c)
26	设备的说明书(包括泵与电机的样本、性能曲线、安装与启动说明、操作及维修手册等)							6P+1E	2(c)
27	检车与试验程序							6P+1E	2(c)

续表

序　号	文件描述	与标书一起提交的份数		先期确认文件		最终确认文件		竣工文件	
		份数	时间	份数	时间	份数	时间	份数	时间
28	装运及储存建议书							6P+1E	2(c)
29	检查与试验报告							6P+1E	2(c)
30	每个设备的产品合格证及第三方检验证书							6P+1E	2(c)
31	电机证书							6P+1E	2(c)
32	现场调试大纲							6P+1E	2(c)
33	操作、维修手册							6P+1E	2(c)
34	培训手册							6P+1E	2(c)
35	焊工资格证书							6P+1E	2(c)
36	质量保证档案							6P+1E	2(c)
37	包装清单							6P+1E	2(c)
38	公安消防部门的产品准销证明							6P+1E	2(c)
39	《公共电网谐波》检验报告							6P+1E	2(c)
40	国家消防电子产品质量监督检测中心的检验报告3C证书							6P+1E	2(c)

注：① 符号P为复印件(或蓝图)，符号E为电子文件。

② 符号(a)左侧的数字为合同生效后的周数。

③ 符号(b)左侧的数字为供货商收到业主返回带审查意见的文件(在加盖的审查专用章中的“批准”或“修改后批准”栏前的方框内标有“√”)后的周数。

④ 符号(c)左侧的数字为设备发运后的周数。

⑤ 提供文件的数量、形式和时间以最终签订的合同要求为准。

十一、服务与保证

(一) 服务

供货商应提供的服务包括：

(1) 现场安装指导、调试及投产运行。

(2) 现场操作人员的技术培训。

(3) 使用后的维修指导等。

当业主通知供货商需要提供服务时，供货商应在24h内作出响应，在48h内到达现场。供货商应派有经验的技术人员到现场指导工作，提供技术支持。

(二) 保证

(1) 供货商应对其供货范围内的所有事项进行担保，确保设计、材料和制造无缺陷，完全满足技术文件的要求。并应保证设备自到货之日起的18个月或该设备现场运行之日起的12个月内(以先到者为准)符合规定的性能要求。设备因质量不良而发生损坏和不能正常工作时，供货商应该免费更换或修理，如因此造成人身伤害和财产损失的，供货商应对其予以赔偿。若在保证期内有任何缺陷，供货商应提供必要的更换和维修，并赔偿相关费用。

（2）供货商购自第三方的产品应由业主批准。

（3）如果整套设备的全部或部分不满足担保要求，供货商应立即对设备中的缺陷进行修改、补救、改进或更换设备，直到设备满足规定的条件为止。

第十四节　安防系统

一、相关规范

（一）规范性引用文件

安防系统应满足或高于下面列出的规范和标准的最新版本的要求，如果几种规范和标准适用于同一情况，则应遵循最为严格的规范。若本技术规格书与其他技术规格书或标准有所冲突，则应向设计、业主咨询，并由其书面裁决后才能开展工作。

本技术规格书指定产品应遵循的规范和标准主要包括但不仅仅限于以下所列范围：

《工业电视系统工程设计规范》（GB 50115—2009）；

《安全防范工程技术规范》（GB 50348—2004）；

《入侵报警系统工程设计规范》（GB 50394—2007）；

《视频安防监控系统工程设计规范》（GB 50395—2007）；

《出入口控制系统工程设计规范》（GB 50396—2007）；

《安全防范工程程序与要求》（GA/T 75—1994）；

《视频安防监控系统技术要求》（GA/T 367—2001）；

《入侵报警系统技术要求》（GA/T 368—2001）；

《出入口控制系统技术要求》（GA/T 394—2002）；

《100BASE-TX 快速以太网接口标准》（IEEE802. 3U）；

《通信工程建设环境保护技术暂行规定》（YD 5039—2009）。

以上规范及标准采用最新版本。

其他未列出的与本产品有关的规范和标准，供货商有义务主动向业主提供。

（二）优先顺序

若本规格书与有关的其他规格书、数据表、图纸以及上述规范和标准出现相互矛盾时，应遵照下列优先次序执行：

（1）本规格书及其附属文件提及规范和标准。

（2）国家标准、规范。

（3）其他供参考的数据表、规格书。

对于不能妥善解决的矛盾，供货商有责任以书面形式通知业主。

若本技术规格书与有关的其他规格书、数据表、图纸以及上述规范和标准出现相互矛盾时，应按最为严格的执行。

二、基础资料

(一) 工作场所

系统的使用环境为：防爆和非防爆场所的室内、室外。

(二) 气象条件

气象条件描述详见表3-2。

三、供货商要求

(一) 概述

供货商应对安防系统的设计，材料采购、制造、零部件的组装、检验与试验，图纸、资料的提供以及与各个分包商间的联络、协同、检验和在不同场所进行的试验负有全部责任。

供货商所提供的安防系统各设备应是本工程招标以后生产的，在此之前生产的产品严禁使用在本工程上。还应对所供的具体系统设备，提供相应的系统组网结构图、传输带宽规划及详细划分、图像显示及存储的方案等资料。

供货商还应对设备的性能负责，指导安装、调试。

(二) 供货商应具备的条件

供货商应通过ISO9001质量体系认证或与之等效的质量体系认证，以及HSE体系认证或ISO14001环境管理体系认证、ISO18001职业健康安全管理体系，证书必须在有效期内。

供货商推荐产品在国内类似工程行业内的成功运行案例，并且最少有20套以上的类似规格产品在本规格书中所提供的环境条件下成功运行2年以上的经历，业主不接受未经使用的新试制产品。

供货商应提供购买这种设备的用户证明，其中包括投入实际运行的有关部门的名称、地址、传真及电话号码，也应同时给出所供设备的详细类型及验收数据等。买方保留证实所供设备性能的权力，如有必要可到现场调查。

供货商应能提供良好的售后服务和技术支持，并具备提供长期技术支持的能力。

供货商若有与前要求的技术文件不一致的地方，应在其投标书中予以说明，若没有说明，则被认为完全符合上述文件所有要求。

即使供货商符合本规格书的所有条款，也并不等于解除供货商对所有提供的设备和附件应当承担的全部责任，所提供的设备和附件应当具有正确的设计，并且满足特定的设计和使用条件及当地有关的健康和安全法规。

(三) 供货商的职责

供货商应对以下工作内容负责：设计、材料选用、采办、制造、检验、试验、阀门的包装运输、安装指导、现场调试指导和售后服务。

除非经业主批准，安防系统应完全依照本规格书、数据表及其他相关文件的要求。规格书中的任何遗漏都不能作为解脱供货商责任的依据，所有改动应提交给业主批准。

供货商应负责设备到现场后18个月或管道投运后12个月(以先到为准)的免费更换及免费维修。

四、供货范围

（一）供货范围

供货商的供货范围应包括但不仅限于以下内容：

1. 主要设备部分

以下设备为视频监控系统的主要设备，如表 3-37 所示。

表 3-37　视频监控系统的主要设备

视频管理平台软件 100 用户	1 套	高清网络枪型摄像机	16 套
144T 磁盘阵列 IPSAN	1 套	网络高清高速智能球机	23 套
视频管理服务器	1 套	智能网络半球机（含墙壁安装支架）	11 套
流媒体服务器	1 台	防爆型一体化网络高速云台摄像机	14 套
录音录像存储服务器	1 台	一体化网络高速云台摄像机	14 套
解码拼控一体机	1 台	180°全景一体式网络高清智能球机	1 套
控制键盘	1 套	室外有源扬声器	17 套
监控电脑（22 寸双屏）	2 套	8 口 NVR 硬盘录像机	8 套
监控专用硬盘 4T	38 块	金属波纹管 *DN*25	200 米
监控立杆 6m	39 根	工业级光纤收发器（室外）	20 套
升降式监控立杆 25m	1 根	光纤收发器（机柜间）	20 套
监控防爆防护箱	14 套	16 路光纤收发器机架含电源	1 套
监控防水防护箱	37 套	19”安防机柜（2100×800×800）	1 面
防爆绕性管 700mm	24 根		

以上设备为视频监控系统的主要设备，每套监控前端均为集成后的完整产品，应包含摄像机，编解码器、电动云台（如果有）、电源、护罩等，详情见本工程的设备材料表。

系统除主要设备外，还应包含以下内容：

（1）配套的安装辅材及线缆。

（2）铭牌。

（3）备件及专用工具。

（4）服务（现场安装、调试及技术培训）。

总之，供货商应提供一套完整的安防系统正常运行的所有设备材料。

以下设备为其他安防系统的主要设备，如表 3-38 所示。

表 3-38　其他安防系统的主要设备

周界防范系统		周界防范系统	
8 防区报警主机	1 套	信号电缆防浪涌保护器	1 个
单防区模块	7 个	电源电缆防浪涌保护器	1 个
声光报警器	1 套	控制键盘	1 套

续表

周界防范系统		门禁系统	
管理软件	1套	感应卡	100套
直流电源变压器24V，50W	1套	实时电子巡更系统	
双光束激光对射探测器400m	1对	巡更管理软件	1套
双光束激光对射探测器300m	1对	现场信息钮	33个
双光束激光对射探测器200m	2对	防爆巡更仪	2根
双光束激光对射探测器100m	3对	非防爆巡更仪	8根
接线箱	7对	手持端APP软件(4G流量)	1套
总线制综合线缆	1km	防冲撞装置系统	
门禁系统		路障机　长3500m×宽950m×高780m，升起高度：500m	4套
门禁管理系统软件	1套	路障机　长5500m×宽950m×高780m，升起高度：500m	1套
应用服务器(与巡更系统合用)	1台	液压站(一拖二)	2套
指纹采集仪	1台	液压站	1套
指纹读卡器	13套	控制手柄	1套
门禁控制器	13套	手动升降泵	3个
出门开关	13套	控制箱	3个
磁力锁	13套	遥控器	1个
发卡器	2套		

以上设备为周界防范系统、门禁系统、实时电子巡更系统、防冲撞装置系统的主要设备，各系统除主要设备外，还应包含以下内容：

(1) 配套的安装辅材及线缆。

(2) 铭牌。

(3) 备件及专用工具。

(4) 服务(现场安装、调试及技术培训)。

总之，供货商应提供一套完整的安防系统正常运行的所有设备材料。

2. 资料部分

本技术规格书要求安防系统的集成商提供以下技术文件：

(1) 安防系统设备的详细技术性能和指标。

(2) 所供设备的工厂验证测试报告。

(3) 设备的详细配置及材料清单。

3. 售后服务

(1) 包括安装指导及现场调试。

(2) 使用后易损件及其他配件的提供。

(3) 使用后的维修指导等。

(二) 供应商职责

供货商应负责安防系统的设计、制造、材料、设备采购、检查与试验、取证、装运准备、供货、售后服务、保修且满足标准、法规及第三方检验机构的要求。凡与上述要求不符合的，均应在投标书中予以说明。

供货商应保证系统可在业主给定的工作条件下，具有满意且可靠的工作性能。

（三）交接界限

视频监控系统与周界防范系统、门禁系统的报警联动，由视频监控系统的供货商提出联动接口要求，其他系统供货商负责提供相应的开发包或接口，具体细节由各个系统具体供货商协商解决。

五、技术要求

（一）设计要求

1. 视频监控系统

为文××项目（一期工程）地面工程建设视频监控，系统实现工程区域内的全覆盖、无盲区、不间断的视频监控，包含办公生活区的安保监控和工艺装置区的工业电视监控，重点监控：办公生活区的主要出入口、楼梯口、公共走廊、机柜间，工艺站场的关键区域、关键机组、关键设施、关键物品、关键岗位等。本工程在注采站及各井场（单井井场、丛式井场）均设置视频监控系统。注采站设置监控系统综合管理平台，将注采站的控制室作为本工程的监控中心，集中管理本工程的工业电视监控，可以选择查看一个或多个摄像机图像，并可以控制摄像机运动以达到更好的监视效果，注采站大门值班室设为分控室，分管站内安保监控，同时将监控信号接入濮阳市当地公安机关。前端监控点的控制权限以贴近现场摄像机为最高权限，注采站设置流媒体转发服务器、存储服务器、管理服务器等。

本工程视频监控系统为1080P高清网络系统，组网采用视频监控技术与TCP/IP网络的专线组网方式，网络拓扑结构以注采站为中心的树形网络结构，监控系统承载网主要依托本次工程工业级以太网。各前端选用高清摄像机，其中，井场、注采站围墙摄像机带智能分析功能，监控前端室外主要采用立杆安装，室内主要采用墙壁安装。监控图像采用二级存储，本地存储和远程监控中心存储，本地采用NVR硬盘录像机存储，远程上传至注采站采用磁盘阵列存储，图像存储时间不小于30×24h。监控中心采用DLP拼接大屏显示系统进行监控画面的显示，视频监控系统与DLP大屏显示系统需实现无缝连接。

2. 周界防范系统

在厂区内安装周界防范系统，系统主要由前端探测部分、线路传输部分、终端控制部分组成。系统采用总线制，选用激光对射系统。

前端探测部分：前端探测部分主要为激光对射探测器，通过在注采站四周围墙上安装激光对射探测器，形成一个激光束防护网。探测器由接收端和发射端两部分组成，工作时由发射端向接收端发出不可见激光束，当激光束被阻挡时，接收端输出报警信号，触发报警主机报警。

线路传输部分：系统为总线制结构，信号（电缆）线选用RVSP4×1.5，其中两芯为信号线，两芯为电源线，信号线只连接各对探测器的接收端。

终端控制部分：终端控制部分主要为报警主机，置于机柜间，系统具有防剪断、设防、撤防等功能，并与视频监控系统实现报警联动，联动信号为I/O开关量。

3. 门禁系统

注采站、井场的出入口设门禁系统，选用感应卡式门禁系统，每处出入口设一套门禁，在外电断开的情况下，系统默认全部出入口为打开状态。各站工作人员实行一人一卡制。

4. 实时电子巡更系统

注采站、井场均设置电子巡更系统，选用实时电子巡更系统，系统为注采站一级控制，设系统平台，统一管理各巡更点，井场仅设系统终端，巡更日志保留不少于180d。

巡更点的设置主要考虑工艺流程需要重点巡更的工艺关键点，如采注气阀组区的来气压力、温度、紧急放空阀—脱水区的调节阀、分离器的压力、温度、液位，出站流量计—采出水罐区的压力等。

5. 防冲撞装置系统

在注采站主出入口外设电动液压式自动防冲撞装置路障机，路障机降落时可通行120t以上车辆。在特殊时期，路障机设置为阻截状态。停电状态下，路障机具备手动升起、降落功能。注采站的3处自动大门处均设置路障机。

(二) 一般技术要求

1. 视频监控系统主要性能指标。

系统主要性能指标要求：

(1) 图像编码标准采用H265。

(2) 图像可达到1080P，25帧/s，帧速率可调。

(3) 全部1080P高清视频信号的网络无阻塞接入。

(4) 全部图像1080P@4Mbps码流的30d存储，部分图像90d存储。

(5) 系统可用率>99%。

(6) 系统平均无故障工作时间MTBF>30000h。

(7) 后端控制切换响应时间<1s。

(8) 系统平均维护时间MTTR<0. 5h。

(9) 正常网络环境下，监控画面显示与实际事件发生时间差<0. 5s。

2. 本地监控系统功能要求

本地监控系统指注采站，监控控制终端安装于视频监控系统工作台上，能实时监控站场所有前端摄像系统，包括报警和联动控制。能够在拼接大屏上以1/4/9/16等画面显示。可以选择查看一个或多个摄像机图像，并可以控制摄像机运动以达到更好的监视效果。由注采站的交换机接出一路图像信号到监控工作站，另一路上传至控制室进行统一的监控显示。视频监控前端设备回传的图像和画面以流媒体方式保存在存储设备中，存储时间为30d，重点图像90d，工作站以流媒体方式来读取已存储的视频文件。

本工程均采用1080P网络高清摄像机，在防爆区内安装时须采用防爆摄像机，设备防爆等级及防护等级必须符合防爆等级及防护等级的要求，性能上确保安全使用和长期运行。

3. 监控前端主要功能要求

在各种气象条件下进行昼夜监视，实现现场图像信号的采集、处理、传输。

室外摄像机均采用低照度、彩转黑一体机，防护等级不低于 IP66，具备自维护功能，按不同应用场景配置云台，支持抱杆、壁挂等不同安装方式。防爆区域内设备防爆等级不低于 ExdⅡBT4。

室内摄像机防护等级不低于 IP53，具备自维护功能，按不同应用场景采用吸顶、壁挂等不同安装方式。

云台式摄像机具备预置位、自动对焦等功能。

逆光处摄像机具备宽动态。

报警联动要求：视频监控系统与周界防范系统的报警主机联动，网络硬盘录像机带报警输入接口，接收处理周界防范报警主机的开关量报警信号，触发报警及联动要求如下：报警探测器遮断报警后，触发周界报警主机声、光报警，并通过继电器输出报警信号至硬盘录像机，接受报警输入后联动该报警区域相关摄像机并驱动相关摄像机调用预置位，直接转到拍摄报警区域。

4. 后端控制管理主要功能要求

控制功能：对各前端摄像机的云台、镜头等动作进行控制，实现对摄像机视角、方位、焦距、光圈、景深的调整，可预定义摄像机位置，实现摄像机轮巡、按预置位轮巡等多种轮巡方式。

录像功能：可实现手动录像、定时录像、移动侦测录像等多种方式，录像时间及录像方式可自定义，可回放监控现场任一摄像头的历史图像，具有逐帧、慢放、常速、快速、放大、缩小等多种回放方式。

存储功能：实现全天 24h 不间断录像，各路图像全部保存，录像文件至少可保存 30d，部分要达到 90d。

显示功能：实现操作台显示、网络客户端显示、DLP 大屏显示等，可一机同屏显示 4/9/16 画面。

管理功能：对每套前端设备进行地址分配，对远端视频工作站进行权限划分和授权管理；帧速率、码流、图像分辨率可通过软件操作界面手工设定其参数；系统具有自恢复、自诊断、远程重启等功能在安全性要求方面具备以太网的所有安全保护机制；基于权限概念的分级监控功能，高优先级权限的操作员能抢占低优先级权限的控制权，但不影响后者的浏览权；具有严格的密码验证机制以及用户权限管理功能，根据工作性质可对每个用户赋予不同的权限等级，权限可设定；系统能对用户登录、操作控制等所有重要的操作进行记录，并可对操作记录进行查询和统计，所有操作记录具有不可删除和不可更改性。

网络功能：支持网络上传，可通过局域网对前端每路图像进行流媒体转发服务。

接口功能：具备报警联动通信接口，支持与火灾监测、周界、门禁、紧急报警等系统联动；可增加智能分析功能，包括视频入侵报警等。

5. 周界防范系统功能要求

系统架构：采用 C/S 架构，提高整机运行效率，数据库中数据的管理更专业、更安全。

系统集成：平台软件具备一定的集成能力，能满足对国内主要品牌视频监控系统的集成；能集成数字广播系统、RS485声光报警系统、探照灯等联动子系统，且支持软件远程遥控编程，支持报警主机以网络形式接入。

与第三方平台对接：提供基于Web Service的开发接口，具备与第三方平台对接功能，可提供通用的报警转发与控制协议供第三方使用。

数据库：采用开源的、性能优异的MySQL数据库，存取速度极快，确保报警系统的时效性。

用户体验：前端采用丰富客户端展示技术，保证界面的有效统一性；功能模块分布更人性化，操作简单。

控制权限：具有密码功能，根据用户需要可无限制分配权限，确保用户建立合理的管理控制体系，提供操作人员权限管理，分为超级管理员、管理员、值班员等角色，以保证系统运行数据安全。

数据分析：提供有效的辅助调试工具包，包括实时分析、历史信号重演。

软件设置与调节：支持多维度包括灵敏度、响应度、抗扰度、数字放大等调节，以适应不同安全等级。

报警提示功能：同时具备5种以上的报警提示功能，如报警文字提示、地图防线闪烁提示、告警语音提示、声光提示、报警视频弹窗提示等。报警声音持续时间可软件调节。能提供报警主机状态和处理记录的统计查询功能以及系统设备管理等工程管理功能。系统软件应汉化，具有较强的容错能力，有备份和维护保障能力，系统存储时间应≥30d，可实时回放存储数据，对报警时段进行数据复核。

报警复核功能：包含波形频谱复核功能。

告警管理：支持警情处理功能，能记录警情处理结果。

报警信息提示：支持精确的设备状态信息提示，设备故障包括通信故障、开盖告警、断纤告警，警情包括入侵报警。

电子地图：具有电子地图显示，支持用户自行引入自己的电子地图，并能与安防系统软件对接，防区结构及防区位置通过地图显示，通过地图可以形象直观地观察各防区状态并对防区进行直接控制，发出声光报警等提示，并能实现报警联动。一旦报警信息上传，主窗口下相应防区的警情画面就会自动弹出，并发出报警声，提醒值班人员注意。

6. 门禁系统功能要求

（1）权限管理功能：进出通道人员的权限：对每个通道设置谁能进出，谁不能进出。

卡的权限可以根据需要由管理中心进行设定，合法用户可随时更新卡的信息，可设置持卡人拥有不同的权限，不同权限的人可进入的区域不同，也可以指定不同权限进入各个门的时效。

（2）实时监控功能：系统管理人员可以通过计算机实时查看每个出入口控制点人员的进出情况、每个设置出入口控制位置门的状态，也能在紧急状态下打开或关闭出入口控制点处的门。

（3）出入记录查询功能：系统可存储所有进出记录、状态记录，可按不同的查询条件查询。如，某人在某个时间段的行动流程，某扇门在某个时间段何人何时进入等。

（4）异常报警功能：出入口控制系统实时监控各控制点的门的开关情况，异常情况（开门超时、强行开门、非授权开门等）自动报警，系统电缆、电源、模块等受到破坏时具有自动报警功能。

（5）预定通道功能：持卡人必须依照预先设定好的路线进出（主要针对外面来访人员），不能进入没有授权的通道。本功能可以防止持卡人尾随他人进入。

（6）防尾随功能：持卡人必须关上刚进入的门才能打开下一个门。

（7）模块结构功能：系统采用分级和模块化结构，局部的损坏不会影响其他部分的正常工作。

（8）扩展功能：系统具有可扩展性好的功能，用户可轻易在原系统基础上进行系统扩展，而不必重新对系统作过大的改造。

（9）消防联动功能：在紧急状态或火灾情况下，系统可以自动打开所有疏散通道上的电子锁，确保人员的疏散。

（10）子系统控制功能：出入口控制系统的控制器在与中心控制室软件失去通信的异常情况下，读卡器与控制器仍可独立工作。每个智能控制器可同时支持读卡器及输入/输出点，设有配置端口，以便于使用计算机直接对单个智能控制器进行配置和编程。

（11）安防联动功能：系统与视频监视系统、周界报警系统联动，当发生异常情况时，可进行电视监控，进行实时控制。

（12）兼容功能：系统兼容于一卡通管理系统，个人识别卡同时可用于车库管理系统、消费管理系统、兼容电子巡查系统等（如果有）。

7. 电子巡更系统功能

系统参数设置：可对一些系统常用参数进行定义。

系统能够添加、修改和删除、人员信息、线路、计划及巡检点信息。

系统能够方便设置各类周期：如巡检次数、巡检时间、最短巡检时间等。

巡检计划管理：根据人员身份信息，自动下达该人员的巡检工作计划，工作人员使用手持 RFID 采集器通过 Web 方式浏览工作计划。系统能够添加、修改和删除巡检计划，并能浏览计划情况、打印计划、生成 Excel 文件。

管理人员制订完巡检计划后或管理人员发现巡检员出现漏检情况时，可及时查阅以便及时补检。

基础资料查询：系统能够根据编号、巡检计划名称、巡检员、巡检日期、班次等信息组合查询巡检信息。

巡检明细表：通过计划巡检率表可以关联查询和统计漏检、实检的巡检点详细信息。

可以统计计划巡检率表。可以将查询结果输出到打印机，生成 Excel 文件。

数据库自动备份：应能根据设置的备份时间按指定的路径进行自动备份。

系统角色管理：根据用户实际需求设置各部门不同权限，各取所需数据。

8. 防冲撞装置系统

产品结构坚固耐用，承载负荷大，动作平稳，控制箱带液晶显示菜单、方便控制操作，控制器无触点、噪声低。

采用国际领先的低压液压驱动技术微控制，整个系统运行性能稳定安全可靠，便于集成。

温控功能：具有自动加热与散热恒温系统，使系统能在低温雨雪天气与高温状况下正常运行。

操作方式(可选)：读卡、遥控、车牌识别、智能手机、手动按钮、与其他设备联动等。

保护功能：可与检测探头、感应线圈、红外等连接，具有防误弹起功能。

联动控制：具有与道闸、电动伸缩门等设备的联动功能；与电脑管理系统或收费系统驳接，可连接管理系统和收费系统，有电脑统一控制。

控制系统：微处理器。

安装方式：下沉式安装，安装后与路面持平。

防锈处理：墙面刷防锈油漆或氟碳漆。

路障机可与其他控制设备组合，实现自动控制。

应急功能：停电时可通过手动操作降下或升起防撞墙。

遥控装置：通过无线遥控的方式，可在控制器周围30m左右范围内，活动遥控路障的升降。

六、检验与实验

买方在设备生产所在地出厂前进行产品验收，供货商应列出验收计划及程序。

买方将在所供设备的生产工厂对所有货物进行检查，供货商应在工厂检验开始前提供所有合同设备的工厂测试记录。

所供设备应进行单机测试和模拟系统测试，供货商应在联络会前向买方提供厂验测试计划，测试计划应包括测试项目、指标和测试方法。

对用于本工程的产品必须进行厂验，厂验将采用随机抽查方式，具体抽查数量及测试项目由买方根据技术规范选定。

供货商应提供厂验所必需的设施，如测试仪表、工具、图纸和其他资料等。

七、备件及专用工具

(一) 备件

供货商应提供一份供预调试和初始起动的备件推荐清单，还要提供一份供一年运行使用的备件推荐清单，清单内容应包括名称、序列号单价等。

供货商提供的备件应单独包装，便于长期保存，同时备件上应有必要的标志，便于日后识别。

(二) 专用工具

供货商应提供设备维修所需的专用工具，包括专用工具清单和单价在内。

八、证书和铭牌

(一) 证书

(1) 检验和实验报告。

(2) 检验证书。

(3) 出厂合格证书。

(二) 铭牌

供货商应在设备适当的部位安装永久性的不锈钢制成的铭牌，铭牌的位置易于观察，内容清晰，其安装可采用不锈钢支架和螺栓固定，但不允许直接将铭牌焊到设备上。

铭牌应包括但不限于以下内容：

(1) 产品名称、型号。

(2) 厂名及商标。

(3) 电压种类及功耗。

(4) 制造日期。

(5) 出厂编号。

(6) 检验标志。

九、包装与运输

(一) 包装与运输要求

包装完好的产品可采用正常的陆、海、空交通工具运输。运输过程中应避免雨雪直接淋袭或烈日暴晒。

(二) 发货要求

当所有的测试和检验已经全部完成且产品已准备发运时，供货商应通知买方，并请求买方采购部的授权人员签名下达放行指令。在收到买方指令前放行的产品，买方将拒收并拒付任何款项。

当供货商未满足订单中关于运输文件、证书、包装、标识和交货点等方面的要求时，发生的费用由供货商承担。

十、文件图纸和数据要求

供货商应根据买方的采办文件规定提供所要的一切资料，这些资料应包括但不仅限于如下内容：

(1) 设备的详细技术说明书。

(2) 设备的电原理图。

(3) 设备的接线图。

(4) 用户操作手册。

(5) 设备和系统安装手册、验收项目和方法在签订合同后一个月内提供。

注：合同生效后，供货商将设备的主要技术说明、材料单、计算书和数据表分批提供买方或买方指定单位审查和批准。买方急需的图纸、资料供货商应在一周之内提供。

图纸和文件审批后，在设备制造过程中如果发生变更，供货商必须以书面形式通知买方。

在得到买方的书面确认后方可实施，同时应把变更后的图纸和文件提交给买方。

由于供货商没有按合同执行而导致的所有设计变更由供货商承担。

供货商提供的资料应全面、清晰和完整，并对资料的可靠性负全责。

十一、服务

(一) 供货商服务

供货商应提供的服务包括：

(1) 现场安装指导、调试及投产运行。

(2) 供货商将负责各站的安装督导，并检查买方的安装质量。

(二) 设备安装要求

1. 分工界面

视频监控系统包括前端的接线、安装、测试，机房内设备的接线、安装、调试；周界防范系统包括对射装置的安装，接线、测试，报警主机的安装、接线、软件安装、调试等；门禁系统包括门禁卡的制作、指纹的录取、控制器的安装等的接线、软件安装、调试等；电子巡更系统包括信息钮的安装；防冲撞装置系统包括路障机的安装、液压站、控制箱等的接线、试启动等。视频监控系统厂家负责监控和周界防范系统、电子巡更系统的联动实施、调试。

2. 施工要求

(1) 严格按照国家有关规范和标准设计。

(2) 外购设备必须经过72h以上的通电老化试验，考核其批量的稳定性、可靠性。

(3) 合理进行布线，避免线路不必要的干扰。

(4) 在工程实施时严格按照防爆场所规范要求施工，并且严格遵守各场站的各项规章制度。

(5) 严格按照操作程序进行安装，对安装人员进行上岗前的考核，不合格者不得上岗。

(6) 所有设备安装前进行系统联调，考核各个接口的正确性、合理性和可靠性。

3. 防爆施工要求

爆炸性危险环境中系统的安装施工除了要遵守通用防盗报警系统相关的国家标准和规范以外，还要遵照有关的爆炸性危险环境电气设备的安装标准与规范，在二者出现矛盾之处应以爆炸性危险环境电气设备安装标准执行。

4. 线缆的敷设

根据规范要求和经验，在易燃易爆环境的配电线路设计一般以铠装电缆直埋为主，钢管敷设为辅，所有使用的电缆应使用阻燃铠装屏蔽电缆。

线缆敷设的路由应尽量远离爆炸源和爆炸性物质输送的管道。对于爆炸性气体环境中应考察易燃易爆气体的比重，如果危险气体的比重比空气轻，线缆应尽量敷设在下面(沿墙或地埋)；而对于危险气体比空气轻的环境，线缆应尽量敷设在上面(沿墙或架空)。

在地面开挖时，要充分了解原电缆的敷设路由，采取相应的施工安全措施，避免损坏场站内原埋地的信号电缆及电力电缆。工程完工后地面处理恢复至施工前水平。在防爆技术要求下，电缆埋深深度800mm，然后穿钢管沿墙面敷设至设备旁，再用防爆挠防爆挠性管接入防爆设备。

对于高出±0.00m的平面上，电气线路基本上都是由钢管敷设或桥架至防爆设备旁，再用防爆挠性管接入防爆设备。

敷设电气线路的沟、桥架或钢管所穿过的不同区域之间墙或楼板处的空洞应采用非燃性材料（如100#水泥砂浆）严密堵塞。

5. 设备安装

防爆设备的自身重量和载重一般都较大，在实际安装时首先要选择稳定、坚固的安装面和足以承载设备总成的支撑设备。

设备的所有电气连接接头都应该处于防爆设备腔体或隔爆型防爆接线箱腔体内部，设备之间的连接使用防爆挠性管，防爆密封引线管应使用防爆设备随机提供的产品或选择符合现场环境防爆等级的产品，根据危险区域的不同对于引线管穿入电缆后应加胶泥密封。

如果设备具有转动或移动功能，引入设备的电缆和挠性管应该留有足够的余量，避免因引入设备转动拉断挠性管接口及电缆，使裸线暴露在危险环境之中。

6. 接地

系统及防雷的接地，宜采用一点接地方式。接地母线应采用铜质线。接地线不得形成封闭回路，不得与强电的电网零线短接或混接。

系统采用专用接地装置时，其接地电阻不得$>4\Omega$；采用综合接地网时，其接地电阻不得$>1\Omega$。

架空电缆吊线的两端和架空电缆线路中的金属管道应接地。

在进入危险区域之前必须做接地。

地线不能$<6mm^2$。

设备与接入设备前的隔爆接线盒间用防爆挠性管连接，分别重复接地并保证电气贯通。

7. 单机测试

供货商将负责单机加电及初始化工作，并按合同要求对单机各项指标进行测试，其测试结果必须满足本技术规格书的要求，买方给以全面的配合。供货商应将测试记录全部移交给买方代表，作为验收依据。

8. 网管系统安装及调测

供货商将负责全部网管系统的安装和调测工作，调测内容按本技术规格书的要求进行，调测记录经供货商整理后移交买方代表，作为验收依据。

9. 供货商督导结束

买方将供货商移交的单机、网管系统、数字段、链路/通道测试结果与本技术规格书的要求核对无误后，供货商督导人员即可撤离现场。

10. 初验与试运行条件

买方对供货商提供的单机、网管系统、数字段、链路/通道测试记录进行抽查测试，如果测试结果与记录相符，则认为测试满足买方初验的条件，反之则不具备初验的条件。如发生买方抽查测试结果与提供记录不符时，供货商在买方的配合下应对买方发现的质量缺陷做重新处理，处理后买方仍需进行测试，直到满足本技术规格书的要求后，买方才能给供货商开具初验证明，工程进入试运行。

11. 试运行

试运行期间若发生与本技术规范书不符或与初验记录不一致的情况时，买卖双方要进行协商，商洽试运行期间的问题如何解决，否则买方不予终验。

12. 终验

买方在确认以下工作进行完毕后方可进行最终验收，并由买卖双方签署最终验收证明，否则不予终验：

（1）买方确认无任何质量差错。

（2）双方签订协议。

（3）双方签订软件计划。

（三）现场操作人员的技术培训

1. 培训计划

供货商应初步制订技术培训计划、培训人数、时间和地点，列出技术服务项目表，培训开始时间在合同谈判时将由买方确定。

培训计划应包括以下内容：

（1）设备的工作原理和技术性能。

（2）设备安装、测试。

（3）设备维护、操作。

2. 培训资料、文件和设施

供货商应提供必要的培训资料、文件和设施以及使用后的维修指导等。

当买方通知供货商需要提供服务时，供货商应在24h内作出响应，（如必要）在48h内到达现场。供货商应派有经验的工程师1~2人到现场指导工作，提供技术支持。

3. 质量保证体系

供货商应按ISO9000系列标准要求进行系统质量管理。

供货商应在履行合同的全过程（从开始供货到最终验收），保证并负责所有供货和服务的质量，即要保证所有这些供货和服务的质量符合合同中有关技术、交付、验收和价格所规定的要求。

供货商的质量保证体系，应由国际认可的质量保证体系认证机构正式承认，系统质量符合ISO9000系列标准的要求，并提供与该确认有关的所有评估和访问报告的副本。针对本合同质量保证计划的第一份文件，应在签订合同前由供货商和买方共同认可，该质量保证计划经认可后将作为合同文件的一部分，以后未经买方同意不得修改。供货商应提交公司质量手册、厂方的相关质量保证体系以及针对本合同的质量保证计划。

第十五节　0.4kV低压开关柜

一、概述

（一）一般性要求

（1）如业主有除本规格书以外的其他要求，应以书面形式提出，经业主、供货方、设计方讨论、确认后，作为本规格书的补充条款。

（2）供货方对产品的制造负有全责，即包括采购的备件。采购的备件应事先征得业主或设计方的认可并严格执行技术文件的要求。

（3）在合同签订后，业主/设计方有权因设计变更或规范、标准、规程发生变化而提出一些补充要求，供货方应予以解决。

（二）使用符号说明

本规格书条文中要求执行严格程度不同的符号，以及评标限度说明如下：

（1）表示很严格，一定要这样做的，用符号“★”表示：投标文件中若有一项不符合标注有“★”的条款，则因投标文件与招标文件有实质性偏离而被拒绝。

（2）表示严格，在正常情况下均这样做的，用符号“▲”表示：投标文件中若有5项条款(不含)以上不符合标注有“▲”的章节/条款，则因投标文件与招标文件有实质性偏离而被拒绝。

另外，凡标有“▲”或“★”的章节内所有带有编号的均视为条款。

（三）供货方的职责

（1）供货方应对0.4kV抽出式低压开关柜设备的设计、试验、技术服务和售后服务负有全部责任，保证所提供的设备满足相关标准和规范以及相关规格书的要求。

（2）供货方所提供的产品及各种工程附件必须是合同签订之后生产的，在此之前生产的设备或材料严禁使用在本工程所提供的产品上。

▲（3）供货方必须提供产品在权威部门的型式试验报告、检验报告等鉴定性技术文件，要求见本规格书相关章节。

（4）对于不能妥善解决的问题，供货方有责任以书面形式通知业主及设计方。

（5）即使供货方符合本规格书的所有条款，也并不等于解除供货方对所有提供的设备和附件应当承担的全部责任，所提供的设备和附件应当具有正确的设计，并且满足特定的设计和使用条件，符合当地有关的健康和安全法规。

★投标的供货方，必须在中国境内有技术服务和维护的资格和能力。

（四）规范和标准

下列文件中的条款通过本技术规格书的引用而成为本技术规格书的条款。所引用的文件均以最新版本为准。

《低压抽出式成套开关设备和控制设备》(GB/T 24274)；

《低压成套开关设备和控制设备　第1部分：总则》(GB 7251.1)；

《低压开关设备和控制设备　第1部分：总则》(GB 14048.1)；

《低压系统内设备的绝缘配合》(GB/T 16935)；

《标准电容器》(GB/T 9090)；

《并联电容器装置设计规范》(GB 50227)；

《标称电压1kV及以下交流电力系统用自愈式并联电容器》(GB/T 12747)；

《标准电流等级》(GB/T 762)；

《电气设备额定频率》(GB/T 1980)；

《电工术语　低压电器》(GB/T 2900.18)；
《电工成套装置中的导线颜色》(GB/T 2681)；
《电工成套装置中的指示灯和按钮的颜色》(GB/T 2682)；
《人机界面标志标识的基本方法和安全规则-设备端子和特定导体终端标识及字母数字系统的应用通则》(GB/T 4026)；
《面板、架和柜的基本尺寸系列》(GB/T 3047.1)；
《人机界面(MMI)-操作规则》(GB/T 4205)；
《标准电压》(GB/T 156)；
《低压电器基本试验方法》(GB 998)；
《外壳防护等级(IP 代码)》(GB 4208)；
《低压成套开关设备基本试验方法》(GB/T 10233)；
《电气装置安装工程电气设备交接试验标准》(GB 50150)；
《电气装置安装工程盘、柜及二次回路接线施工及验收规范》(GB 50171)；
《低压开关设备和控制设备　第 7-1 部分：辅助器件　铜导体的接线端子排》(GB/T 14048.7)；
《包装储运图示标志》(GB/T 191)；
《机电产品包装通用技术条件》(GB/T 13384)；
《电力传动控制装置的产品包装与运输规程》(JB/T 3085)。

以上所列标准并非全部标准，它仅指出了主要标准。本规格书所列标准、规范如与供货方所执行的标准不一致时，应按较高标准要求执行，且供货方应在投标书中以“执行标准差异”为标题，以单独的章节充分描述本规格书与相关标准的不同点。

(五) 优先顺序

若本规格书与有关的其他规格书、设计图纸以及上述规范和标准出现相互矛盾时，应遵照下列优先次序执行：

(1) 最终版设计文件。
(2) 技术规格书相关规范、标准。
(3) 其他技术要求文件。

本规格书解释权归设计方所有。

二、质量保证及供货范围

(一) 质量保证

1. 基本要求

本节所规定的是供货方所遵守的最低要求，并未对一切技术细节作出规定，也未充分引述有关标准和规范的条文，这些要求不能免除供货方对保证产品在现场环境条件下正常工作的责任，供货方应当提供符合工业标准和本规格书的优质产品，并对产品正常运行负责。

供货方保证提供的产品为先进的、成熟的、完整的和安全可靠的，且产品的技术经济性能符合本规格书的要求。供货方应对产品的完整性和整体性负责，包括那些为实现整体功能所必需的但是未在本规格书中具体详细列出的内容。

（1）供货方应对产品的设计、材料采购、产品的制造、零部件的组装，图纸、资料的提供以及与各个分包商间的联络、协同、检验和在不同场所进行的试验负有全部责任。

（2）所提供的产品应是制造厂的标准产品，应当通过电力行业产品鉴定，并且最少有两台(套)以上的类似规格产品在本规格书中所提供的环境条件下(表 3-39)成功运行两年以上的经历，业主不接受未经使用的新试制产品。

表 3-39　工程环境数据表

序　号	名　称	单　位	现场环境值	产品适应值	备　注
1	最高温度	℃	42.3		
2	最低温度	℃	-20.7		
3	最热月平均气温	℃	39.5		
4	最冷月平均气温	℃	-14.3		
5	年平均气温	℃	13.4		
6	年平均气压	kPa	86.96		
7	年平均相对湿度	%			
8	年平均降雨量	mm	534.5		
9	最大风速	m/s	5.2		
10	雷暴日	d	28		
11	地震烈度	度	8		
12	耐受地震能力：水平加速度	g			
13	污秽等级	级			
14	海拔(黄海高程)	m	50		
15	最大冻土层深度	m	0.41		
16	盐雾		无		
17	交变湿热		无		
18	霉菌		无		
19	其他工业污染		无		
20	振动		无		
21	安装地点		室内		

注：产品适应值由供货方在投标书中填写。若有其他工业污染，在备注中详细说明；产品对环境条件有特殊要求时可补充环境条件。

（3）供货方对产品的性能、安装、调试负责。

（4）供货方提供产品质量保证体系说明及本规格书相关产品的质量活动记录。

（5）供货方保证制造中的所有活动(包括供货方的外购件在内)均符合本规格书的规定。若业主或设计方根据运行经验指定供货方提供某种外购件，供货方应积极配合。

（6）供货方有遵守本规格书中各条款和产品生产全过程的质量保证体系，该质量保证体系已经国家认证和正常运转。

(7) 附属及配套产品满足本规格书的有关规定要求，并提供试验报告和产品合格证。

(8) 本规格书、技术参数偏离表作为订货合同的技术附件，与合同正文具有同等的法律效力。

(9) 本规格书未尽事宜，由业主、设计方、供货方协商确定。

2. 材料保证

本产品所有选用的材料和零件应该是新的、高质量的且未经使用过的，不应存在任何影响性能的缺陷，并应满足国家相关标准规范要求。

3. 技术参数偏离

如果供货方没有以书面形式对本规格书的条文提出异议，则视为供货方提供的产品完全符合本规格书的要求。如有任何异议，都应在投标书技术部分中以“对规格书的意见与技术参数偏离”为标题的专门章节中详细描述，并填写表格(表3-40)，并加盖投标单位公章并签字后生效。如果对规格书条文提出的异议影响到产品价格，应在投标书商务部分以专门的章节详细描述，并在报价书中单独列出影响价格的具体内容。

表3-40 技术参数偏离表(式样)

序　号	对应条款编号	技术招标文件要求	偏　差	备　注

4. 质量及性能保证

在业主、设计方选用产品恰当和遵守保管及使用规程的条件下，从供货方发货之日起18个月内，或者连续运转12个月内(先到者为准)，产品因制造质量不良而发生损坏和不能正常工作时，供货方应该免费为业主更换或修理产品或产品中的零件部件，因此而造成业主人身和财产损失的，供货方应对其予以赔偿。招标书商务部分有相关规定时，按商务部分为准。

(二) 供货范围及供货界面划分

1. 供货范围

供货范围见表3-41，产品需求见相关设计文件及规格书。除以上要求外，供货范围至少应包括以下内容：

(1) 安装所需的所有必要设备及配件。

(2) 包括浪涌保护器、多功能电力表计。

(3) 低压馈线保护器、电动机保护器(选用国内知名品牌)，并带零序保护功能，带数显功能、通信功能(通信数据至少包括电流、电压、有功、无功、功率因数、视在功率、频率、电度、开关状态、报警等，通信协议为RS485 MODBUS RTU)。可编程开关量输入，可以实现多种功能的可编程控制，可编程开关量输入接点形式可以是常开或常闭。

(4) 包括4套进线柜配套的母线(进线柜至主变低压侧，需与干式变厂家协调好接口位置及尺寸)，2套柜与柜之间的封闭式型母线桥(具体长度以实际为准)。

表 3-41　供货范围一览表

序　号	名　称	数量/面	柜体尺寸(宽×深)/mm	备　注
1	抽出式低压开关柜	28	1000×1000 或 800×1000	110kV 变电站低压配电室
2	抽出式低压开关柜	5	800×800	站控楼低压配电室
	合计	33		
1	智能配电管理终端	2	800×800	110kV 变电站低压配电室
2	智能配电管理终端	1	800×800	站控楼低压配电室
	合计	3		

（5）包括智能配电管理终端 3 套。

（6）本规格书所提及的供货范围并不涵盖所有内容，对于属于在整套产品运行和施工中为满足功能性、安全性所必需的部件，即使本规格书中未列出或数目不足，供货方仍须在执行合同时补足。

注：以上设备及材料的相关数据应以最终设计文件为准。如最终版确认图纸在回路数及小室高度不发生变化的情况下，供货方不应再对价格进行调整。

2. 供货界面划分

本规格书所提及的供货范围、供货界面并不涵盖所有内容，对于属于在整套产品运行和施工中为满足功能性、安全性所必需的部件，即使本规格书中未列出或数目不足，供货方仍须在执行合同时补足。

▲三、技术要求

（一）技术参数

技术参数见表 3-42。

表 3-42　技术参数数据表

序　号	名　称	招标要求	投标保证
1	主电路额定工作电压	380V	
2	辅助电路额定工作电压	220V	
3	主电路额定绝缘电压	1000V	
4	额定频率	50Hz	
5	主接线形式	单母线分段	
6	工频试验电压/V	主电路 2500	
		辅助电路 2000	
7	水平母线额定电流	3200/630A	
8	馈出母线额定电流		

续表

序　号	名　称	招标要求	投标保证
9	母线额定短时耐受电流(有效值)	50kA/s	
10	母线额定峰值耐受电流	105kA	
11	外壳防护等级	IP4X	
12	断路器额定运行短路分断能力	100kA	
13	断路器操作及控制电压	220V/AC	
14	柜尺寸见附图		

注：投标保证栏内数据由供货方填写。

(二) 基本要求

1. 使用条件

安装在低压配电室内，属于无振动场所。

在电压变化为±10%，频率变化为±1%的条件下，开关柜应能在无损伤的情况下，满足额定技术参数连续正常运行，除非在询价文件中规定了其他参数。

2. 电气特性

(1) 在单线图和数据表中应给出开关柜的电气额定值，即电压、电流、频率、动热稳定电流等。此额定值为在自然通风条件下装于柜体内设备的额定值。设备的额定值应充分考虑柜体内的热源影响。

(2) 开关柜主接线方式为单母线或单母线分段，TN-S 接线方式，除非另有规定。

(3) 为保证供电的连续性，保护装置间的配合应有选择性。

(4) 所有的电气元件应能承受可能通过的过负荷电流和短路电流。所有机械构件应能承受冲击短路电流的影响。

(5) 开关柜的内部故障电弧保护至少按Ⅱ类故障电弧保护设置。

3. 安全要求

最低的外壳防护等级为：开关柜外部，IP4X，开关柜内部，IP2X。

抽出式部件应具有连接、试验和分离三个位置，并且在每个位置都应与开关柜保持机械上的连接。

(三) 结构

(1) 开关柜形式为直立式、落地安装的金属封闭型抽出式/固定插拔式，它由具有公用母线系统的若干个标准柜组装而成。

(2) 开关柜外形应平整美观，柜架应采用冷轧钢板或优质敷铝锌板(厚度≥2mm)弯制后用螺栓组装而成，面板采用冷轧钢板(厚度≥2mm)静电喷塑。当柜后门宽>800mm 时应开双扇门。柜架和面板应有足够机械强度和刚度，应能承受所安装元件及短路时所产生的机械应力和热应力，并应考虑防止构成足以引起较大涡流损耗的磁性通路，不能因设备的吊装、运输等情况而影响设备的性能。

(3) 可利用挡板或隔板(金属的或非金属的)将开关柜分成单独的隔室或封闭的防护空间。

（4）采用通风孔散热时，通风孔设计和安装应使得当熔断器、断路器在正常工作或短路情况时没有电弧或可溶金属喷出，通风孔设置不应降低设备的外壳防护等级。

（5）设备的布置应方便操作，在任何情况下不应妨碍良好的运行性能，柜内空间应满足电缆接线、检修要求。开关柜端部结构、母线排和电线电缆敷线槽的布置，应考虑便于扩建。

（6）开关柜组件内相同的部件和元件应可互换。

（7）按买方规定的要求提供空间隔及备用单元。空间隔应带有母线连接装置和面板；备用单元应完全配备有规定功能和额定值的元件。

（8）开关柜底部应带密封板，电缆进线孔应有密封措施。开关柜出线方式采用后出线。

（四）母线

（1）正常的温升、绝缘材料的老化和正常工作时所产生的振动不应造成载流部件的连接有异常变化，尤其应考虑到不同金属材料的热膨胀和电解作用以及实际温度对材料耐久性的影响。

（2）主母线和分支母线应由螺栓连接的高导电率的铜排制成，符合规定的载流量，并应包括下列特性：

① 母线接头需经过镀银或搪锡处理。螺栓连接的方法，应在不限制使用寿命的期间内，从标准的额定环境温度到额定满载温度范围内，螺孔周围的初始接触压力应大体保持不变。

② 主母线支持件和母线绝缘物，应为不吸潮、阻燃、长寿命的并能耐受规定的环境条件产品。在设备的使用寿命内，其机械强度和电气性能应基本保持不变。

③ 所有导体的支持件，应能耐受相当于它所接的断路器的最大额定开断电流所引起的应力等动热稳定的要求。

④ 主母线规格变电站的开关柜按3200A、综合楼的开关柜按630A，同时还应考虑以下条件：

a. 导体长期发热允许载流量；

b. 热稳定性的校验；

c. 动稳定性的校验；

d. 导体共振的校验。

⑤ 主母线、分支母线和母线连接部位宜带绝缘护套、加装绝缘盒，中性母线应采用与相线相同的绝缘等级，绝缘物的额定电压为1000V。

（3）接地母线应由螺栓连接的高导电率的铜排制成，截面应按GB 7251.2选择，并应包括下列特性：

① 铜接地母线应延伸至整段结构，并应用螺栓接在每一面开关柜的框架上。

② 在每个接地母线的端头应提供L型压接型端子，供买方连接接地线用。

（五）进线及分段单元

（1）采用固定分隔式柜型，断路器采用可摇出式框架断路器。

(2) 如果买方没有特殊规定，则每个进线单元一般应提供下列内容：

① 电涌保护器 SPD(标称放电电流 $I_n=100kA$，波形为 10/350μs)。

② 跳闸、合闸控制开关。

③ 指示灯(表示合-分-故障的指示灯颜色分别为红-绿-黄色)。

④ 框架式断路器应有储能控制开关及储能指示灯(白色)。

⑤ 具有 LSIG 功能的电子脱扣器。

⑥ 通信模块(通信数据至少包括电流、电压、有功、无功、功率因数、视在功率、频率、电度、开关状态、报警等，通信协议为 RS485 MODBUS RTU)。

⑦ 检测主母线是否失压的电压继电器(起动自动切换线路)。

⑧ 电压表(指针式)和具有 7 个位置的选择开关。

⑨多功能电力表计、3 个电流表(指针式)。

(3) 如果买方没有特殊规定，则每个分段单元一般应提供下列内容：

① 跳闸、合闸控制开关。

② 指示灯(表示合-分-故障的指示灯颜色分别为红-绿-黄色)。

③ 框架式断路器应有储能控制开关及储能指示灯(白色)。

④ 具有 LSI 功能的电子脱扣器。

⑤ 通信模块(通信数据至少包括电流、电压、有功、无功、功率因数、视在功率、频率、电度、开关状态、报警等，通信协议为 RS485 MODBUS RTU)。

⑥ 自动-手动投入选择开关，具有备自投功能。

⑦ 多功能电力表计、电压表(指针式)和具有 7 个位置的选择开关，3 个电流表(指针式)。

(4) 装设低压备自投装置。

(六) 电动机单元

(1) 如果没有另外规定，由电动机控制柜控制的电动机为鼠笼式。75kW 及以上电动机单元采用固定分隔式，塑壳式断路器应能抽出；其余单元采用抽屉式。

(2) 电动机单元配置一般为热磁式脱扣器塑壳断路器、交流接触器、低压综合保护器。

(3) 利用低压综合保护器单相接地保护动作于塑壳断路器的分励脱扣器。

(4) 电动机低电压保护器件一般采用接触器的电磁线圈。有少量再起动要求的重要电动机(应在用电负荷表中注明)时，应装设长延时的低电压保护。有较多再起动要求的重要电动机(应在用电负荷表中注明)时，也可通过专用的再起动控制柜实现。

(5) 任何断路器、接触器、接入主回路的热继电器的组合应符合相关规范及Ⅱ类保护配合要求。

(6) 当断路器、接触器用于鼠笼式电动机线路时，其使用类别至少为 AC-3。

(7) 用于增安型电动机的过载保护装置应在电动机允许堵转时间内动作并断开电动机。此过载保护装置需经国家防爆电气产品质量监督检测中心验证或国际权威机构验证。

(8) 所有电动机单元均按两地操作考虑，>37kW 的电动机二次回路中应考虑机旁装设电流表。

（9）电流互感器采用干式、精度不低于0.5级。

（10）电动机备用回路规格、数量应在用电负荷表及单线图中具体注明。

（七）馈电单元

（1）800A及以上馈电单元采用框架式断路器。框架式断路器应能摇出，塑壳式断路器应能抽出，其余单元采用抽屉式。

塑壳式断路器采用热磁式脱扣器。

（2）馈电备用回路规格、数量应在用电负荷表及单线图中具体注明。

（3）装设微机低压线路综合保护装置。

（4）必须提供第三方国家权威机构出具的产品型式试验报告。

（5）保护器是基于微处理器技术的智能单元。

（6）配置的保护主要有：过流、速断、零序、漏电流。

（7）测量功能：三相电流。

（8）485通信、4~20mA输出。

（9）电磁兼容性满足：浪涌抗扰度、震荡波抗扰度、射频电磁场辐射抗扰度等级Ⅲ级；静电(接触、空气)抗扰度等级Ⅳ级。

（八）断路器

（1）断路器应符合GB/T 14048的要求。

（2）框架式断路器的操作机构为电动机及手动操作的弹簧储能型。断路器的额定和开断电流应在数据表或单线图中详细列出。塑壳式断路器为手动操作机构。所有的操作手柄应为原厂配套。

（九）无功补偿

（1）电容器、电抗器、控制器必须有ISO9001体系认证、CE声明、按照GB标准测试的型式实验报告。

（2）分组补偿，固定式安装。设自动投切补偿调节方式，自动投切的控制量选用无功功率。每个回路采用晶闸管开关投切方式，晶闸管开关应具有直流和交流两种控制方式。

（3）低压电容器三相均采用压敏断路保护技术，并具有超温故障显示功能，以方便检修人员对故障的判断。电容器其最大连续过载电流应达到$2I_n$。

（4）并联电容器装置单元应有短路保护、过电流保护、过电压保护和失压保护，并设谐波超值保护。

（5）非调谐电抗采用电抗率为7%，电抗器应在1.6倍额定电流(I_n)时感值保持线性，具备5、7等次谐波耐流功能，原材料采用F/H级，内置温度开关有温度保护功能。

（6）控制器应具有电流、电压和功率因数显示功能，该控制器应自带外接式温度传感器。

（十）浪涌保护器

（1）应遵循《低压配电系统的电涌保护器(SPD)》(GB 18002)相关制造及试验要求。

（2）必须提供第三方国家权威机构出具的产品型式试验报告。

（3）低压总进线开关柜内断路器进线侧使用，3 相，额定工作电压 380V，最大持续工作电压 440V，电压保护水平≤2.5kV。

（4）标称放电电流 10/350μs，100kA。

（十一）智能配电管理终端

（1）管理终端设备系统采用分层、分布式结构设计，模块化设计，系统分为系统管理层、网络通信层、现场设备层。

设备包括：电脑主机、显示器、键盘、鼠标、音箱、通信管理机、GPS 对时装置、软件系统、机柜及附件等。

（2）每套管理终端设置 1 台终端柜，柜体尺寸为 800mm×800mm×2200mm。

（3）柜体颜色 RAL7035。

（4）管理系统采集低压综保、UPS、多功能电表等电力数据进线监视和管理，预留上传站控系统的数据接口。

（5）低压综保、UPS、多功能电表设备均预留有 485 通信口，管理系统配套设备采集的屏蔽通信电缆。

（十二）接线

（1）端子。

每个单元的控制元件均应接到该单元内的端子排上。端子排选用凤凰或魏得米勒防尘型端子。

控制、测量表计和继电器等端子排均应为防潮、防过电压、阻燃、长寿命端子排。端子排的额定值不小于 20A，500V，并具有隔板、标志牌和接线螺钉。

供电流互感器用的端子排应设计成短接型。当柜内有两个及以上单元时，端子排应按单元分开排列，以免混排。

每单元端子至少应有 20%的备用端子。

连接到一个端子桩头的导线不应多于一根。对内部连线，在需要跳线的地方，可以接两根导线。端子排上的导线固定采用平头铜螺丝。

供买方外部连接用的端子，应按能连贯地连接一根电缆内的所有缆芯来布置，一根外部连线应接至各自的引出端子桩头上。在所有端子的正前方，应留出足够的、无阻挡的接近空间。

（2）柜内主回路电缆截面应≥2.5mm^2，额定耐压为 0.6/1kV，并具有耐热、防潮、阻燃性能。要求有挠性的地方，应采用多股导线。布线应没有磨损和刀痕，并应有足够的弯曲半径。所有电线应绑扎固定，并在线束的两端使用导线标识牌。

（3）控制回路的导线均应选用绝缘电压≥0.45kV/0.75kV，截面≥1.5mm^2 的多股铜绞线，其中电流互感器二次侧电流导线截面≥4.0mm^2，导线两端均要标注编号，导线任何的连接部分不能焊接。对外引接电缆均应通过端子排，出线端子用压接式连线鼻子。

（4）电气距离的要求，控制和操作灵活、可靠。对于抽屉柜内电气联锁，控制回路的接线应进行严格检查，以保证回路的接线正确性，完整性。

（5）控制回路与母线间应有适当的间距。

（6）所有单元均应有足够的接线空间，便于买方电缆的接线；630A及以上的馈线单元按3根$4 \times 300mm^2$、90kW及以上的电动机单元按2根$3 \times 185mm^2$电缆的接线空间考虑；柜内电缆室设有安装支架便于电缆的固定。

四、开关柜试验及检验

产品的所有单个部件及整个组件均应按照相关的国家标准、行业标准及企业标准进行型式试验、出厂试验和现场交接试验，并应提供供货范围内产品的型式试验和出厂试验报告。

（一）型式试验

所有型式试验必须是电力行业和机械行业所指定的具有检验资格的国家级国内权威机构所进行的试验。被试样品应在具有代表性的方案、规格的整个组件上（指承受短路能力最薄弱、分断条件最差、热损耗最大等）进行试验，以充分确定出它们的实际性能，其他类型方案的性能可借类似数据来判断。

产品应按《低压成套开关设备和电控设备基本试验方法》（GB/T 10233）、《低压成套开关设备和控制设备　第1部分：型式试验和部分型式试验成套设备》（GB 7251.1）等国标有关内容进行型式试验，并将合格的、有效的型式试验报告（复印件）提供给需方。

型式试验至少应包括以下内容：

（1）温升极限的验证。

（2）介电性能验证。

（3）短路耐受强度验证。

（4）保护电路有效性验证。

（5）电气间隙和爬电距离验证。

（6）机械操作验证。

（7）防护等级验证。

（二）出厂试验

出厂试验由供货方在业主或业主授权委托人员的见证下完成，并出具试验报告。

每台低压开关柜出厂前必须进行出厂试验，试验内容应执行《低压成套开关设备和电控设备基本试验方法》（GB/T 10233）、《低压成套开关设备和控制设备　第1部分：型式试验和部分型式试验成套设备》（GB 7251.1）等国家有关标准。供方将出厂试验报告及产品合格证明随低压开关柜一起提供给需方。

出厂验收可由供方与需方共同负责在生产厂内完成。

出厂试验至少应包括以下内容：

（1）检查成套设备应包括检查接线。必要的话，进行通电操作实验。

（2）介电强度试验。

（3）防护措施和保护电路的电连续性检查。

（三）现场交接试验

现场交接试验由业主负责组织实施，供货商派人参加试验，提供技术支持及现场配合；如果业主有特殊要求，可与供货商协商进行。

现场试验由业主负责组织实施，试验内容由业主确定。

产品的验收遵守行业标准《低压成套开关设备验收规程》(CECS 49)。

(四) 特殊试验

如果业主对产品验证有特殊要求时，可进行特殊试验。特殊试验内容由业主与供货方协商确定，试验可落实在型式试验、出厂试验或现场交接试验中。

五、包装与运输

供货方负责产品的包装、运输和装卸，费用包含在总体报价中(单列)。

(一) 包装要求

产品制造完成并通过试验后应及时包装，否则应得到切实的保护。其包装应符合GB/T 13384、GB/T 191及铁路、公路和海运部门的有关规定。

为满足产品长距离运输的要求，包装箱上应有明显的包装储运图示标志，包装箱外壁的文字与标志应耐受风吹日晒，不可因雨水冲刷而模糊不清，且其内容应包括：业主订货号、供货方发货号、制造厂名称、收货单位名称及地址、产品名称及型号、毛重和设备总重、包装箱外形尺寸等。

包装箱储运指示标志："向上""防湿""小心轻放""由此吊起"等标志应按GB/T 191规定。各运输单元应适合于运输及装卸的要求，并有标志，以便于用户组装，如有要求时应注明贮存条件及有效期。

产品的组件、部件应不影响吊装、运输及运输中紧固定位。

随产品提供的技术资料应完整。

(二) 运输要求

运输目的地由业主指定，产品在运输过程中应紧固、定位。

运输单元的运输、贮存及为保证运输过程安全的安装、维护应按照制造厂给出的运输方案进行，运输方案在运输前提供给业主进行审查并批准。各元件的相关标准中规定的关于其运输、贮存等要求，如适用，亦应包括在有关部分的运输方案中。

产品内部结构应在经过正常的铁路、公路及水路运输后相互位置不变，紧固件不松动。

运输时产品本体、可成套拆卸的组件、部件及备品备件、专用工具等不丢失、不损坏、不受潮和不腐蚀。

(三) 装卸要求

产品本体、可成套拆卸的组件，统一包装的部件及备品备件等，应备有承受整体重量的起吊装置。

如果运输地点为设备安装地点，应将设备运至设备安装地，不能造成设备二次吊装。

六、技术服务

(一) 设计联络

(1) 供货方在收到中标通知书后，按照"供货方提供文件清单"的要求，向业主提供图纸资料，供业主批准，在未经批准前不得擅自开工生产。

（2）供货方在收到中标通知书后，与业主及设计方沟通，确定召开设计联络会的时间及地点。

（3）最终版的正式图纸及文本文件必须加盖供货方(产品制造商)公章并签字。

（二）现场安装调试

（1）供货方负责免费协助指导施工单位进行现场安装、调试；在业主的组织下，配合并参与现场试验工作，并参与确认验收试验结果，业主提供必要的工具和常用材料。

（2）在业主指定的安装时间内，供货方应派有经验的技术人员常驻现场，免费提供现场服务。常驻人员协助业主按产品制造、安装及运行标准检查安装质量，处理调试投运过程中出现的问题。

（3）供货方应选派有经验的技术人员，对安装和运行人员免费培训。

（三）监造

（1）在进行设备制造的主要工序时应提前通知业主，业主有权到产品生产工厂进行现场监造、监视试验、验收等活动。

（2）监造、监视试验、验收等活动由供货方提前一周通知业主，相关人员由业主负责组织。

（3）产品运到产品交货地点后，业主有进行检验、试验和拒收(如果必要时)的权力，不得因该产品在原产地发运以前已经由业主或其代表进行过监造和检验并已通过作为理由而受到限制。监造人员参加工厂试验，包括会签任何试验结果，既不免除供货方按合同规定应负的责任，也不能代替产品到达产品交货地点后的检验与试验。

（4）如经检验和试验，产品有不符合技术规范内容或项目，业主可以拒收产品，供货方应无偿给予更换。

（5）供货方将以上活动人数、天数在投标文件中明确，格式见“监造验收活动清单”。

七、供货方所提供文件的要求

供货方投标书中技术部分的章节、内容应与本规格书保持一致，应按照本规格书的格式采取应答的形式(“技术参数表”除外)进行编制。章节格式要求不影响“技术参数偏离表”的编制，对于与本技术规格书偏离的部分，应在“技术参数偏离表”中逐条描述。未在“技术参数偏离表”中描述的内容，视为满足技术规格书要求。

供货方所提交的资料应与所提供的产品一致，保证所提供的文件正确、一致、清晰完整，提供的资料所使用的单位为国家法定单位制，即国际单位制，语言为中文。

供货方应根据业主、设计方的要求提供一切资料。供货方应根据“供货方提供文件清单”中的要求，提供资料，如因资料提交时间的延误而造成设计工期延误的，由供货方负责，并根据业主的相关规定进行处罚。

供货方所提供的文件应满足业主及设计方对文件格式的要求，如果不满足，由供货方处理文件格式。

（一）投标过程中提供的文件要求

投标过程中供货方提供的文件以投标书为主，具体要求见“供货方提供文件清单”，并满足以下要求：

（1）供货方提供的投标书应有目录；除投标书外，其余所有技术资料应有一个目录清单。

（2）投标书需提供供货方简介，包括生产能力、主要生产设备、人力资源、业绩等内容。同时包括所投标产品的技术和发展历史的简介章节。

（3）投标书需提供投标产品型式试验报告。

（4）供货方需提供为本项目产品设计、制造、供货及售后服务和技术支持的具体部门、责任人，并付人员资历介绍。资历介绍中包括第一学历、工作年限、职称、主要业绩等内容。

（5）其他资质证明文件、为说明投标书而必需的图纸和其他文件。

（6）无论有、无技术偏离，均需编制“技术参数偏离表”，无技术偏离时，填写“无”。

（二）中标后需提供的文件要求

中标后所要求提供的文件见“供货方提供文件清单”，并满足以下要求：

（1）供货方产品资料的提交应及时、充分、准确，满足工程进度与质量要求。中标后，供货方按“供货方提供文件清单”（表3-43）要求提供文件，并经业主确认。提供最终版的正式图纸必须以文本形式提供，并加盖供货方及制造厂公章及签字。同时应提供正式的电子文件。

（2）对于其他没有列入合同技术资料清单，却是工程所必需的文件和资料，供货方有责任根据业主及设计方要求及时免费提供。

表3-43 供货方提供文件清单

序号	文件描述	投标书中	先期确认		最终确认		竣工文件	
		份数格式	份数格式	时间	份数格式	时间	份数格式	时间
1	供货方质量体系、HSE体系证书	1P						
2	供货方设计、制造资质证书	1P						
3	供货方业绩清单	1P						
4	售后服务保证	1P					6P+1E	2S
5	供货方业绩证明	1P						
6	分包商资格的详细资料	1P						
7	型式试验报告、检验报告等	1P					6P+1E	2S
8	安装、调试备品清单（免费）	1P					6P+1E	2S
9	运行备件清单	1P					6P+1E	2S
10	专用工具及仪器清单	1P					6P+1E	2S
11	电气主接线图及元件配置表	1P	3P	2B	3P+1E	2C	6P+1E	2S
12	保护、测量、控制、联锁关系图	1P	3P	2B	3P+1E	2C	6P+1E	2S
13	开关柜平面布置及总装图	1P	3P	2B	3P+1E	2C		
14	封闭母线桥机械尺寸及荷载资料		3P	2B	3P+1E	2C	6P+1E	2S
15	基础图与开关柜动、静荷载数据表		3P	2B	3P+1E	2C	6P+1E	2S

续表

序　号	文件描述	投标书中	先期确认		最终确认		竣工文件	
		份数格式	份数格式	时间	份数格式	时间	份数格式	时间
16	产品的制造文件		3P	2B	3P	2C	6P+1E	2S
17	交付进度清单		3P	2B	3P	2C	6P+1E	2S
18	产品运输、现场就位方案		3P	4B	3P	2C	6P+1E	2S
19	出厂试验报告						6P+1E	2S
20	产品合格证书						6P+1E	2S
21	安装调试及运行操作维护说明书						6P+1E	2S
22	技术手册						6P+1E	2S
23	包装清单						6P+1E	2S

（3）完工后的产品应与最终确认的图纸一致。业主对图纸的认可并不减轻供货方关于其图纸的正确性的责任。产品在现场安装时，如供货方技术人员进一步修改图纸，供货方应对图纸重新收编成册，正式递交业主，并保证安装后的设备与图纸完全相符。

（4）供货方提供产品运输、现场就位方案，双方沟通后，业主应给予书面确认。

（5）产品出厂时，供货方随同产品提供的资料应包括图纸资料、型式试验报告、出厂试验报告、安装调试及运行操作维护说明书、包装清单、产品合格证及其技术手册等技术文件。所有资料应统一包装，列有资料清单，到达现场时应完好无损。

八、备品备件、专用工具及铭牌

供货方承诺所提供的备件及专用工具单独包装，便于长期保存，同时备件上应有必要的标志，便于日后识别。

（一）备品备件

备品备件应包括安装调试备件、设备运行备件。备品备件应是新品，与产品同型号、同工艺。供货方应免费提供72h试运行及合格后12个月运行所需的备品备件，包括易损件。供货方如果超出本规格书的要求，另行提供免费的运行备品备件，应在投标书中以清单的形式明确表示。备品备件清单格式见表3-44、表3-45。

表3-44　备品备件清单[必备的备品备件清单(包含在总价中，单列)]

序　号	名　称	型号及规格	单　位	数　量	单　价	备　注
1						
2						

表3-45　备品备件清单[推荐的备品备件清单(不包含在总价中，单列)]

序　号	名　称	型号及规格	单　位	数　量	单　价	备　注
1						
2						

（二）专用工具及仪器

供货方应免费向业主提供专用工具及仪器，清单格式见表3-46。

表3-46 专用工具及仪器清单

序 号	名 称	型号及规格	单 位	数 量	备 注
1					
2					

注：专用工具及仪器是为保证产品正常使用、维护所必须的装备，免费提供。

（三）铭牌

供货方应在产品适当的部位安装永久性的316不锈钢制成的铭牌，铭牌的位置易于观察，内容清晰，其安装可采用不锈钢支架和螺栓固定，但不允许直接将铭牌焊到设备上。

铭牌应符合相关标准的规定，在没有标准规定时，铭牌至少应包括以下内容：

（1）制造厂名称和商标。

（2）产品名称、类型、型号(包括接线方案编号)、名称和出厂编号。

（3）主要性能及参数。

（4）产品的外形尺寸、质量。

（5）防护等级。

（6）出厂日期。

设备中的主要元件，均应具有耐久而清晰的铭牌。在正常运行中，各组件的铭牌应便于识别。

第四章　设计难点及亮点

第一节　过 程 控 制

一、逐级审查、及时调整

在设计过程中，按公司正常工作流程，设计成品需经过设计人自校、校对人、审核人、审定人四级校审签署，各级审查人对图纸存在的问题提交设计人员进行修正，对存在的疑问各级校审人员进行综合讨论，并提出解决办法。

二、统一协调、多方配合

工艺、配管、仪控、电气、结构、消防等各专业紧密配合，总图专业统一协调地下部分各专业，及时调整相互影响的设计工作，实现地下管线和设备基础合理布置，按时交付地下管网施工图，确保了现场施工的进度条件。

利用 CAD Worx 软件三维建模，利用 Navisworks 软件进行碰撞检查及三维漫游。建模内容集成电气、仪控桥架实体机走向，结构的管廊包括地上和地下的设备基础，市政的给水、排水、雨水、消防等地下管网，机制专业的设备实体等，把桥架、基础、地下管网、设备等实体全部建模，在一个模型环境中统筹空间，综合考虑检修、巡检通道，做到模型无实体的硬碰撞，同时预留检修空间、巡检空间等，做到“所建即所见”，减少后期施工变更，提高设计效率。

三、相互催促、及时反馈

文 23 储气库项目设备多，压力高，种类复杂。在设计过程中，采用主办专业责任制，即负责该设备的设计工作，也负责该设备的采购、安装等技术支持工作。积极催促厂家反馈图纸。与此同时，配合专业也及时地参与该设备的招标工作，确保该设备相关专业设计文件符合设计要求。

设备设计、采购过程中，各专业第一时间审查设计图纸，积极反馈设计需求。实现不欠账、不拖账。

四、合理计划、逐项落实

从初步设计开始，就及时的按照计划时间，完成相关设计工作，并提交相关单位。初步设计批复后，及时开展施工图设计。在施工图设计过程中，按照周会的工作安排，计划各专业设计工作。在下次周会时，逐条落实上周相关工作，并采取相应奖惩措施，督促大家牢记质量和进度。

第二节 设计难点

(1) 针对采出水中高含氯离子、矿化度，同时气质组分中含有CO_2(最大2%)，H_2(最大1%)特点，开展复杂环境下的腐蚀分析(表4-1)，进一步确定集输管网钢管材质；同时，注采管线采用了腐蚀挂片(CC)、电阻探针(ER)、极化探针(LPR)等腐蚀监测方法进行，并设置水分析取样点，定期进行溶解性离子(主要是Fe离子)分析，保障管输系统的安全性。

表4-1 静态腐蚀速率

试样	腐蚀速率/(mm/a)	试样	腐蚀速率/(mm/a)
A350 LF6 class2 气相	0.00129	L415Q 液相	0.0289
A350 LF6 class2 液相	0.0305	Q345R 气相	0.00252
L415Q 气相	0.00224	Q345R 液相	0.0285

(2) 针对三甘醇脱水传统工艺再生尾气对空排放，环境污染问题，采用再生尾气密闭回收，一方面避免污染环境，同时节约投资。

(3) 由于文23储气库具有周期性强采强注、工况变化范围大、压力适应范围广等特点，针对面临的可靠性、稳定性控制难题，通过调研国内储气库压缩机应用情况，优化了储气库压缩机工艺流程控制方式，确定了压缩机配置参数。

旁通采用双回路，机组启动时，开启旁通自动球阀及旁通回流调节阀保证机组低负荷启动；停机时，缓慢开启旁通回流调节阀进行卸载，通过调节阀的降压作用，使高压回流气体与进气管路的压力一致，避免带负荷停机。

(4) 文23储气库注气压缩机组为高压、大流量的往复机组，机组运行的安全性要求高。针对这项设计难题，一方面收集国内外已建储气库注气压缩机组的资料，并邀请ARIEL、GE、DRESSER-RAND等知名供应商针对储气库压缩机组设计特点展开技术交流，同时开展了对苏桥、相国寺、呼图壁储气库的现场调研，明确了机组关键运行参数，细化了机组内部多个控制点，首次在储气库压缩机组增设远程诊断监测，对机组活塞杆(图4-1)、气缸压缩腔、十字头、(图4-2)阀盖、机体等关键部位的振动故障机理和监测敏感性进行分析研究，首次在储气库压缩机组中增设远程诊断监测，实现对机组运行的关键参数机进行实时分析。

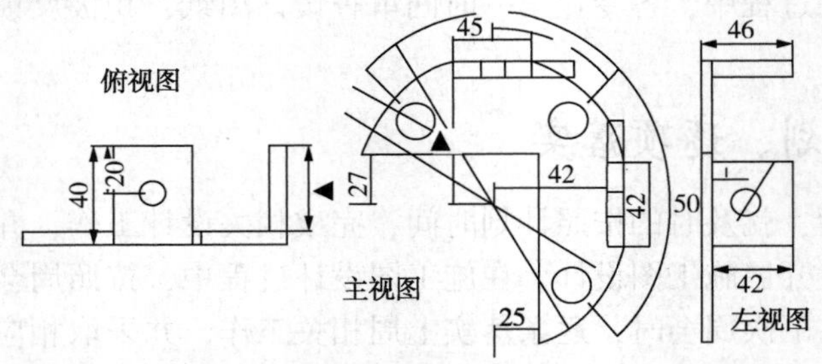

图4-1 活塞杆位移传感器装支架示意图(单位：mm)

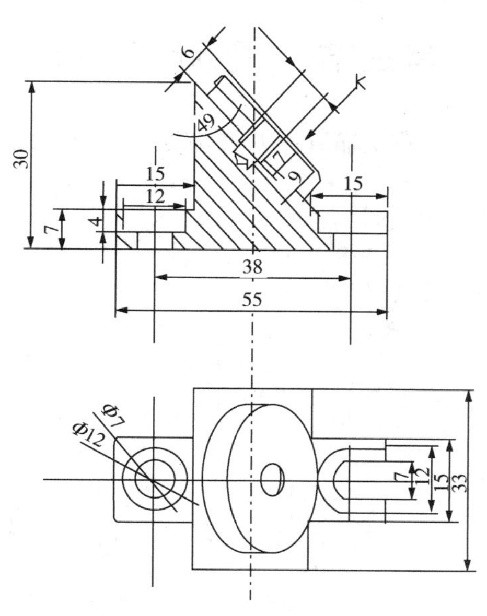

图 4–2　十字头振动传感器安装底座结构图(单位：mm)

（5）压缩机撬与空冷器撬之间工艺管束配管难度大，空间小，压缩机房与空冷器撬间距 7.5m，中间 1 座 4m 宽管廊，同时业主单位要求所有管线(含电、仪)地面敷设；设备种类多，12 台注气压缩机组有三种供应商品牌，机型结构不一致；供应商沟通困难，不按设计要求修改。设计人员秉着高度的责任心，上百次核对，调整、优化，避免了现场的碰撞(图 4–3)。

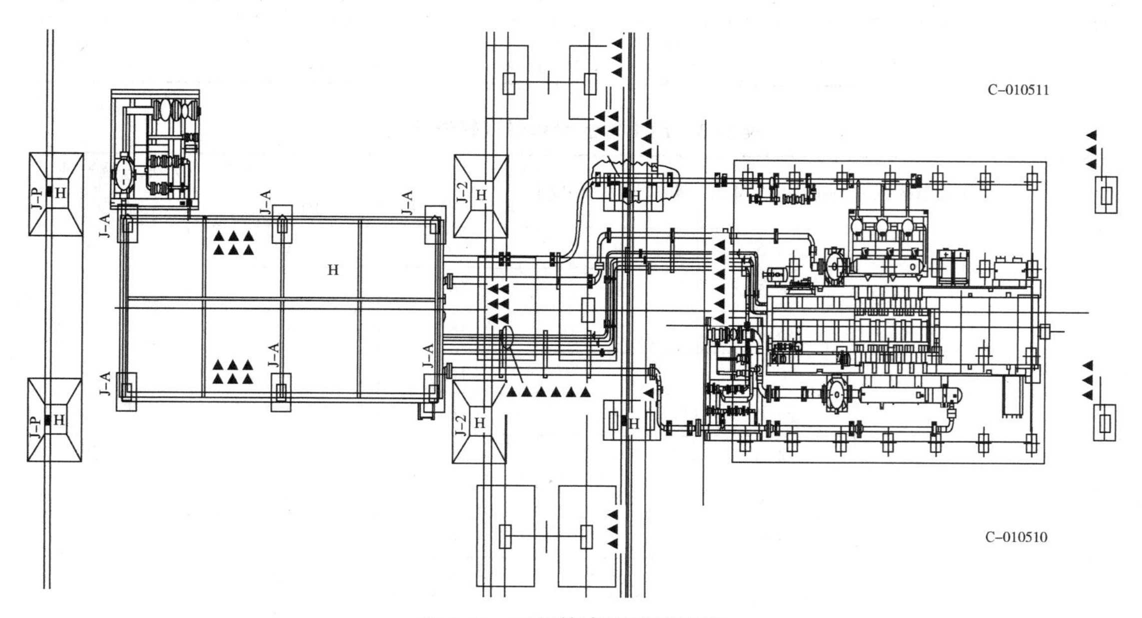

图 4–3　工艺管束安装示意图

第三节 设计亮点

（1）采用PIPEPHASE软件对集输管网开展水力、热力模拟分析计算（图4-4）。

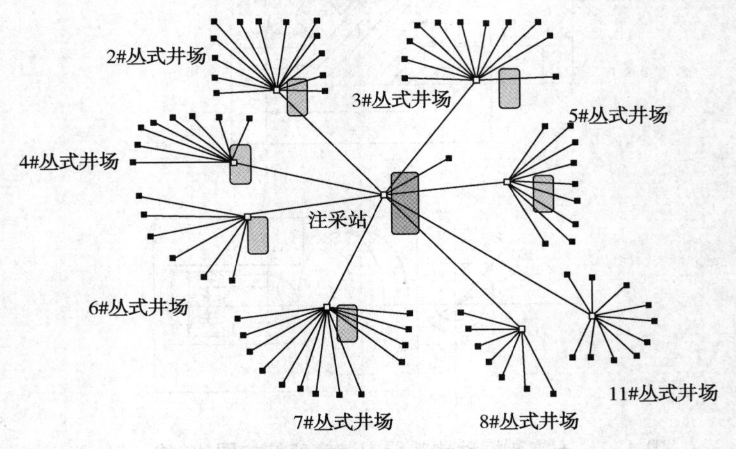

图4-4 集输管网水力学计算模型

（2）结合水合物形成温度，确定不同运行工况下最小输送量和输送温度。根据《气田集输设计规范》（GB 50349—2015）中4.5.1条的规定，天然气集输温度应高于水合物形成温度3℃以上（表4-2、表4-3）。

表4-2 天然气输送管道水合物形成温度及最低输送温度一览表

输送压力/MPa	8	9	10	11	11.5	12	13	15	18	20	25	30	32	35
水合物形成温度/℃	11.7	12.7	13.7	14.3	14.7	15.0	15.6	16.7	18.0	18.7	20.3	21.6	22.0	22.6
最低输送温度/℃	15	16	17	18	18	18	19	20	21	22	24	25	25	26

表4-3 最小输送量和最低输送温度

序号	气井分布区域	地层压力/MPa	井口压力/MPa	井口最低输送温度/℃	井口最低采气量/($10^4m^3/d$)	水合物形成温度/℃
1	高产区	38.6	9	16	12	12.70
		36.5	9	16	12	
		33.0	9	16	12	
		30.0	9	16	12	
		27.0	9	16	13	
		24.0	9	16	13	
		21.0	9	16	13.5	
		18.0	9	16	14	
2	中产区	38.6	9	16	12	
		36.5	9	16	12	
		33.0	9	16	12.3	

续表

序　号	气井分布区域	地层压力/MPa	井口压力/MPa	井口最低输送温度/℃	井口最低采气量/($10^4m^3/d$)	水合物形成温度/℃
2	中产区	30.0	9	16	12.3	12.70
		27.0	9	16	12.3	
		24.0	9	16	14.5	
		21.0	9	16	15	

根据水合物的形成温度，在不注醇的情况下，管线的最小启输量为 $15\times10^4m^3/d$，最小输送温度不能小于16℃。

(3) 开展HAZOP和SIL等级评估分析，确保设计本质安全，提高储气库安全运行的可靠性(表4-4)。

表4-4　评估分析

编号	建　　议	初始风险			类型	责任方	备注
		S	L	R			
G.1	更新PID图，完善井场及注采站所有ESDV阀触发机制及PID标识，考虑在PID图上标识ESDV阀门详图	A	1	L	D	设计院	
G.2	更新PID图，目前装置内部分调节阀及两位阀的事故状态未标识	A	1	L	D	设计院	
G.3	装置内可能积水的管道及设备冬季时可能冻堵，应增设电伴热装置及保温(如，三甘醇脱水系统冷凝水回收罐及冷凝水泵出入口管线)	A	1	L	D	设计院	
G.4	核实采气操作时，是否存在向中开线与鄂安沧线同时供气的工况，如若存在，应考虑在中开线汇管增设调压设施	E	3	H	O	业主/设计院	
G.5	建议装置内所有BDV旁路手动放空管线接口移至BDV管线，减少主管线的开口	B	3	H	O	设计院	
G.6	更新PID图，装置内所有安全阀入出口补充“CSO”，旁路补充“CSO”标识	A	1	L	D	设计院	

(4) 桩基础首次采用预应力混凝土方桩，施工速度快，强度高，减少施工工艺流程，省去灌注桩的养护时间，大幅度缩短施工工期。

(5) 压缩机房和空冷间根据降噪厂家的降噪板施工工艺，将隅撑节点及柱间支撑节点首次进行改良设计，将降噪板直接卡放在门式刚架型钢柱内，节约了现场的安装周期。

(6) 采用专业软件优化地下管网设计，将管线交叉点，逐一列出管线交叉点垂距表，避免了管网设计产生矛盾、冲突，现场地网施工未出现一处地网碰撞的问题。

(7) 储气库工程首次实现数字化集成设计和数字化交付，实现各专业之间的协调设计，提供了设计效率。

利用Navisworks软件进行碰撞检查及三维漫游，实现工艺设备管线、阀门、设备三维配管，电气、仪控桥架走向定位，结构的管廊包括地上和地下的设备基础，市政的给水、排水、雨水、消防等地下管网，机制专业的设备实体等，把桥架、基础、地下管网、设备等实体全部建模，在一个模型环境中统筹空间，综合考虑检修、巡检通道，做到模型无实体的硬碰撞，同时预留检修空间、巡检空间等，做到"所建即所见"，避免了后期施工的变更，提高了设计效率。

(8) 压缩机房采用开路式可燃气体探测器，解决以往可燃气体探测器设置过多，特别是顶层可燃气体探测器维修不便的情况。

(9) 集气管网采用局域牺牲阳极阴极保护，避免了站外各个管线阴极保护电流、电压的互相影响，也避免了新建管线和已建管线交叉平行处的互相干扰。

(10) 开展工业控制系统网络安全性研究，采用专网专用+备用通信方式 DDN 专线链路技术，提高其运行的安全性。

(11) 针对地下水矿化度高特点，采用三级过滤和反渗透处理工艺，满足水质要求。

(12) 针对压缩机防爆起重机，国内类似项目普遍采用 LB 型悬挂式起重机，该型起重机由于采用悬挂式，轨道易变形，存在安全隐患，项目实际情况，合理选用了 LHB 型电动葫芦梁式起重机，消除了轨道易变形的安全隐患，提高了检修操作中的安全性，同时降低了厂房的高度约 1m。

第五章　专业描述及特点

第一节　站场工程

一、站场设置

（一）设置原则

（1）满足储气库工艺设计要求，实现天然气采气、注气、清管、采出水处理等功能需要。

（2）注采管道线路走向合理，保证注采气工艺的经济性。

（3）选择较有利的地形及工程地质条件，避开软土、地面沉降等不良工程地质地段及其他不宜设站的地方。

（4）社会依托条件好，供电、给排水、生活及交通便利。

（5）与附近工业、企业、仓库、车站及其他公用设施的安全距离应符合国家标准《石油天然气工程设计防火规范》（GB 50183）及相关规范。

（6）各类站场应有足够的生产和设备检修的作业通道及行车通道，有车行道与外界公路相通。

（7）尽量减少土石方工程、降低建设和管理费用。

（二）站场设置

文23储气库项目一期工程地面工程新钻井66口、利用老井11口，根据气井的分布情况，配套建设1座注采站、8座丛式井场、11座单井井场及6座监测井场。

（三）站场功能参数

1. 站场功能

注采站主要功能如下：

（1）接收长输管道来气。

（2）井口采出气（输入）长输管道。

（3）注入天然气的分离、过滤、计量、增压。

（4）采出天然气的分离、过滤、脱水、计量、调压。

（5）站内自用气供给。

（6）收发送清管器（阀）。

（7）站场紧急关断。

（8）事故及维修时放空。

（9）站场数据采集与监控。

2. 设计参数

1）注气运行参数

压缩机的进气压力：5~8MPa；

压缩机的注气压力：18~34.5MPa；

压缩机的注气流量：$150\times10^4m^3/d$；

注气规模：$1800\times10^4m^3/d$。

2）采气运行参数

丛式井场来气压力：10.5~11MPa；

出站压力：7~9.5MPa；

采气规模：$3600\times10^4m^3/d$；

单列最大处理规模为 $1200\times10^4m^3/d$，水露点<-5℃（交接点压力下）。

（四）站场流程

1. 注气部分

（1）进站阀组流程。来自站外鄂安沧管道（压力 5~8.0MPa、温度 5~25℃）、中开管道和榆济—文 96 注采站管道（压力 5~7.6MPa、温度 5~25℃）的 3 路注气气源，经站东围墙进入注采站进站阀组区，其中鄂安沧管道气源进入 2 列过滤分离系统，中开管道和榆济—文 96 注采站管道汇合成一路进入过滤分离系统（不考虑两气源同时注气），气源之间采用连通汇管贯通。

（2）过滤分离流程。来自注气阀组区的 3 路天然气，分别进入 3 路旋风分离器、过滤分离器进行过滤分离出管道中携带的固体颗粒及杂质，分离后进入计量系统。

（3）计量流程。经分离后的 3 路装置每路采用 2 列（共 6 列）超声波流量计进行计量。计量后，每 3 列管线汇合一条汇管，分别进入两个增压区，两根汇管之间设连通阀门。

（4）增压流程。经计量后来的 2 条天然气汇管，每条汇管分 6 分支线，分别进入注气压缩机组入口，经两级压缩后增至 34.5MPa（表压）、空气冷却至 65℃后，每 3 台注气压缩机组出口管线汇合后送至进站阀组区。

（5）注气分配流程。来自增压区的两条注气管线经注气阀组汇管分配，向 8 座丛式井场注气。

（6）注气清管流程。在注气过程中，根据生产运行需要，可接收长输管道上游清管设施。

2. 采气流程

1）进站阀组流程

自 8 座丛式井场来的湿天然气经注采站东围墙进入进站采气阀组区。8 座丛式井场来气通过汇管实现互通。每个进站采气管线上设紧急切断与手动放空。

2）过滤分离流程

自进站采气阀组的天然气，分 3 路经段塞流捕集器、空冷器冷却、旋风分离器、过滤分离器分离其中的游离水及杂质后，进入 3 列三甘醇脱水装置。其中旋风分离器、过滤分离器与注气流程共用。

3）脱水流程

经过滤分离后的天然气进入吸收塔底部与塔顶流下的贫三甘醇溶液充分接触，脱水后由塔顶天然气出口出塔，然后进套管换热器与进塔贫甘醇换热后，再经过分离器和顶部压力控制阀后出装置。脱出三甘醇后的天然气经调压阀进行稳压。

富三甘醇由吸收塔底部富液出口出塔，部分进入三甘醇再生塔塔顶盘管，被塔顶蒸汽加热至40℃后进入三甘醇闪蒸罐，闪蒸分离出溶解在甘醇中的天然气。再生塔塔顶盘管两端连接有手动旁通调节阀，用以调节富甘醇进盘管的流量，从而调节再生塔塔顶的温度。三甘醇由闪蒸罐下部流出，经过闪蒸罐液位控制阀，依次进入三甘醇二级过滤分离器(滤布)及三甘醇三级过滤器(活性炭)。通过滤布过滤器过滤掉富甘醇中5μm以上的固体杂质；通过活性炭过滤器过滤掉富甘醇溶液中的部分重烃及三甘醇再生时的降解物质。两个过滤器均设有旁通管路。在过滤器更换滤芯时，装置可通过旁通管路继续运行。经过滤后富甘醇进入贫/富三甘醇换热器，与由再生重沸器下部三甘醇缓冲罐流出的热贫甘醇换热升温至160℃后进入三甘醇再生塔。

在三甘醇再生塔中，通过提馏段、精馏段、塔顶回流及塔底重沸的综合作用，使富甘醇中的水分分离出塔。塔底重沸温度为170～195℃，三甘醇质量百分比浓度可达97%～99%。塔顶水蒸气经富三甘醇溶液冷却后，进入冷凝水缓冲罐。重沸器中的贫甘醇溢流至重沸器下部三甘醇缓冲罐。贫三甘醇液从缓冲罐进入板式换热器，与富甘醇换热，温度降至48.5℃左右进三甘醇循环泵，由泵增压后进套管式气液换热器与外输气换热至35℃进吸收塔吸收天然气中的水分。三甘醇富液闪蒸罐顶部闪蒸气调压后进入燃烧器燃料气管线。

再生塔顶尾气经冷凝分离后，液相通过增压泵进入排污系统，气相进入燃烧器混合燃烧，消除尾气排放和冬季白烟等环境问题。

4）计量流程

经脱水后的天然气经超声波流量计计量后输送至进站阀组区。该流量计与注气流程共用。

3. 辅助流程

1）燃料气系统

燃料气主要用途是为站内用气设备提供燃料气。注气期主要为火炬点火燃烧器用。采气期主要为三甘醇再生撬重沸器火管燃料用和火炬点火燃烧器用。

2）空氮系统

空压、制氮系统为全厂提供仪表风和氮气。仪表风主要用于对工艺装置、储罐及相关设施的自控阀门、仪表进行供气和作为制氮机的原料气，以保证整套装置的连续、稳定运行。在注气期，氮气主要用途为注气增压机组填料密封、电机正压通风；采气期为三甘醇回收罐、三甘醇储罐氮封，同时考虑装车补压用。

空气经空气压缩机压缩至1.0MPa(表压)，后经过滤、分离、冷却至40℃左右后进入空气缓冲罐后，经前置高效过滤器、微热再生干燥机和后置颗粒式过滤器进行净化，净化后的压缩空气，一部分进入仪表风储罐，供全厂装置仪表用，另一部分作为制氮机系统的原料。

净化后的压缩空气通过制氮机入口汇管，进入制氮机撬块，在撬块内依次通过深度微热再生干燥器、除油器、PSA 空分制氮机，分离出 0.7MPa、纯度 99%的成品氮气，经氮气储罐，汇入氮气出口汇管，送至全厂氮气管网。

3）采出水系统

生产装置排放的采出水通过管线排放至采出水罐，根据液位定时将采出水输送至文一污集中处理。根据文 23 气田自 1990 年投入正式开发以来，水气比一直保持在 0.1～0.3$m^3/10^4m^3$之间，采气最大处理能力 $3600\times10^4m^3/d$，因此，最大采出水量为 $1080m^3/d$（$45m^3/h$），设 2 座 $50m^3$ 采出水罐，2 座输送能力为 $45m^3/h$ 的采出水泵。

4）放空火炬系统

放空火炬单元主要功能保护整个工厂的安全，火炬单元主要由放空管网、火炬分液罐、放空火炬组成。放空管网分为高压放空管线、中压放空管线与低压放空管线，在工艺装置区内分别进入火炬分液罐，火炬分液罐设液位联锁与液位报警，分离出的液体设装车泵，定期装车外运。

二、线路工程

（一）线路概况

线路工程涉及的管线为注采站与周边管网连接的气源管线及注采站与注采井场之间的集输管线。

本设计中的气源管线全部敷设在河南省濮阳市文留镇境内，集中敷设在文留镇的东北方向的小刘庄、后邢屯村、西邢屯村、东邢屯村及后草场村周边，线路全长 7.3km，多处采取同沟敷设，河流穿越共 3 处，顶管穿越公路共 13 处。

本工程的气源管线为 3 条，与榆林—济南输气管道至文 96 储气库注采站内的气源管线的接口为巴庄村阀组，从巴庄村阀组预留的 *DN*500 的球阀处接一条 *DN*500 的气源管线到注采站，管道的设计输量为 $500\times10^4m^3/d$、设计压力 8.0MPa、材质 L415M、管线长度 1.34km；与中原-开封输气管道的气源管线的接口为文留阀室，从文留阀室预留的 *DN*700 的球阀处接一条 *DN*700 的气源管线到注采站，管道的设计输量为 $1000\times10^4m^3/d$、设计压力 8.0MPa、材质 L450M、管线长度 5.96km；与鄂安沧输气管道濮阳支干线的接口为注采站东围墙外 1m 处，管道的规格为 *DN*1000、设计压力 10.0MPa、材质 L450M。

（二）集输管线

本设计中集输管网的管线全部敷设在河南省濮阳市文留镇境内，集中敷设在文留镇的东北方向的小刘庄、后行屯村、西邢屯村、东邢屯村及后草场村周边，线路全长 31.87km，与光缆同沟敷设，河流穿越共 29 处，顶管穿越公路共 51 处。

集输管网共由三部分组成，具体如下：

（1）注采气干线。为注采站至丛式井场(2#、3#、4#、5#、6#、7#、8#、11#)的注采气干线，全长 13.62km，设计输量 $700\times10^4m^3/d$，设计压力 37MPa，为 *DN*300 的无缝钢管、材质 L415Q。

（2）单井管线。为单井井场与丛式井场间的单井管线，11.64km，设计输量 $60\times10^4m^3/d$，设计压力 37MPa，为 *DN*100 的无缝钢管、材质 L415Q。

(3) 采出水管线。为注采站至文一联进行污水处理的采出水输送管线，全长6.61km，设计输量90m³/h，设计压力2.0MPa，为*DN*150的钢骨架聚乙烯塑料复合管。

三、线路用管

本工程所涉及的管线为气源管线及集输管线，由于气源管线的规格、设计压力同已建管线，本次设计选用与已建管线相同的规格及材质。

本次油气集输管线的设计压力较高(注采气干线、单井管线的设计压力为37MPa)；管径较小(单井管线采用*DN*100、注采气干线采用*DN*300)，根据所用的集输管线输送的介质为含水天然气，设计压力较高，且采出的含水天然气中含有CO_2、H_2、Cl^-等介质，管线选用无缝钢管，需要对管线材质进行选择(表5-1、表5-2)。

表5-1 不同钢级别的单井管线管材费用对比表

序 号	钢管形式及规格	钢 级	管重/(t/km)	钢材价格/(元/t)	管材/(万元/km)
1	无缝钢管 D114.3×16	L360Q	38.79	6500	25.21
2	无缝钢管 D114.3×15	L390Q	36.73	6800	24.98
3	无缝钢管 D114.3×14.2	L415Q	35.05	7000	24.54
4	无缝钢管 D114.3×14.2	L450Q	35.05	8000	28.04
5	无缝钢管 D114.3×12.5	L485Q	31.38	10200	32.01

表5-2 不同钢级别的注采气干线管材费用对比表

序 号	钢管形式及规格	钢 级	管重/(t/km)	钢材价格/(元/t)	管材/(万元/km)
1	无缝钢管 D323.9×40	L360Q	281.14	6500	182.74
2	无缝钢管 323.9×36	L390Q	268.96	6800	182.89
3	无缝钢管 323.9×34	L415Q	244.00	7000	170.8
4	无缝钢管 323.9×32	L450Q	231.23	8000	184.98
5	无缝钢管 323.9×30	L485Q	218.25	10200	222.62

经过对多种钢级管材的经济比选，采用L415Q管材的单井管线及注采气干线的费用最低，且采用高钢级管线的焊接性能相对于低钢级管线要差，因此采用L415Q的管材。

四、管道敷设

(一) 管道敷设方式及埋深

根据管道沿线的地形、地貌、工程地质、水文地质以及气候条件，管道采取直埋敷设方式。根据沿线地形、工程地质和耕作深度等情况，确定管道埋深：考虑到站外管线均位于油区，油区内已建管线密集，已建管线的管顶埋深多为1.0~1.5m，为了减少管线施工对已建管线的影响，站外管线的管顶埋深定为1.6m。

当管沟深大于3m而小于5m时，沟底宽可根据实际情况适当加宽，沟深超过5m时，应根据土壤类别及物理力学性质确定底宽，并将边坡适当放缓或加筑平台；在农田地区开挖管沟时，应将表层耕作土和底层生土分层堆放。

（二）施工作业带

根据管道所连接的站场及管道的布置，管道尽可能采用同沟敷设，减少占地面积，管道的施工作业带宽度严格按《油气田集输管道施工规范》（GB 50819—2013）和《油气长输管道工程施工及验收规范》（GB 50369—2014）的要求。

（三）管道转角

管道在水平和纵向的转角较小时应优先采用弹性敷设来实现管道方向改变，以减小局部摩阻损失和增强管道的整体柔韧性，弹性敷设的曲率半径 R≥1000D（D 为管子外径）。

在弹性敷设受地形、地物及场地限制难以实现，或虽能施工，但土方量过大时，应优先采用曲率半径为 40D 的现场冷弯弯管，其次采用曲率半径为 6D 的热煨弯管。

（四）特殊地段管道处理

管道经过地工农业发达，地面管网密集，同时地下水位较高，需要进行特殊处理。

1. 地表植被茂密、经济林、果园、苗圃段

管道在通过上述区域时，应尽量根据地表植被情况进行合理避让，同时为减少管道施工对地表植被的破坏，施工作业带宽度应尽量缩减，宜采用沟下组焊方式减小施工作业带宽度。

2. 地表水系发达和地下水位较高段

在地表水系发达或地下水位较高地段敷设管道时，应尽量将管道置于稳定地层内，在施工过程中注意降水和排水措施，保证管道埋设深度和柔性要求；同时做好水工保护和配重设计，防止在雨季冲毁管沟，损坏管道。

3. 光缆、管道穿越

《钢质管道外腐蚀控制规范》（GB/T 21447—2008）有关规定和管道工程施工做法，管道与其他管道、电力、通信电缆交叉时，其间距应符合下列规定：

与其他管道交叉，其垂直净距不应<0. 3m。当<0. 3m 时，两管间应设置坚硬的绝缘隔离物，两条管道在交叉点两侧各延伸 10m 以上的管段，应采用加强绝缘等级。

管道与电力、通信电缆交叉时，其垂直净距不应<0. 5m。交叉点两侧各延伸 10m 以上的管段和电缆，应采用加强级绝缘等级。

4. 与高压输电线路并行

本工程输气线路部分区段因受地形、地物及规划等条件限制，局部被迫靠近高压线并与其并行，管道设计需采取特殊的阴极保护措施和干扰电流控制措施，保证管道的安全。埋地管道与架空输电线路的距离应满足《钢质管道外腐蚀控制规范》（GB/T 21447—2008）、《66kV 及以下架空电力线路设计规范》（GB 50061—2010）和《110～750kV 架空输电线路设计规范》（GB 50545—2010）的相关要求。

第二节 井 场 工 程

一、井场设置

根据文 23 地下储气库工程的地质及气藏方案共新钻 66 口井，老井利用 11 口、利用 6

口老井作为监测井，设 8 个多井的井台。根据井台及利用井的布置，文 23 地下储气库工程共设计 8 座丛式井场、11 座单井井场、6 座监测井场。老井利用之前，必须经过严格的检验以及安全评价合格后，方可作为储气库注采井使用。

（1）丛式井场。本工程共设 8 座丛式井场，丛式井场尽量利用已建的老井井场建设，丛式井场内管辖 66 口新钻注采井。

（2）单井井场。根据先导工程检测合格的 11 口井，利用已建井场进行改造，共设 11 座单井井场。

（3）监测井场。根据《文 23 地下储气库工程可行性研究报告》(地质及气藏工程)，利用 6 口已建井作为监测井，共设 6 座监测井场。

二、井场布置

井场的布置根据相关功能及周围的环境确定，井场为无人值守井场。

单井井场根据功能分为井口装置区(含井口的注采气工艺设施)及辅助生产区，辅助生产区设井口控制柜、仪表及通信机柜等。

丛式井场根据功能分为井口装置区(多口注采气井，含井口的注采气工艺设施)及辅助生产区，辅助生产区辅助生产区设井口控制柜、仪表及通信机柜等。

监测井场由于没有工艺装置区，不需要任何数据上传，且只需要定期的作业车进行监测，为了井场方便管理，仅设围墙及大门。

三、工艺流程

1. 注气流程

注采站来气→紧急关断阀→清管阀→靶式流量计→止回阀→紧急关断阀→采气树。

2. 采气流程

采气树来气→紧急关断阀→调节阀→调流阀→靶式流量计→清管阀→紧急关断阀→注采站。

第三节　仪表及自动控制

一、自控水平

（1）严格执行现行国家、行业的有关标准、规范。

（2）坚持安全、适用、经济、可靠的原则。

（3）提高储气库的管理和自动化水平，加强监控手段，采用先进的控制方式，达到国内同类工程的先进水平。

（4）自动化仪表设备及控制系统的选型以技术先进、性能稳定、可靠性高、性能价格比高、能够满足精度要求、能够满足现场环境及工艺条件要求为原则。

（5）在满足安全、工艺过程要求的前提下，仪表、设备选型要统一，以减少备品、备件的品种和数量，以便维护。

（6）采用高可靠性，高稳定性和可维护性高的、先进适用的自动化软件、硬件，保证储气库安全、高效、平稳的生产运行。

（7）根据工艺要求和生产装置的规模、流程特点，各参数对生产操作的影响等因素，确定测量及控制方式，选用相关的仪表。

（8）仪表的防爆类型根据国家有关爆炸和火灾危险场所电气装置设计规范的规定，按照仪表安装场所的爆炸危险类别、范围、组别确定。

二、方案设计

（一）总体方案

文23地下储气库工程自动控制系统采用以计算机为核心的监控及数据采集(Supervisory Control And Data Acquisition，简称SCADA)系统。SCADA系统设调控中心1座，位于注采站。注采站设DCS系统、SIS系统，单井井场设RTU远程终端系统，丛式井场设基本过程控制系统(BPCS)、SIS系统。

采用调度中心控制级、站场控制级和就地控制级的三级控制方式：

（1）第一级为调度中心控制级：设置在注采站调控中心，对整个储气库系统进行远程监控，实行统一调度管理。通常情况下，由调度控制中心对储气库进行监视和控制，沿线各站场无须人工干预，站场的控制系统在调度控制中心的统一指挥下完成各自的监控工作。

（2）第二级为站场控制级：设置在注采站、井场，由注采站DCS、丛式井场基本过程控制系统(BPCS)、单井井场RTU系统对站内工艺变量及设备运行状态进行数据采集、监视控制，通过SIS系统对站内设备进行联锁保护。

站场控制级控制权限由调度控制中心确定，经调度控制中心授权后，才允许操作人员通过站控系统对各站进行授权范围内操作。当通信系统发生故障或系统检修时，在站控系统实现对各站的监视与控制。

（3）第三级为就地控制级：就地控制系统对工艺单体或设备进行手/自动就地控制。当进行设备检修或紧急切断时，可采用就地控制方式。

为保证人身设备安全，注采站设置SIS系统及火气系统，丛式井场置SIS系统。

（二）SCADA系统配置

1. 硬件配置

注采站设SCADA系统一套，配置操作员站3台、工程师站1台、调度员站1台、远程维护工作站1台、实时数据服务器2台、历史数据服务器2台、web服务器1台。

2. 软件配置

SCADA系统的软件配置包括：

SCADA系统软件；该软件采用运行稳定、版本先进的标准中文Windows；SCADA软件包。

3. SCADA系统功能

控制中心是SCADA系统的调度指挥中心，在正常情况下操作人员在调度控制中心通过计算机系统即可完成对整个储气库的监控和运行管理等任务。其主要功能：

（1）数据采集和处理。

（2）工艺流程的动态显示。

（3）实时数据的采集、归档、管理以及趋势图显示。

（4）历史数据的采集、归档、管理以及趋势图显示。

（5）生产统计报表的生成和打印。

（6）标准组态应用软件和用户生成的应用软件的执行。

（7）组分追踪。

（8）模拟培训。

（9）紧急切断。

（10）安全保护。

（11）SCADA 系统诊断。

（12）仪表的故障诊断和分析。

（13）网络监视及管理。

（14）通信通道监视及管理。

（15）通信通道故障时主备信道的自动切换。

（16）贸易结算管理。

（17）为 MIS 系统（管理信息系统）提供数据。

（18）与上级计算机系统通信等。

（三）DCS 系统配置

1. 硬件配置

注采站采用 DCS 系统对站内工艺变量及设备运行状态进行数据采集，对关键工艺参数、可燃气体和火灾信号进行报警。DCS 系统通过网络与 SCADA 控制中心进行数据通信。DCS 控制系统，包括 CPU 模板、电源模块、通信模块、机架、I/O 模块及 PLC 内部网络等。I/O 模块依据 I/O 统计表配置。CPU 模块、电源模块、通信模块、PLC 内部网络及机架均需冗余。

设置 1 台工程师站、2 台操作员站，对站内数据进行监视、操作。DCS 系统作为管道 SCADA 系统的现场控制单元，除完成对所处站场的监控任务外，同时负责将有关信息传送给调度控制中心并接受和执行其下达的命令。

其他配置还包括 A3 幅面激光打印机 1 台，针式打印机 1 台，路由器，交换机等。

2. 软件配置

DCS 系统的软件配置包括：

（1）操作员工作站操作系统软件；该软件采用运行稳定、版本先进的标准中文 Windows；PLC 编程软件。

（2）PLC 用户应用软件。

（3）HMI 软件。

（4）HMI 用户应用软件。

3. DCS 系统技术要求

DCS 系统 PLC：PLC 主要由处理器、I/O 系统、电源、安装附件等构成。为了保证系统的可靠性。CPU 模块、电源模块、通信模块、机架设备冗余。

PLC 处理器：PLC 处理器以 32bitCPU 为基础，若电源掉电恢复后，处理器不需人工干预而能自动重启，处理器采用设备冗余配置，支持冗余自动切换。

I/O 模块：PLC 的输入和输出模块具有故障自诊断功能，具有抗浪涌保护功能。

4. DCS 系统功能

DCS 系统完成以下主要功能(不限于此)：

1) 数据采集与传输功能

(1) 采集站内工艺运行参数，将其传输至调度控制中心。

(2) 火气及可燃气体检测报警，并上传至调度控制中心。

2) 控制功能

(1) 执行调度控制中心下发的指令。

(2) 全站的启动、停止控制。

(3) 流量计量及调压。

(4) 站内所有远控阀门远控及就地手动控制。

(5) 紧急切断及安全保护。

3) 显示功能

(1) 动态流程显示(包括实时运行参数及设备状态)。

(2) 运行参数的动态显示，参数的实时、历史趋势显示。

(3) 报警画面显示。

4) 打印功能

(1) 报表打印。

(2) 故障及报警信息打印。

5) 其他功能

(1) 站内数据管理。

(2) 数据通信管理。

(3) 自动诊断自恢复。

(4) 经通信接口与第三方的系统或智能设备交换信息。

(四) 基本过程控制系统(BPCS)

1. 硬件配置

丛式井场采用 BPCS 系统对丛式井场内工艺变量及设备运行状态进行数据采集，对关键工艺参数、可燃气体信号进行报警。BPCS 系统通过网络与 SCADA 控制中心进行数据通信。BPCS 控制系统，包括 CPU 模板、电源模块、通信模块、机架、I/O 模块及 PLC 内部网络等。I/O 模块依据 I/O 统计表配置。CPU 模块、电源模块、通信模块、PLC 内部网络及机架均需冗余。BPCS 系统作为管道 SCADA 系统的现场控制单元，除完成对所处站场的监控任务外，同时负责将有关信息传送给调度控制中心并接受和执行其下达的命令。

其他配置还包括路由器，交换机等。

2. 软件配置

BPCS 系统的软件配置包括：

（1）PLC 用户应用软件。

（2）HMI 软件。

（3）HMI 用户应用软件。

3. BPCS 系统技术要求

BPCS 系统 PLC：PLC 主要由处理器、I/O 系统、电源、安装附件等构成。为了保证系统的可靠性。CPU 模块、电源模块、通信模块、机架设备冗余。

PLC 处理器：PLC 处理器以 32bitCPU 为基础，若电源掉电恢复后，处理器不需人工干预而能自动重启，处理器采用设备冗余配置，支持冗余自动切换。

I/O 模块：PLC 的输入和输出模块具有故障自诊断功能，具有抗浪涌保护功能。

4. BPCS 系统功能

BPCS 系统完成以下主要功能(不限于此)：

1）数据采集与传输功能

（1）采集丛式井场内工艺运行参数，将其传输至调度控制中心。

（2）可燃气体检测报警，并上传至调度控制中心。

2）控制功能

（1）执行调度控制中心下发的指令。

（2）流量计量及调压调流。

（3）紧急切断及安全保护。

3）显示功能

（1）动态流程显示(包括实时运行参数及设备状态)。

（2）运行参数的动态显示，参数的实时、历史趋势显示。

（3）报警画面显示。

4）其他功能

（1）丛式井场内数据管理。

（2）数据通信管理。

（3）自动诊断自恢复。

（4）经通信接口与第三方的系统或智能设备交换信息。

（五）安全仪表系统(SIS)

站场设置独立于过程控制的安全仪表系统(SIS 系统)，SIS 系统采用冗余、容错的控制器，系统的安全等级为 SIL2。SIS 系统是保证管道及沿线站场安全的逻辑控制系统。SIS 系统的紧急关断命令优先于任何操作方式。在站场发生超压、火灾等紧急情况下，SIS 系统将按预定的顺序关闭进出站阀、打开越站阀(需要时)、站内管道减压，确保站场安全。包括以下主要功能：

（1）站场内 ESD 按扭动作。

（2）接到调度控制中心的 ESD 命令。

（3）火灾报警(人工确认后)。

（4）大面积的可燃气体泄漏(经人工确认后)。

（5）站场超压。

（六）远程终端(RTU)

RTU主要对单井井场和井口的数据采集和监控，RTU是以微处理器为核心的数据采集和控制，编程组态灵活、通信能力强、维护方便、自诊断能力强、耗电少等。

1. RTU功能

RTU系统完成以下主要功能(不限于此)：单井井场RTU对井场天然气计量、阀门控制和外输等工艺过程进行数据采集，对井场天然气高压、低压信号进行报警关断。保障工艺系统的安全、可靠、平稳地运行，实现工艺系统参数的显示、数据的处理，以及报警和归档。

RTU主要功能(不限于此)如下：

（1）对现场的工艺变量进行数据采集和处理。

（2）数据存储及处理。

（3）与注采站站控系统通信。

(4)执行远程控制命令。

（5）事件顺序记录。

（6）系统时钟同步。

（7）自恢复和自检测功能。

2. RTU硬件、软件

硬件配置：RTU包括处理器模块、I/O模块、电源模块。

软件配置：windows操作系统、编程组态软件。

（七）火气系统

在注采站内有可能引起天然气泄漏的检测点及丛式井场的配电间内设置红外点式可燃气体变送器，检测天然气泄漏情况，信号远传至可燃气体报警控制器进行声光报警，同时将高高报警信号传至SIS系统进行报警，并与站场内关断阀进行联动控制，以保证站内人身、设备和生产过程的安全。在站场内设置便携式可燃气体探测器，用于人工巡检站场或井场时检测可燃气体的浓度，保护人员安全。

在站控楼、综合用房及门卫设置智能感烟探测器，在站场工艺区装置、压缩机区设置火焰探测器对站场火灾情况进行检测，并远传至控制室进行报警、联锁。

三、仪表检测控制设计方案

（一）井场

文23储气库设77口注采井，单井井场11座，丛式井场8座。单井井场管线设井口切断阀、电动节流阀、电动调流阀、靶式流量计及压力、温度检测，单井井场RTU通过专用通信光缆将数据上传注采站。丛式井场设井口切断阀、出站紧急切断阀、电动节流阀、电动调流阀、靶式流量计、压力检测、温度检测检测，丛式井场基本过程控制系统(BPCS)通过专用通信光缆将数据上传注采站。

（二）注采站

主要检测、控制仪表选型：

1. 温度仪表

温度检测采用一体化温度变送器，精度±0.25%，输出4~20mA信号；用于计量的变送器要求精度不低于±0.2%；传感器采用Pt-100、精度A级的铂热电阻。

2. 压力仪表

压力检测采用智能型压力变送器，精度±0.075%，输出4~20mA信号，带Hart协议。

3. 液位仪表

液位检测采用磁翻板液位变送器，精度±0.5%，输出4~20mA信号，带Hart协议。

4. 流量仪表

天然气外输计量采用多声道双向超声波流量计，配以压力、温度补偿，流量积算采用专用流量计算机完成，流量计精度要求达到±0.5%。

三甘醇液体计量采用涡街流量计，流量计精度要求为±1.0%。

采出水、给排水液体计量采用电磁流量计，流量计精度要求为±1.0%。

5. 分析仪表

采用气相色谱分析仪对外输天然气自动分析，输出信号4~20mA或RS485。

采用水露点分析仪对脱水出口天然气进行含水分析，水露点分析仪输出4~20mA信号。

采用烃露点分析仪对脱水出口天然气进行含烃分析，烃露点分析仪输出4~20mA信号。

6. 火气系统

在站场内有可能引起天然气泄漏的检测点设置红外点式可燃气体变送器，检测天然气泄漏情况，信号远传至可燃气体报警控制器进行声光报警，同时将高高报警信号传至SIS系统进行报警，并与站场内关断阀进行联动控制，以保证站内人身、设备和生产过程的安全。在站场内设置便携式可燃气体探测器，用于人工巡检站场或井场时检测可燃气体的浓度，保护人员安全。在站场工艺区装置设置火焰探测器对站场火灾情况进行检测，并远传至控制室进行报警、联锁。在站控楼、综合用房及门卫设置感烟探测器、火灾手动报警按钮、声光报警器、消防电话分机，信号远传至火灾报警控制器进行报警、联锁。

7. 阀门

（1）切断阀。直径大于*DN*700的开关阀采用气液联动执行机构，其余开关阀采用气动执行机构。

（2）调节阀。仪表风系统内采用自力式调节阀，其余调节阀均采用气动调节阀。

四、配套设计

（一）系统供电

站场采用不间断电源系统（UPS）对站内仪表和控制系统供电，供电电源为AC 220V（±5%），50Hz（±0.1%）。在外电源断电的情况下，UPS能保证站控计算机系统和仪表1h的正常工作时间。

(二) 防雷

进入控制室内的所有信号接口(包括电源接口)等有可能将雷电感应所引起的过电流和过电压引入系统的关键部位，均设置浪涌保护器。

(三) 接地

保护接地、工作接地、安全接地和防雷接地统一接入电气接地网，接地电阻≤4Ω。

(四) 站控室及机柜间建筑设计

站场设有站控室，分为控制室和机柜间。为保证站控系统的正常工作，对站控室应采取一定的保护措施。

站控室室内温度冬季控制在18~20℃，夏季控制在25~30℃，湿度保持在40%~70%。

站控室内采用防静电地板并可靠接地，基础地面为水泥地面。地板平均负荷不应小于5000m^2，活动地板离基础地面高度为300mm，基础地面应高于室外地面300mm以上。

站控室采光要求。

采用人工照明时，应使仪表盘盘面和操作台台面得到最大照度，且光线柔和、无眩光、无灯影。人工照明的照度值，仪表盘盘面和操作台台面处宜为250~350lx，盘后区不应<200lx。控制室事故照明的照度值，盘前区不应<50lx，盘后区不应<30lx。

第四节　供　配　电

一、负荷等级

按照《供配电系统设计规范》(GB 50052—2009)、《地下储气库设计规范》(SY/T 6848—2012)、《油气藏型地下储气库安全技术规程》(SY 6805—2010)的有关规定，本工程注气期天然气压缩机、压缩机辅助负荷和其他工艺负荷为二级负荷，采气期工艺负荷为一级负荷，注采站仪表风、站控系统、消防等重要设施的电源为一级负荷，其他负荷为三级负荷。

二、外部电源及变电站

从濮阳市220kV昆吾变引接两路110kV输电线路为文23储气库提供电源，220kV昆吾变扩建110kV出线间隔2个，输电线路主要采用架空铁塔线路(同塔双回路)，导线采用LGJ-300，线路长度约13km。

110kV变电站位于注采站东北角，变电站采用户内式布置，110kV、10kV侧系统接线方式均为单母线分段接线，设置2×63MV·A+1×6.3MV·A变压器及34面10kV中置开关柜为整个工程提供电源。

三、注采站

在110kV变电站内设10/0.4kV变配电室1间，内设4台容量为1600kVA的干式变压器及30面GCS型低压抽出式开关柜，为全厂低压用电设备提供电源。其高压电源采用高压电缆引自10kV高压开关柜预留回路，其中压缩机自控负荷设置UPS供电。

变配电系统接线方式采用单母线分段接线，低压侧设集中无功补偿装置，补偿后功率因数≥0.9。

在站控楼一层配电室内设4面GCS型低压抽出式开关柜为整个站控楼提供电源，进线电源引自110kV变电站的配电室，其中自控、通信等负荷设置冗余UPS供电。

配电系统接线方式采用单母线接线，低压配出方式采取放射式。

四、井场

（一）丛式井场

每座丛式井场内设10kV箱式变电站一台，变压器容量为63(80)kV·A，其高压电源引自注采站内110kV变电站，配电室内设一台动力配电箱，其中自控、通信等负荷设置UPS供电。

（二）单井井场

每座单井井场0.38kV低压电源进线采用低压电缆引自附近丛式井场内箱式变电站，井场配电室内设一台动力配电箱，其中自控、通信等负荷设置UPS供电。

五、防爆区域划分

本工程的站场爆炸性气体环境危险区域范围的划分依据《石油设施电气设备安装区域一级、0区、1区和2区区域划分推荐作法》(SY/T 6671—2006)标准执行。

爆炸性气体环境危险区域范围的电气设计及电气设备选择依据国家标准《爆炸危险环境电力装置设计规范》(GB 50058—2014)执行。

六、防雷设置

建构筑物的防雷保护执行《建筑物防雷设计规范》(GB 50057—2010)，电子信息系统的防雷保护执行《建筑物电子信息系统防雷设计规范》(GB 50343—2012)有关部分规定。

按自然条件、当地雷暴日和建构筑物、生产装置的重要程度划分类别，本工程防雷等级划分如下：

压缩机房、站控楼、变电所按照第二类防雷建筑物考虑；平房按第三类防雷建筑物考虑，防直击雷措施采取装设在建筑物上的避雷带。

工艺装置区的设备及管架、管道的防雷保护执行《石油化工装置防雷设计规范》(GB 50650—2011)。

七、防静电设置

（1）站内管线的始、末端，分支处以及直线段每隔100~200m处，设置防静电、防感应雷的接地装置。

（2）在爆炸危险场所中凡生产储存过程有可能产生静电的管道、设备、金属导体等均应做防静电接地。

(3) 管道的法兰(绝缘法兰除外)、阀门连接处，采用金属线跨接。

(4) 工艺装置区入口处设人体放静电设施。

八、接地设置

为保护人员安全，所有电气设备的金属外壳均应可靠接地。各站内的工作接地、保护接地、静电接地和建构筑物的防雷接地采用统一的接地系统。

第五节 通 信

一、技术方案

与中开线的连接采用随气源管道同沟直埋敷设2根16芯光缆，通过中开线的文留阀室，分两个方向与中开线连接；与文96储气库的连接采用随气源管道同沟直埋敷设2根16芯光缆，通过榆济线到文96储气库的输气管道的巴庄村阀室分别与文96储气库及榆济管线相连。由于注采站同时作为鄂安沧输气管道濮阳支线的末站，本期工程考虑与鄂安沧其他工艺站场的通信连接，故注采站为输气管道和文23储气库的通信共建站，其通信能力不但满足文23储气库的需求，同时必须满足鄂安沧管道站场对通信的需求，通信的技术方案本着系统相互兼容，设备互联互通。

据此，通信系统包含以下子系统：MSTP光传输系统、软交换行政调度电话系统、计算机网络系统、视频会议系统、扩音对讲系统、安防系统(包含视频监控系统、周界防范系统、门禁系统、实时电子巡更系统)、DDN专线链路、光缆线路系统、巡线抢修系统、抢险应急指挥通信系统、备用通信系统。至自动化控制专业的数据端，至防腐专业腐蚀监测系统端，本设计只提供标准以太网RJ45接口，自动化控制专业2个，防腐专业1个。

信号传输链路采用物理分离原则，数据传输网与办公网络的物理链路相互分离。

二、MSTP光传输系统

本工程设光通信专网，在注采站内设置一套MSTP/10G光传输设备，光通信站与工艺站场合建，搭建光传输系统，作为文23储气库通信系统的承载网，为主用通信方式。同时，注采站作为鄂尔多斯-安平-沧州输气管道工程的一个末站，与输气管道其他站场共同搭建管道的光传输系统。后期注采站的光通信设备将接入鄂尔多斯-安平-沧州输气管道工程的光通信网，网管、时钟等将由管道统一管理。

鉴于本工程通信业务量大，业务种类繁多，本工程选用MSTP光传输设备，满足各类通信业务传输的需求。根据设计传输系统的业务量及适应今后多媒体通信的应用，本期工程注采站采用STM-64等级的MSTP/10G光传输设备，光通信站设备安装在注采站的机柜间内。

MSTP设备的重要单板：以太网主单板、交叉时钟板、主控板、电源板等都采用1+1保护热备份配置，使得系统具备高的安全性。采用MSTP的以太网通道传输自控数据、视频监控信号、视频会议信号及计算机局域网信号，以太网业务按照接口类型分为GE业务和 FE 业务，通过 MSTP 设备的以太网板卡 FE 口接入井场的数据信号，GE 板卡汇聚来自井场的视频信号及站内的办公网络信号。

MSTP 系统采用主从时钟同步方式，主时钟源同步于鄂安沧管道的调控中心主时钟源，从时钟源由濮阳当地电信部门向本工程 MSTP 传输设备提供标准同步定时基准信号，再经该站点向其他站点及鄂安沧管道传输时钟信号。

光通信站设置环境动力监测系统，针对机柜间的设备特点和工作环境，对通信设备供电电源、UPS、空调等智能、非智能设备以及温湿度、烟雾、地水、门禁等环境量实现“遥测、遥信、遥控、遥调”等功能。

三、安防系统

本工程安防系统包含视频监控系统、周界防范系统、门禁系统、实时电子巡更系统。

（一）视频监控系统

为文 23 储气库项目（一期）地面工程建设视频监控，系统实现工程区域内的全覆盖、无盲区、不间断的视频监控，包含办公生活区的安保监控和工艺装置区的工业电视监控，重点监控包括办公生活区的主要出入口、楼梯口、公共走廊、机柜间，工艺站场的关键区域、关键机组、关键设施、关键物品、关键岗位、工艺技术关键点、危险化工工艺点等。本工程在注采站及各井场（单井井场、丛式井场）均设置视频监控系统。注采站设置监控系统综合管理平台，将注采站的控制室作为本工程的监控中心，集中管理本工程的工业电视监控，可以选择查看一个或多个摄像机图像，并可以控制摄像机运动以达到更好的监视效果，注采站大门值班室设为分控室，分管站内安保监控，同时将监控信号接入濮阳市当地公安机关。前端监控点的控制权限以贴近现场摄像机为最高权限，注采站设置流媒体转发服务器、存储服务器、管理服务器等。

本工程视频监控系统为 1080P 高清网络系统，组网采用视频监控技术与 TCP/IP 网络的专线组网方式，网络拓扑结构以注采站为中心的树形网络结构，监控系统承载网主要依托本次工程工业级以太网。各前端选用高清摄像机，其中，井场、注采站围墙摄像机带智能分析功能，监控前端室外主要采用立杆安装，室内主要采用墙壁安装。监控图像采用二级存储，本地存储和远程监控中心存储，本地采用 NVR 硬盘录像机存储，远程上传至注采站采用磁盘阵列存储，图像存储时间不小于 30×24h，重点监控图像存储时间不小于 90×24h。监控中心采用 DLP 拼接大屏显示。

（二）周界防范系统

周界防范系统主要是对非出入通道的周边区域进行监视和管理，目的在于防止非法入侵。通常情况下周界的范围较大，不同的周界，条件和环境也不同，往往单靠人防很难实行全面而有效的管理。而周界防范系统辅助以视频监控系统可对周界区域实施 24h 实时监控，并进行智能化管理，使管理人员能及时准确地了解周边环境的实际情况，遇到非法入侵能自动报警，自动显示报警区域；自动记录警情及自动转发报警信息；配以视频监控能实时而直观地观察和记录布控现场的实际情况，为警情核实及警后处理提供切实可靠的资料。

本工程在注采站设置一套振动光缆周界入侵报警系统，防止非法入侵。

系统采用防区型，在工艺站场四周围墙的滚网上敷设振动光缆和传输光缆，报警主机设置在机柜间内，装有系统管理软件的管理终端和报警器设置在注采站的控制室。

当发生外界入侵产生机械振动时，振动光缆敏感外界环境的应力变化，经过信号采集与分析，就能检测出光的特性(即衰减、相位、波长、极化、模场分布和传播时间)变化，光的特性变化通过报警器分析处理，区分第三方入侵行为与正常干扰，实现报警，并将入侵位置GPS坐标实时显示在地理信息系统软件界面上。系统还可以通过增加入侵模式识别功能，降低风雨等环境因素的干扰误报，并通过I/O开关量，可实现与视频监控系统的联动。

依据上述设置原则，注采站设置防区14个，每个防区均与视频监控前端形成报警联动，联动时，监控画面即可弹出报警画面，并进行报警区域的实时录像，传输介质为光缆，沿围墙四周敷设振动光缆GYTA-4B1，总计3km，传输光缆GYTA-24B1，总计2km。

注采站四周围墙除设置振动光缆周界入侵报警系统外，在注采站主出入口同时外设电动液压式自动防冲撞装置路障机，路障机降落时可通行120t以上车辆。特殊时期时，路障机设置为阻截状态。停电状态下，路障机具备手动升起、降落功能。注采站三处大门处均设置路障机，共设6套。

(三) 门禁系统

注采站、井场的出入口设门禁系统，选用感应卡式门禁系统，每处出入口设一套门禁，在外电断开的情况下，系统默认全部出入口为打开状态。各站工作人员实行一人一卡制。

(四) 实时电子巡更系统

注采站、井场均设置电子巡更系统，选用实时电子巡更系统，系统为注采站一级控制，设系统平台，统一管理各巡更点，井场仅设系统终端，巡更日志保留不少于180d。

巡更点的设置主要考虑工艺流程需要重点巡更的工艺关键点，如采注气阀组区的来气压力、温度、紧急放空阀—脱水区的调节阀、分离器的压力、温度、液位，出站流量计—采出水罐区的压力等。

四、备用通信系统

在文23储气库的站场、井场就近接入当地电信公网，以保证在专网通信发生故障时，重要的计算机数据和调度电话能通过备用通信信道上传输，保证通信畅通。储气库位于河南省濮阳市，当地通信公网已覆盖储气库所在区域，本工程采用当地通信公网有线通信作为站场备用通信方式，注采站安装当地公网有线电话一部，进行语音调度通信，同时租用2M数据链路作为自动化控制专业数据传输的公网备用信道。井场采用4G DTU无线数传终端，作为储气库自控数据传输的公网备用传输信道。

五、通信电源系统

通信系统的交换设备、传输设备采用UPS不间断电源供电。系统接地采用联合接地，所有的通信机房均设置接地系统一套。注采站UPS电源负荷12kW，井场UPS电源负荷0.5kW。

第六节 消 防

一、注采站

（一）消防给水系统

注采站为三级油气站场，根据《消防给水及消火栓系统技术规范》第 6. 1. 4 条规定，注采站采用临时高压消防给水系统。依据《石油天然气设计防火规范》（GB 50183—2004）第 8. 6. 1 规定：三级站的消防用水量为 45L/s，注采站内最大一次火灾为工艺装置区，工艺装置区设固定消防炮系统，设计消防用水量 60L/s，火灾延续供水时间按 3h 计算，消防总用水量为 648m^3，消防储水采用 1 座 800m^{3}消防水罐，消防水罐设置自动进水装置及高低液位报警，就地显示并将液位信号远传至控制室。消防水罐补水来自水源井泵房，消防补水时间为 48h。消防水泵采用专用消防泵，流量为 60L/s，扬程为 95m，一用一备。

消防管网上设置压力检测点，压力监测点设置于消防泵房内消防管线。平时管网压力由稳压装置维持，当压力升至 0. 44MPa 时停止消防稳压泵，压力降至 0. 35MPa 时启动消防稳压泵，当管网压力降至 0. 25MPa 时，启动消防泵。

注采站内设环状消防管网，室外消火栓均布在环状管网，并设置阀门将消防管网分成独立段，每段内的消火栓数量不超过 5 个。

压缩机房和空冷器间设计消防用水量为 40L/s，由于建筑物内无采暖，室内消火栓采用干式系统，其最高点设自动排气阀，接室外环状管网的阀井内设泄水阀。阀井内消防水通过移动式潜水泵提升至附近雨水检查井。

站控楼设计消防用水量为 40L/s，设室内消火栓系统，其消防管线接自室外环状消防管网。

变电所设计消防用水量为 35L/s，设室内消火栓系统，其消防管线接自室外环状消防管网。

消防给水系统流程如图 5-2 所示。

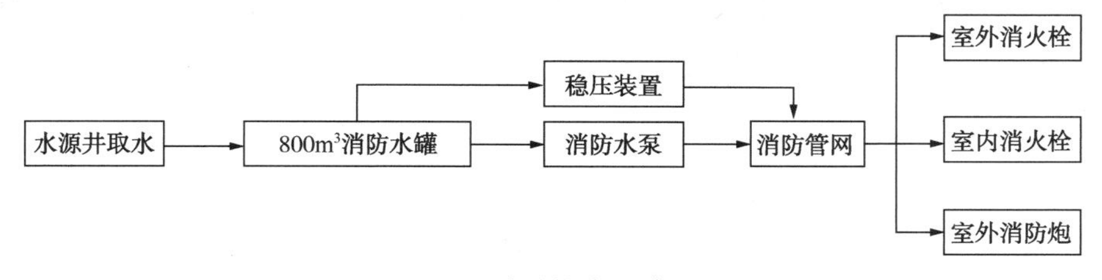

图 5-2 消防给水系统流程

（二）灭火器配置

根据《建筑灭火器配置设计规范》（GB 50140—2005）的相关条款规定，控制室、采出水罐区、三甘醇罐区、压缩机房、空冷器间、变电所、空调室外机组和工艺区属于严重危险等级，其他区域属于中危险级。在采出水罐区、三甘醇罐区和工艺装置区配置 MFT/ABC20 型推车式磷酸铵盐干粉灭火器。压缩机房和空冷期间配置 MF/ABC8 型手提式和

MFT/ABC20型推车式磷酸铵盐干粉灭火器。放空区和空调室外机组配置MF/ABC8型手提式磷酸铵盐干粉灭火器。配电室、控制室等电气房间配置MT7手提式二氧化碳灭火器，其他房间配置MF/ABC5型手提式磷酸铵盐干粉灭火器。灭火器铭牌应朝外，灭火器箱不得上锁。灭火器顶部离地面高度不应>1.50m；底部离地面高度不宜<0.08m，室外放置的灭火器放置于灭火器棚内。站内配置灭火毯、消防斧、消防桶和消防铲等。

二、井场

（一）丛式井场

根据《石油天然气工程设计防火规范》(GB 50183—2004)规定，井场为五级油气站场，站场内不设消防给水，设置灭火器保护。根据《建筑灭火器配置设计规范》(GB 50140—2005)的相关条款规定，井口、工艺区、控制柜火灾种类为严重危险级，配置MF/ABC8型手提式和MFT/ABC20型推车式磷酸铵盐干粉灭火器保护。配电间、机柜间火灾种类为中危险级，配置MT7型手提式二氧化碳灭火器保护。室内的灭火器放在灭火器箱内，其他灭火器放在灭火器棚内，灭火器铭牌应朝外，其灭火器顶部离地面高度不应>1.50m；底部离地面高度不宜<0.08m。

（二）单井井场

根据《石油天然气工程设计防火规范》(GB 50183—2004)规定，井场为五级油气站场，站场内不设消防给水，设置灭火器保护。根据《建筑灭火器配置设计规范》(GB 50140—2005)的相关条款规定，井口、阀组区和控制柜火灾种类为严重危险级，配置MF/ABC5型手提式和MFT/ABC20型推车式磷酸铵盐干粉灭火器保护。灭火器放置于灭火器棚内，灭火器铭牌应朝外，其灭火器顶部离地面高度不应>1.50m；底部离地面高度不宜<0.08m。

（三）监测井场

根据《石油天然气工程设计防火规范》(GB 50183—2004)规定，井场为五级油气站场，站场内不设消防给水，设置灭火器保护。根据《建筑灭火器配置设计规范》(GB 50140—2005)的相关条款规定，井口火灾种类为严重危险级C类，配置MFT/ABC20型推车式磷酸铵盐干粉灭火器保护。灭火器放置于灭火器棚内，灭火器铭牌应朝外，其灭火器顶部离地面高度不应>1.50m；底部离地面高度不宜<0.08m。

第六章　引用规范和法规

第一节　国家法律、法规

《中华人民共和国安全生产法》主席令第 13 号(2014 年 12 月 1 日起施行)；

《中华人民共和国消防法》主席令第 6 号(2009 年 5 月 1 日起施行)；

《中华人民共和国职业病防治法》主席令第 48 号(2016 年 9 月 1 日起施行)；

《中华人民共和国环境保护法》主席令第 9 号(2015 年 1 月 1 日起施行)；

《中华人民共和国清洁生产促进法》主席令第 54 号(2012 年 2 月 29 日起施行)；

《中华人民共和国特种设备安全法》主席令第 4 号(2014 年 1 月 1 日起施行)；

《中华人民共和国水土保持法》主席令第 39 号(2011 年 3 月 1 日起施行)；

《中华人民共和国固体废物污染环境防治法》主席令第 31 号(2005 年 4 月 1 日起施行)；

《中华人民共和国水污染防治法》主席令第 87 号(2008 年 6 月 1 日起施行)；

《中华人民共和国大气污染防治法》主席令第 32 号(2000 年 9 月 1 日起施行)；

《中华人民共和国环境噪声污染防治法》主席令第 77 号(1997 年 3 月 1 日起施行)；

《中华人民共和国石油天然气管道保护法》主席令第 30 号(2010 年 10 月 1 日起施行)；

《建设工程安全生产管理条例》国务院令第 393 号(2004 年 2 月 1 日起施行)；

《建设工程质量管理条例》国务院令第 279 号(2000 年 1 月 30 日起施行)；

《建设工程勘察设计管理条例》国务院令第 662 号(2015 年 6 月 12 日起施行)；

《建设项目环境保护管理条例》国务院令第 253 号(1998 年 11 月 29 日起施行)。

第二节　工　　艺

《输气管道工程设计规范》(GB 50251—2015)；

《石油天然气工程设计防火规范》(GB 50183—2004)；

《气田集输设计规范》(GB 50349—2015)；

《油气输送管道穿越工程设计规范》(GB 50423—2013)；

《油气输送管道线路工程抗震技术规范》(GB 50470—2008)；

《石油天然气工业管线输送系统用钢管》(GB/T 9711—2011)；

《高压化肥设备用无缝钢管》(GB 6479—2013)；

《无缝钢管尺寸、外形、重量及允许偏差》(GB/T 17395—2008)；

《钢质管道焊接及验收》(GB/T 31032—2014)；

《油气输送管道穿越工程施工规范》(GB 50424—2015)；
《地下储气库设计规范》(SY/T 6848—2012)；
《石油地面工程设计文件编制规程》(SY/T 0009—2012)；
《石油天然气钢质管道无损检测》(SY/T 4109—2013)；
《天然气脱水设计规范》(SY/T 0076—2008)；
《工业金属管道工程施工规范》(GB 50235—2010)；
《工业金属管道工程施工质量验收规范》(GB 50184—2011)；
《现场设备、工业管道焊接工程施工规范》(GB 50236—2011)；
《石油天然气金属管道焊接工艺评定》(SY/T 0452—2012)；
《石油化工钢制通用阀门选用、检验及验收》(SH/T 3064—2003)；
《工业设备及管道绝热工程施工规范》(GB 50126—2008)；
《天然气压缩机(组)安装工程施工技术规范》(SY/T 4111—2007)；
《风机、压缩机、泵安装工程施工及验收规范》(GB 50275—2010)；
《石油化工静设备安装工程施工质量验收规范》(GB 50461—2008)；
《阀门的检查与安装规范》(SY/T 4102—2013)。

第三节 总 图

《石油天然气工程总图设计规范》(SY 0048—2016)；
《公路水泥混凝土路面设计规范》(JTG D40—2011)；
《建筑设计防火规范》(GB 50016—2014)；
《油气田及管道专用道路设计规范》(SY/T 7038—2016)；
《公路路基设计规范》(JTG D30—2015)；
《公路桥涵通用设计规范》(JTG D60—2015)；
《公路钢筋混凝土及预应力混凝土桥涵设计规范》(JTG D62—2004)；
《公路圬工桥涵设计规范》(JTG D61—2005)；
《公路桥涵地基与基础设计规范》(JTG D63—2007)。

第四节 电 气

《35~110kV 变电所设计规范》(GB 50059—2011)；
《110kV~750kV 架空输电线路设计规范》(GB 50545—2010)；
《20kV 及以下变电所设计规范》(GB 50053—2013)；
《3~110kV 高压配电装置设计规范》(GB 50060—2008)；
《电力装置的继电保护和自动装置设计规范》(GB/T 50062—2008)；
《电力装置的电测量仪表装置设计规范》(GB/T 50063—2008)；
《供配电系统设计规范》(GB 50052—2009)；

《低压配电设计规范》(GB 50054—2011)；

《石油设施电气设备安装区域一级、0 区、1 区和 2 区区域划分推荐作法》(SY/T 6671—2006)；

《通用用电设备配电设计规范》(GB 50055—2011)；

《电力工程电缆设计规范》(GB 50217—2007)；

《建筑物防雷设计规范》(GB 50057—2010)；

《建筑照明设计标准》(GB 50034—2013)；

《爆炸危险环境电力装置设计规范》(GB 50058—2014)；

《建筑物电子信息系统防雷设计规范》(GB 50343—2012)。

第五节　通　　信

《通信线路工程设计规范》(GB 51158—2015)；

《综合布线系统工程设计规范》(GB 50311—2016)；

《电子信息系统机房设计规范》(GB 50174—2008)；

《建筑物电子信息系统防雷技术规范》(GB 50343—2012)；

《光缆数字线路系统技术规范》(GB/T 13996—1992)；

《安全防范工程技术规范》(GB 50348—2004)；

《入侵报警系统工程设计规范》(GB 50394—2007)；

《视频安防监控系统工程设计规范》(GB 50395—2007)；

《出入口控制系统工程设计规范》(GB 50396—2007)；

《工业电视系统工程设计规范》(GB 50115—2009)；

《同步数字体系(SDH)光纤传输系统工程设计规范》(YD 5095—2014)；

《STM-64 光线路终端设备技术要求》(YD/T 1014—1999)；

《同步数字体系(SDH)设备功能要求》(YD/T 1022—1999)；

《通信工程建设环境保护技术暂行规定》(YD 5039—2009)；

《SDH 设备技术要求-时钟》(YD/T 900—1997)；

《光同步传送网技术体制》(YDN 099—1998)；

《SDH 网传送同步网定时的方法》(YDN 123—1999)；

《同步数字体系(SDH)网络节点接口》(YD/T 1017—2011)；

《会议电视系统工程设计规范》(YD/T 5032—2005)；

《石油天然气管道系统 治安风险等级和安全防范要求》(GA 1166—2014)；

《安全防范工程程序与要求》(GA/T 75—1994)；

《视频安防监控系统技术要求》(GA/T 367—2001)；

《入侵报警系统技术要求》(GA/T 368—2001)；

《出入口控制系统技术要求》(GA/T 394—2002)；

《输油(气)管道同沟敷设光缆(硅芯管)设计、施工及验收规范》(SY/T 4108—2012)。

第六节 信　　息

《数字地形图产品基本要求》(GB/T 17278—2009)；

《1：500，1：1000，1：2000外业数字测图技术规范》(GB/T 14912—2005)；

《1：500，1：1000，1：2000地形图数字化规范》(GB/T 17160—2008)；

《国家基本比例尺地图图式第1部分：1：500 1：1000 1：2000地形图图式》(GB/T 20257.1—2007)；

《基础地理信息要素分类与代码》(GB/T 13923—2006)；

《全球定位系统(GPS)测量规范》(GB/T 18314—2009)；

《油气输送管道完整性管理规范》(GB 32167—2015)；

《计算机软件文档编制规范》(GB/T 8567—2006)；

《计算机软件需求规格说明规范》(GB/T 9385—2008)；

《计算机软件测试文档编制规范》(GB/T 9386—2008)；

《计算机软件测试规范》(GB/T 15532—2008)；

《信息安全技术信息系统安全等级保护基本要求》(GB/T 22239—2008)。

第七节 仪　　控

《油气田及管道工程仪表控制系统设计规范》(GB/T 50892—2013)；

《油气田及管道工程计算机控制系统设计规范》(GB/T 50823—2013)；

《石油天然气工程可燃气体检测报警系统安全规范》(SY 6503—2016)；

《用气体超声流量计测量天然气流量》(GB/T 18604—2014)；

《天然气计量系统技术要求》(GB/T 18603—2014)；

《石油化工安全仪表系统设计规范》(GB/T 50770—2013)；

《石油化工仪表系统防雷工程设计规范》(SH/T 3164—2012)；

《仪表系统接地设计规定》(HG/T 20513—2014)；

《火灾自动报警设计规范》(GB 50116—2013)；

《可编程控制器系统工程设计规定》(HG/T 20700—2014)；

《过程测量与控制仪表的功能标志及图形符号》(HG/T 20505—2014)；

《控制室设计规定》(附条文说明)(HG/T 20508—2014)；

《自动化仪表选型设计规定》(附条文说明)(HG/T 20507—2014)。

第八节 防　　腐

《涂覆涂料前钢材表面处理表面清洁度的目视评定　第1部分：未涂覆过的钢材表面和全面清除原有涂层后的钢材表面的锈蚀等级和处理等级》(GB/T 8923.1—2011)；

《钢质管道外腐蚀控制规范》(GB/T 21447—2008)；

《钢质管道内腐蚀控制规范》(GB/T 23258—2009)；
《工业设备及管道绝热工程施工规范 》(GB 50126—2008)；
《工业设备及管道绝热工程施工质量验收规范》(GB 50185—2010)；
《工业设备及管道绝热工程设计规范》(GB 50264—2013)；
《埋地钢质管道防腐保温层技术标准》(GB/T 50538—2010)；
《埋地钢质管道聚乙烯防腐层》(GB/T 23257—2009)；
《埋地钢质管道阴极保护参数测量方法》(GB/T 21246—2007)；
《埋地钢质管道阴极保护技术规范》(GB/T 21448—2008)；
《涂装前钢材表面处理规范》(SY/T 0407—2012)；
《钢质管道聚乙烯胶黏带防腐层技术标准》(SY/T 0414—2007)；
《油气田地面管线和设备涂色规范》(SY/T 0043—2006)；
《阴极保护管道的电绝缘标准》(SY/T 0086—2012)。

第九节　给排水、消防

《石油天然气工程设计防火规范》(GB 50183—2004)；
《室外给水设计规范》(GB 50013—2006)；
《室外排水设计规范》(2016 版)(GB 50014—2006)；
《建筑给水排水设计规范》(GB 50015—2003)(2009 年版)；
《建筑灭火器配置设计规范》(GB 50140—2005)；
《消防给水及消火栓系统技术规范》(GB 50974—2014)。

第十节　建筑、结构

《房屋建筑制图统一标准》(GB/T 50001—2010)；
《民用建筑设计通则》(GB 50352—2005)；
《公共建筑节能设计标准》(GB 50189—2015)；
《建筑设计防火规范》(GB 50016—2014)；
《钢结构设计规范》(GB 50017—2003)；
《建筑结构荷载规范》(GB 50009—2012)；
《建筑抗震设计规范》(GB 50011—2010)(2016 年版)；
《建筑地基基础设计规范》(GB 50007—2011)；
《混凝土结构设计规范》(GB 50010—2010)(2015 年版)；
《砌体结构设计规范》(GB 50003—2011)；
《开发建设项目水土保持技术规范》(GB 50433—2008)；
《建筑边坡工程技术规范》(GB 50330—2013)；
《水土保持综合治理技术规范》(GB/T 16453—2008)；
《油气输送管道线路工程水工保护设计规范》(SY/T 6793—2010)。

第十一节 机制、机修

《固定式压力容器安全技术监察规程》(TSG 21—2016)；
《压力容器》(GB/T 150—2011)；
《塔式容器》(NB/T 47041—2014)；
《卧式容器》(NB/T 47042—2014)；
《锅炉和压力容器用钢板》(GB 713—2014)；
《碳素结构钢和低合金结构钢热轧厚钢板和钢带》(GB/T 3274—2007)；
《承压设备用碳素钢和合金钢锻件》(NB/T 47008—2010)；
《压力容器焊接规程》(NB/T 47015—2011)；
《承压设备无损检测》(NB/T 47013—2015)；
《气焊、焊条电弧焊、气体保护焊和高能束焊的推荐坡口》(GB/T 985. 1—2008)；
《埋弧焊的推荐坡口》(GB/T 985. 2—2008)；
《压力容器封头》(GB/T 25198—2010)；
《容器支座》(JB/T 4712—2007)；
《立式圆筒形钢制焊接储罐施工规范》(GB 50128—2014)；
《立式圆筒形钢制焊接油罐设计规范》(GB 50341—2014)；
《钢制人孔和手孔》(HG/T 21514~21535—2014)；
《钢制管法兰、垫片、紧固件》(HG/T 20592~20635—2009)；
《塔顶吊柱》(HG/T 21639—2005)；
《压力容器涂敷与运输包装》(JB/T 4711—2003)；
《起重机械安全规程　第5部分：桥式和门式起重机》(GB 6067. 5—2014)；
《通用桥式起重机》(GB/T 14405—2011)；
《防爆桥式起重机》(JB/T 5897—2014)。

第十二节 暖　　通

《工业建筑供暖通风与空气调节设计规范》(GB 50019—2015)；
《民用建筑供暖通风与空气调节设计规范》(GB 50736—2012)；
《多联机空调系统工程技术规程》(JGJ 174—2010)；
《石油天然气地面建设工程供暖通风与空气调节设计规范》(SY/T 7021—2014)；
《公共建筑节能设计标准》(GB 50189—2015)；
《建筑工程设计文件编制深度规定》(2016年版)。

第十三节 环境及安全

《工业企业噪声控制设计规范》(GB/T 50087—2013)；

《环境空气质量标准》(GB 3095—2012)；
《堤防工程设计规范》(GB 50286—2013)；
《火灾自动报警系统设计规范》(GB 50116—2013)；
《工业企业设计卫生标准》(GBZ 1—2010)；
《石油化工企业职业安全卫生设计规范》(SH 3047—1993)；
《声环境质量标准》(GB 3096—2008)；
《建筑施工场界环境噪声排放标准》(GB 12523—2011)；
《工业企业厂界环境噪声排放标准》(GB 12348—2008)；
《公路环境保护设计规范》(JTG B04—2010)。

第七章　数字化交付

第一节　数字化交付背景

随着计算机技术、互联网技术的快速发展，项目的交付方式逐步发生变化，同时业主单位对项目的运营管理提出了更高的要求，交付方式必然随之升级变化。项目的交付历程主要有四个阶段：纸质文件交付阶段、电子化文件交付阶段、数字化交付阶段与云工作平台阶段(图 7–1)。

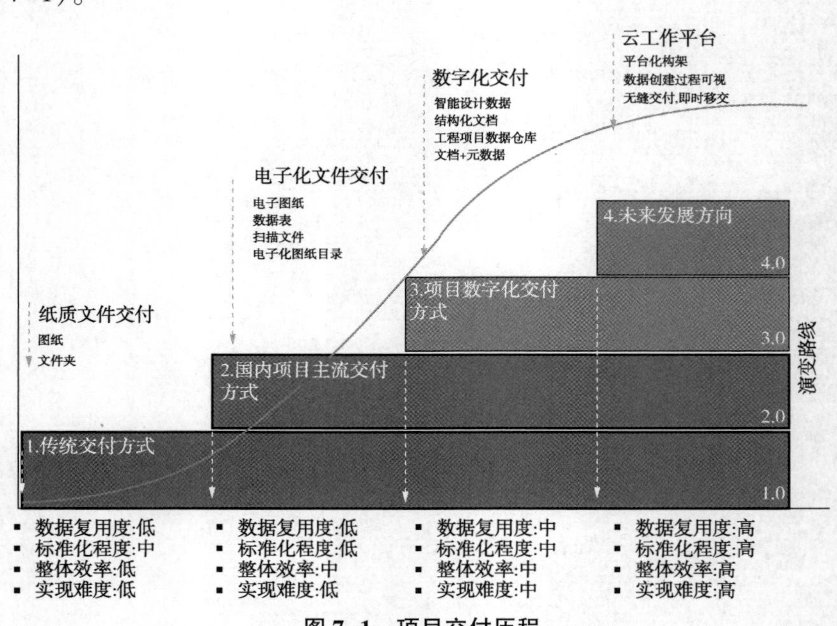

图 7–1　项目交付历程

图纸交付的发展趋势与地图的应用较为相似。

在纸质文件交付阶段，使用的是纸质的地图，数据查询不方便，整体效率较低(图 7–2)。纸质的图纸交付时，用户对数据的复用效率低，整体效率低。

计算机技术的普及，软件应用的推广，第二个阶段由纸质文件交付阶段转变为电子化文件交付阶段，数据和信息逐步实现电子化存储。地图由纸质的地图发展为电子地图，人们可以通过在软件中搜索地址信息，极大方便了检索。油气行业的电子交付是设计单位向建设单位提交电子图纸、扫描文件、数据表、电子目录等电子类文档(图 7–3)。与纸质文件相比，方便了业主的使用，数据复用率有所提升，但是电子交付标准化程度低、数据复用程度仍然较低。同时，文档、图纸、数据表以及专业之间的图纸资料是相互独立的，并未建立关联关系，不利于建设单位后期数据的检索及应用。

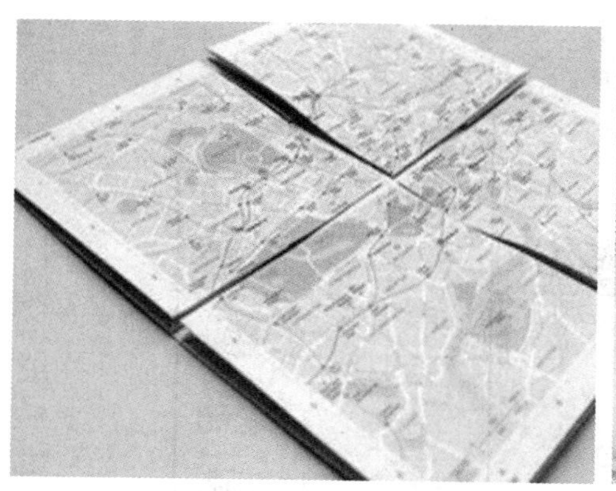
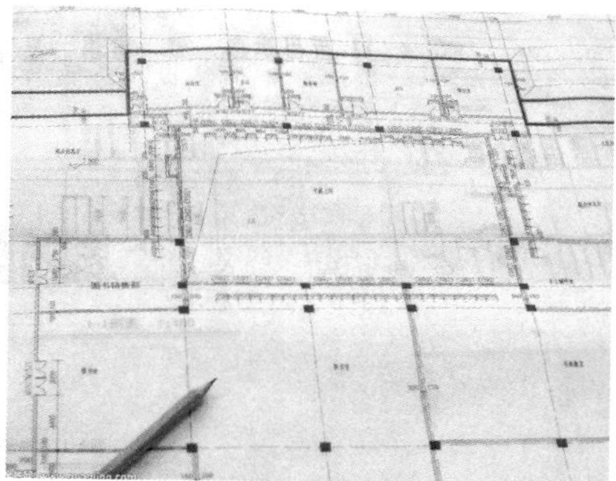

图 7-2 纸质文件交付阶段

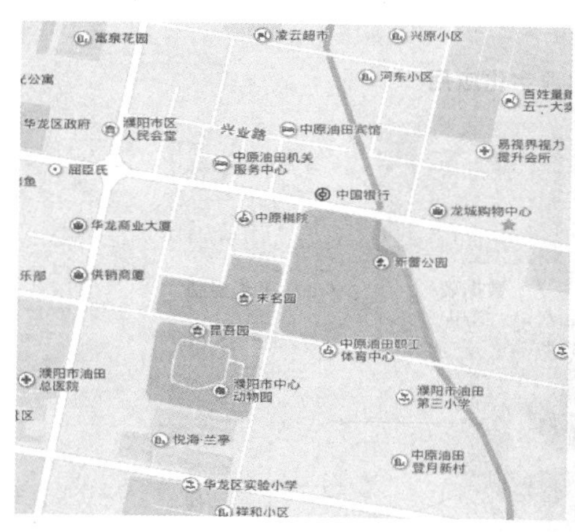

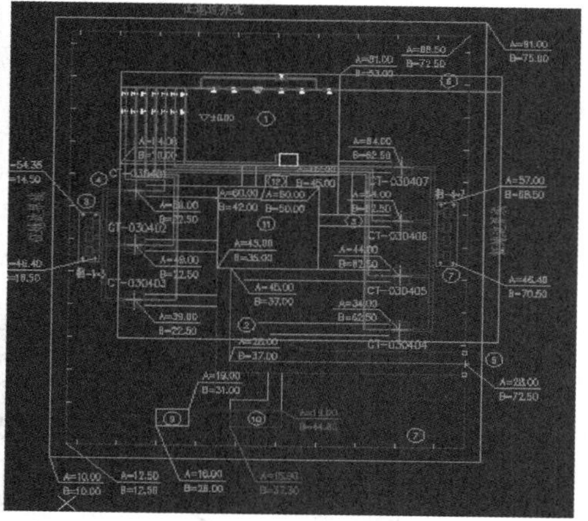

图 7-3 电子文件交付阶段

第三个阶段为数字化交付阶段。随着电子地图的发展，电子地图也经历了数字化阶段。在使用地图时，不仅可以看到目的地的地址信息，也可以看到目的地的模型、周边街景以及全景信息。数字化阶段在电子阶段的基础上，进行了进一步的数据整合与优化，集成了模型、图片、全景信息、地址信息以及周边关联的各类静态数据信息。可以通过搜索附近，快速定位目的地周围的酒店、餐馆、银行等。数字化阶段所提供的所有信息及数据均为静态的地址、模型等信息(图 7-4)。目前地图的功能大大提高了信息的利用率，提高了检索效率。

设计行业的“数字化交付”最终目标也是能够实现这样的功能，实现不同文件、模型、数据之间的关联，便于整合和利用静态数据，提高静态数据的利用率，提高检索效率。数字化交付在设计过程中通过数据的共享和集成，促进了各专业间的协同设计；同时采用与数字化工厂设计系统配套的文档系统实现了基于位号的结构性数据、非结构性数据设计文档、供应商文档关联，为数字化工厂建设提供基础静态数据。通过数字化交付，最终向建设单位交付与工厂对象高度关联的数据、模型、文档(图 7-5)。关联度的高低决定了数字化交付水平的高低。

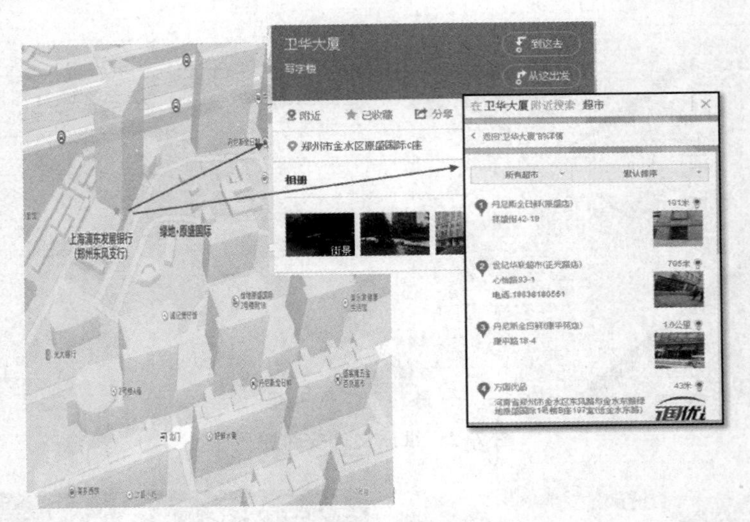

图 7-4　地图数字化应用

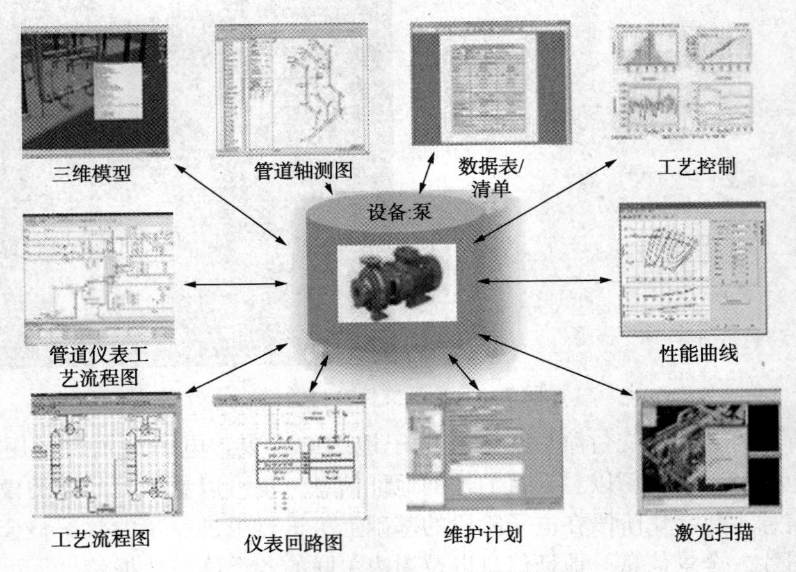

图 7-5　数字化交付关联示意图

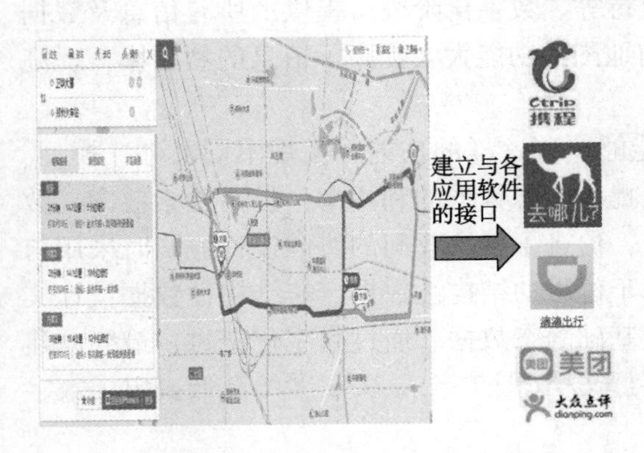

图 7-6　地图智能化应用示意图

地图的发展已经逐步过渡到智能化阶段。在智能化阶段，地图平台接收了数字化阶段提供的静态地理数据、模型，同时与其他软件建立接口，收集动态信息，如路况信息、酒店预定信息、餐馆的评分与人均价格等，为用户提供更全面的信息数据辅助用户决策，可以智能推荐最佳路线、优选餐馆等等(图 7-6)。智能化应用的基础是所有的地理静态信息，由数字化交付阶段提供。

油气行业的发展方向与趋势也是向智能

化工厂过渡。2017 年中国石化在“十三五”期间提出的“基于全生命周期的数字化工厂”，就是包含设计、采购、施工以及运营阶段的数字化建设。“全生命周期的数字化工厂”已经成为当前业界公认的工程信息化管理建设理念。数字化工厂具有传统管理方式无法实现的优势功能，通过现代通信与信息技术、计算机网络技术智能控制技术及行业相关先进技术汇集而成的针对智能化工厂应用的智能集合，实现远程实时控制、实时信息收集和反馈，并且在某些关键部位能进行自动决策和操作，可以更好地提供安全可靠、优化高效、环境友好的服务(表 7-1)。

表 7-1　管理方式对比

传统管理方式	数字化工厂管理
被动管理(事故-事故方式)	主动管理(预防-预防的方式)
人工协调	系统联动与制约
独立分析	专家系统关联分析
单纯的数据采集与汇总	能够自动识别和调整状态

建立全生命周期的数字化工厂的目的在于智能化应用与管理。数字化交付可以为数字化工厂的建立提供已建立了关联关系的数据、文档、模型等静态数据。数字化交付是进行可视化、智能化应用开发的基础。

第二节　数字化交付内容

根据《石油化工工程数字化交付标准》(报批稿)第 5 章交付内容与形式的要求：“交付内容应包括数据、文档和三维模型。工厂对象与数据、工厂对象与文档、工厂对象与三维模型等不同信息之间应建立关联关系。”

文 23 储气库项目(地面工程)一期工程交付内容应包括注采站 1 座、丛式井场 8 座以及配套的相关工程，注采线路、变电站及电力线路等。

图 7-7　注采站鸟瞰图

（一）模型

数字化交付模型符合《石油化工工程数字化交付标准》中约定的交付范围、内容深度以及交付格式的要求，包括管道模型、结构模型、设备模型与建筑模型（表7-2）。

表7-2 模型深度要求

序 号	类 别	工厂对象	模型设计内容深度
1	通用设施	道路	道路真实轮廓、厚度
2		路灯	灯具及基础
3		地坪铺砌	不同类型铺砌轮廓分别表示
4		逃生通道	逃生通道及集合点
5		检修区域	主要检修区域
6		操作通道	主要巡检、操作通道
7		围墙、大门	围墙、大门
8		消火栓、灭火器	简化外形
9		消防箱	简化外形
10		应急电话、扬声器	简化外形
11		监视摄像头	简化外形
12		气体检测器、火灾探测器、手动报警按钮、声光报警器	简化外形
13	设备	本体	外形、支腿、支座、鞍座、电机、底板
14		管口	管口表中所有管口（包括人孔、裙座检修孔等）
15	设备（动设备、静设备）	平台	平台铺板、斜撑外形
16		梯子	直梯、斜梯及盘梯的简化外形
17		附件	仪表及连接的管道组成件 吊柱、吊耳、人孔吊柱等
18		检修空间	人孔开启空间、吊装空间、装卸空间、抽芯空间
19		撬装设备	包内各设备的简化外形、底板 连接管口
20	地下工程	桩基	简化外形
21		承台、基础	简化外形
22		地下管道	循环水、消防水、雨水、污水等埋地管道
23		电缆沟	简化外形
24		管沟	简化外形
25		排水沟	简化外形
26		水井、阀门井	简化外形
27		池子、地坑	简化外形
28	建筑物	主体	简化外形
29	构筑物	混凝土结构	梁、板、柱、墙体 管墩、开孔（洞）

续表

序　号	类　别	工厂对象	模型设计内容深度
30	构筑物	钢结构	梁、柱、斜撑、铺板
			≥Φ200mm 平台开孔
31	构筑物	附件	护栏、防火层、吊柱
			各类梯子
32		土建支架	梁、柱、基础
33		大型管墩基础	简化外形
34	配管	工艺管道	管道组成件（管子、阀门、管件）
35		公用工程管道	管道组成件（管子、阀门、管件）
36		消防管道	消防竖管、水喷淋管道、蒸汽消防管道
37		泵、仪表等辅助管道	泵、仪表等吹扫、冲洗、排放管道以及放空、放净等
38		管道支架	管道支吊架
39		管道特殊件	简化外形
40		在线仪表	简化外形、包括孔板上的倒压阀等管道组成件
41		保温、保冷	简化外形
42	暖通空调	设备	简化外形
43		风道	简化外形
44		管道	管子、管件、阀门
45	仪表	主架桥	≥300mm 电缆桥架/梯架
46		分析小屋	简化外形及连接管口
47		控制盘	简化外形
48	电气	桥架	≥300mm 电缆桥架/梯架
49		控制盘	简化外形
50		室外电气设备	简化外形
51		操作柱、开关盒	简化外形

（二）数据

根据《石油化工工程数字化交付标准》，交付数据部分应包括工厂分解结构、类库。数据内容宜涵盖设计、采购、施工等阶段的基本信息。

1. 工厂分解结构。

工厂分解结构宜根据工艺流程和/或空间布置划分，针对文 23 储气库项目（地面工程）一期工程，典型的工厂分解结构如表 7-3 所示。

表 7-3　文 23 储气库项目工厂分解结构

序　号	区域代号	区域名称	单元代号	单元名称
1	00	总体系统	00	总体
			01	总说明书
			02	图例

续表

序　号	区域代号	区域名称	单元代号	单元名称
2	01	注采站	00	总体
			01	进出站阀组单元
			02	分离单元
			03	脱水单元
			04	计量单元
			05	增压单元
			06	空氮单元
			07	放空单元
			08	排污单元
			09	给排水单元
			10	消防单元
			11	站控楼
			12	1#压缩机房
			13	2#压缩机房
			14	1#空冷器间
			15	2#空冷器间
			16	综合用房(一)
			17	综合用房(二)
			18	门卫、大门、围墙
			19	润滑油库房
3	02	线路	00	线路说明书及通用图
			01	占压管线改造
			02	站外管网
			03	站外电力线
			04	站外道路
4	03	井场	00	井场说明书
			01	2#丛式井场
			02	3#丛式井场
			03	4#丛式井场
			04	5#丛式井场
			05	6#丛式井场
			06	7#丛式井场
			07	8#丛式井场
			08	11#丛式井场
5	05	变电站	01	变电站及电力线路

2. 类库文件

根据《石油化工工程数字化交付标准》，类库文件应包括工厂对象类、属性、计量类、专业文档类型等信息及其关联关系(图 7-8)。典型的管道、压缩机、收发球筒、建构筑物的类库数据见表 7-4～表 7-7。

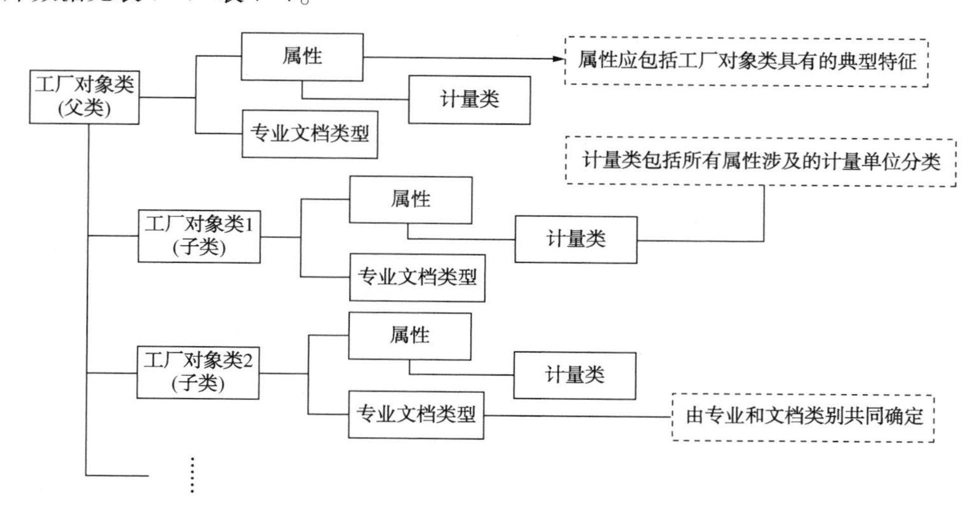

图 7-8 类库文件

表 7-4 管道数据交付内容

中文名称	描 述	数据类型	计量类	单 位
管线号	管线号	字符型	—	
管线序列号		字符型		
公称直径	管道的公称直径，如：*DN*250	字符型	—	
管道等级	管道的材料等级，如：A1A、B1A	字符型	—	
介质代码	管道内介质代码，如：P、CWS、CWR	字符型	—	
介质相态	管道中介质的状态，如：气相	字符型	—	
操作温度	管道的操作温度，如：20℃	数值型	温度	℃
操作压力	管道的操作压力，如：0.1MPa	数值型	压力	MPa
设计温度	管道的设计温度，如：120℃	数值型	温度	℃
设计压力	管道的设计压力，如：0.5MPa	数值型	压力	MPa
试验介质名称	管道的试验介质，如：水	字符型	—	
试验压力	管道的试验压力，如：1.5MPa	数值型	压力	MPa
吹扫	管道是否需要吹扫	布尔型	—	
保温厚度		数值型	长度	mm
保温代码	如：1H	字符型	—	
腐蚀裕量	如：3mm	数值型	长度	mm
伴热温度	伴热介质温度	数值型	温度	℃
伴热类型	伴热介质，如：电伴热，蒸汽伴热	字符型	—	

续表

中文名称	描述	数据类型	计量类	单位
射线检测	射线检测比例，如：5%，10%	数值型	—	%
渗透检测	是否需要渗透检测，如：Yes/no	布尔型	—	
超声检测	是否需要渗透检测，如：Yes/no	字符型	—	
颜色	涂色	字符型	—	

表7-5 压缩机数据交付内容

中文名称	描述	数据类型	计量类	单位
物料组分		字符型	—	
体积流量	标准状态下体积流量	数值型	体积流量	$10^4m^3/d$
进口温度		数值型	温度	℃
进口压力		数值型	压力	MPa
出口压力		数值型	压力	MPa
爆炸物分级分组	如：ⅡA、ⅡB或ⅡC等	字符型	—	
爆炸危险区域	如：1区、2区、安全区域等	字符型	—	
机型	如：往复式、螺杆式等	字符型	—	
脉动缓冲器	有无脉动缓冲器	布尔型	—	
出口温度		数值型	温度	℃
级数		数值型	—	
额定转速		数值型	转速	r/min
驱动机型式		字符型	—	
压缩机曲拐总数		数值型	—	
气缸数		数值型	—	
总功率	包括v-型皮带和齿轮传动损失	数值型	功率	
密封形式	机械密封、干气密封、填料密封等	字符型	—	

表7-6 收发球筒数据交付内容

中文名称	描述	数据类型	计量类	单位
介质名称	容器内储存介质的工艺名称或介质中主要组分的名称。如：柴油	字符型	—	
介质相态	设计条件下，容器内储存介质的相态。如：气相	字符型	—	
介质操作密度	正常操作温度下介质的密度	数值型	密度	
介质毒性	介质的毒性危害程度，可分为轻度危害、中毒危害、高度危害或极度危害	字符型	—	
介质爆炸危险性	分为易爆介质和非易爆介质	字符型	—	

续表

中文名称	描　述	数据类型	计量类	单位
介质火灾危险性	可燃气体的火灾危险分为甲类和乙类；液化烃和可燃液体的火灾危险性可分为甲 A、甲 B、乙 A、乙 B、丙 A、丙 B 等	字符型	—	
操作温度	在正常工作情况下容器内介质的温度。如：165℃	数值型	温度	℃
操作压力	在正常工作情况下，容器顶部可能达到的最高压力。如：65MPa	数值型	压力	MPa
设计温度	容器在正常工作情况下，设定的元件金属温度，与相应的设计压力是容器基本的设计载荷条件。如：165℃	数值型	温度	℃
设计压力	设定的容器顶部的最高压力，与相应的设计温度作为是容器的基本设计载荷条件。如：65MPa(G)	数值型	压力	MPa
全容积	容器扣除内件所占体积后的总容积。如：800m^3	数值型	体积	m^3
内径 1	容器的内直径。如：3000mm	数值型	长度	mm
筒体 1(切线间)长度	与筒体两端相连接的封头切线之间的距离或筒体的实际长度。如：12000mm	数值型	长度	mm
壳体材质	容器壳体的材料牌号。如：SS304	字符型	—	
腐蚀裕量	按介质对容器元件材料均匀腐蚀速率和设计寿命确定的腐蚀量。如：5mm	数值型	长度	mm
容器类别	按 TSG 21《固定式压力容器安全技术监察规程》的规定对管辖范围内的压力容器划分的类别，分为第Ⅰ类、Ⅱ类、Ⅲ类，对 TSG 21 管辖范围之外的容器，填写“无”	字符型	—	
内径 2	容器的内直径。如：3000mm	数值型	长度	mm
筒体 2(切线间)长度		数值型	长度	mm
内径 3	容器的内直径。如：3000mm	数值型	长度	mm
筒体 3(切线间)长度		数值型	长度	mm

表 7-7　建构筑物交付数据

中文名称	描　述	数据类型	计量类	单　位
建筑火灾危险性分类	甲类、乙类、丙类、丁类、戊类	字符型	—	
建筑耐火等级	一级、二级、三级	字符型	—	
建筑结构类型	砌体结构、钢筋混凝土框架结构、钢筋混凝土排架结构、钢筋混凝土框架剪力墙结构、钢筋混凝土框架抗爆墙结构、钢结构、轻钢结构	字符型	—	
建筑高度		数值型	长度	m

续表

中文名称	描　　述	数据类型	计量类	单　位
建筑长度		数值型	长度	m
建筑宽度		数值型	长度	m
建筑层数		数值型	—	
建筑占地面积		数值型	面积	m^2
建筑面积		数值型	面积	m^2
建筑层高		数值型	—	
墙体材料	加气混凝土砌块、轻集料混凝土空心砌块、蒸压粉煤灰砖砌块	字符型	—	
门材料	木质、钢质、铝合金、彩钢、塑料、不锈钢	字符型	—	
窗材料	木质、钢质、铝合金、彩钢、塑料、不锈钢	字符型	—	
吊顶材料	矿棉板、纸面石膏板、金属板、硅钙板	字符型	—	

（三）文档

数字化交付区别于传统交付的最大特征是关联关系，即工厂对象与文档有关联关系、文档与模型有关联关系等。数字化交付不仅仅是设计成果交付，它更是全过程建设周期的工程信息资产交付。伴随施工过程，基于统一的数据采集标准，完成施工技术数据、业务管理数据及影像数据的采集，并建立各类文档与工厂对象的关联关系。

依据《石油化工工程数字化交付标准》的要求，制定了典型的工厂对象关联清单，具体内容见表7-8。

表7-8　典型的工厂对象关联清单

<table>
<tr><th>序　号</th><th>类　型</th><th colspan="3">文　档</th></tr>
<tr><td rowspan="6">1</td><td rowspan="6">管道</td><td rowspan="6">设计类文档</td><td>工艺专业</td><td>界区条件表、管道表、工艺管道及仪表流程图(P&ID)、公用工程管道及仪表流程图(UID)</td></tr>
<tr><td>静设备专业</td><td>装配图(总图)、管口方位图(必要时)</td></tr>
<tr><td>动设备专业</td><td>机械设备安装图(必要时)、机械的辅助流程图</td></tr>
<tr><td>总图</td><td>场地初平图(必要时)、道路标准断面图(必要时)、总平面布置图、竖向布置图、管线综合图(必要时)、装置竖向布置图</td></tr>
<tr><td>管道专业</td><td>配管设计规定、管道应力设计规定、管道材料等级规定、设备和管道绝热设计规定、设备和管道涂漆设计规定、配管设计说明、综合材料表、阀门规格书、非标准管道附件规格书、特殊件一览表、管道支吊架汇总表、弹簧支吊架一览表、管段图索引表、管道伴热索引表、文件目录、装置区域划分图、设备布置图、竖面布置图、界区管道接点图、管道平面布置图、管道布置详图、单管图、伴热管道系统图或伴热管道布置图、管道支吊架图、特殊管件图、管道防雷、防静电接地图</td></tr>
<tr><td>电气专业</td><td>爆炸危险区域划分图</td></tr>
</table>

续表

序号	类型	文档		
1	管道	设计类文档	给排水专业	综合材料表、界区条件表、系统流程图、高程图（必要时）、建构筑物平面布置图、给排水管道及仪表流程图（P&ID）、给排水管道（或设备）平面布置图、给排水管道（或设备）安装详图及井表图、构筑物（或特殊井室）平剖面图、界区管道接点方位图
		采购类文档	管道专业	安装、操作使用说明书，材料质量证明书/材质单，产品合格证/质量证明书，材料复检报告（必要时），无损检测报告，热处理报告，产品图纸
		施工类文档	土建	地基验槽（坑）记录，地基处理记录，工程定位测量记录
			管道	管道组成件验证性和补充性检验记录，阀门试验确认表，弹簧支/吊架安装检验记录，滑动/固定管托安装检验记录，管道补偿器安装检验记录，管道系统耐压试验条件确认与试验记录，管道系统泄露性/真空试验条件确认与试验记录，管道吹扫/清洗检验记录，给排水压力管道耐压试验条件确认与试验记录，给排水无压力管道闭水试验条件确认与试验记录，管道焊接接头热处理报告，管道焊接接头射线检测比例确认表，管道静电接地测试记录，管道材料发放一览表
			综合类	工程变更一览表，隐蔽工程记录，设计变更单或工程联络单，合格焊工登记表，无损检测人员登记表，开箱检验记录，射线检测报告，渗透检测报告
2	静设备类（容器）	设计类文档	工艺专业	工艺设备数据表或规格书、分类工艺设备表、工艺流程图（PFD）、公用物料流程图（UFD）、工艺管道及仪表流程图（P&ID）、公用工程管道及仪表流程图（UID）
			静设备专业	静设备设计说明、静设备设计规定、技术条件、装置设计说明书、风险评估报告（仅限Ⅲ类压力容器）、计算书、静设备数据表、容器（类）汇总表、换热器（类）汇总表、文件目录、装配图（总图）、部件图、零件图、预焊件图（必要时）、管口方位图（必要时）
			管道专业	设备和管道绝热设计规定、设备和管道涂漆设计规定、设备布置图、竖面布置图
			消防专业	消防设备表、消防管道及仪表流程图、泡沫灭火系统管道及仪表流程图、消防设施布置图、消防水泵站布置图
			电气专业	爆炸危险区域划分图
			结构专业	设备基础图（包括平面布置和详图）
			给排水专业	给排水管道及仪表流程图（P&ID）、给排水管道（或设备）平面布置图、给排水管道（或设备）安装详图及井表图
		采购类文档	设备	压力容器制造许可证，压力容器监检证书，产品合格证/质量证明书，材料质量证明书/材质单，材料复检报告（必要时），无损检测报告（RT/UT/MT/PT），热处理报告，耐压试验报告，铭牌复印件，备品备件清单，竣工图

续表

序 号	类 型	文 档		
2	静设备类（容器）	施工类文档	设备	立式设备安装检验记录，卧式设备安装检验记录，设备耐压/严密性试验记录
			土建	设备基础复测记录，块体式设备基础允许偏差项目复测记录
			综合类	防腐工程质量验收记录，隔热工程质量验收记录，安全附件安装检验记录
3	压缩机	设计类文档	工艺专业	工艺设备数据表或规格书、分类工艺设备表、工艺流程图(PFD)、公用物料流程图(UFD)、工艺管道及仪表流程图(P&ID)、公用工程管道及仪表流程图(UID)
			动设备专业	动设备设计规定、动设备设计说明、动设备的数据表或规格书、机泵(类)汇总表、机械(类)汇总表、动设备一览表、文件目录、机械设备安装图(必要时)、基础工程设计条件图(必要时)、机械的辅助流程图、机械的仪表联锁逻辑图
			管道专业	设备和管道绝热设计规定、设备和管道涂漆设计规定、设备布置图、竖面布置图
			电气专业	爆炸危险区域划分图
			结构专业	设备基础图(包括平面布置和详图)
			建筑专业	主要建筑物平面图
		采购类文档	动设备	产品安装、操作使用说明书，产品合格证/质量证明书，材料质量证明书/材质单，机械运转试验报告，性能试验报告，电机检测报告，产品数据表，润滑油(脂)表，备件清单，特殊工具清单，产品图纸
		施工类文档	设备	机器安装检验记录，轴对中记录，机组轴对中记录，机器组装质量确认记录，机器单机试车记录，机组试车条件确认记录，往复式压缩机试车记录，离心式压缩机试车记录，汽轮机/燃气轮机试车记录，电动机试车记录，变速器试车记录，立式设备安装检验记录，卧式设备安装检验记录，换热设备耐压和严密性试验记录，设备耐压/严密性试验记录
			土建	块体式设备基础允许偏差项目复测记录，整体框架式设备基础允许偏差项目复测记录
			综合类	隐蔽工程记录，开箱检验记录
4	各类仪表	设计类文档	工艺专业	工艺设备数据表或规格书，工艺管道及仪表流程图(P&ID)，公用工程管道及仪表流程图(UID)
			静设备专业	装配图(总图)，管口方位图
			动设备专业	动设备的数据表或规格书、机械设备安装图(必要时)、机械的辅助流程图、机械的仪表联锁逻辑图
			管道专业	管道平面布置图、管道布置详图、单管图

续表

序号	类型	文档		
4	各类仪表	设计类文档	仪表专业	仪表设计规定、仪表设计说明、仪表及主要材料汇总表、仪表规格书、仪表盘(柜)规格书、在线分析仪系统及分析小屋规格书、分散控制系统(DCS)规格书、安全仪表系统(SIS)规格书、压缩机控制系统(CCS)规格书、可编程序控制系统(PLC)规格书、可燃及有毒气体检测系统(GDS)规格书、过程数据采集系统(SCADA)规格书、仪表索引表、I/O索引表(包括DCS、SCADA、CCS、SIS、GDS等)、报警和联锁设定值一览表、电缆连接表、文件目录、控制室平面布置图、机柜室平面布置图、控制室及现场机柜室仪表电缆敷设图(必要时)、中心控制室至现场机柜室光纤敷设走向图(必要时)、控制室仪表电缆敷设图、仪表电缆主槽板敷设图或走向图、可燃及有毒气体检测器平面布置图、安全仪表系统逻辑框图(或因果图)、顺序控制系统逻辑框图(或时序图)、复杂控制回路图或文字说明、仪表回路图(必要时)、仪表管线平面布置图、仪表供气管线平面布置图、仪表伴热、冲洗及隔离管线平面布置图、仪表测量管路连接图、仪表保温(冷)、伴(绝)热管路连接图、系统配置图(或网络结构图)(包括DCS、SCADA、CCS、SIS等)、表供电系统图、仪表接地系统图、仪表盘(柜)布置图(必要时)、仪表盘(柜)接线图(必要时)
			电气专业	爆炸危险区域划分图
			给排水专业	主要工艺设备数据表(必要时)、给排水管道及仪表流程图(P&ID)、给排水管道(或设备)平面布置图、给排水管道(或设备)安装详图及井表图
			消防专业	消防管道及仪表流程图、泡沫灭火系统管道及仪表流程图、其他自动灭火系统(水喷淋、水喷雾、气体、干粉)管道及仪表流程图、消防管道平面布置图
		采购类文档	仪表	安装、操作使用说明书，包装、运输、存储程序，产品出厂测试报告，材料质量证明书/材质单，产品合格证/质量证明书，仪表规格书，产品图纸
		施工类文档	仪表	仪表设备校验项目确认表，联校试验条件确认表，联校调试记录，仪表管道耐压/严密性试验记录，仪表管道泄露性/真空度试验条件确认与试验记录
			综合类	隐蔽工程记录，合格焊工登记表，开箱检验记录，设备/材料质量证明文件一览表
5	电气设备	设计类文档	电气专业	电气设计规定，电气设计说明书，电气计算书，电气设备材料表，电气设备规格书，电气负荷表，继电保护整定表，电缆敷设表，文件目录，厂区供电外线路径图，电气单线图，典型的逻辑图或者电路图，自动化系统网络拓扑及配置图，变配电所平面布置及剖面图

续表

序号	类型	文档		
5	电气设备	设计类文档	电气专业	爆炸危险区域划分图，电缆桥架(电缆沟)平剖面图，防雷、防静电接地平面图，高(中)压系统图，高(中)压控制原理图，直流供电系统图，低压系统图，低压控制原理图，自动化系统网络拓扑及配置图，高(中)压配电装置小母线布置图，配电平面图，照明平面图，动力(照明)系统图，端子柜接线图或表典型安装图
		采购类文档	电气	安装、操作使用说明书，产品出厂测试报告，材料质量证明书/材质单，产品合格证/质量证明书，元器件检测报告(必要时)，元器件合格证，防爆证书(必要时)，产品图纸
		施工类文档	电气	变压器安装检验记录，电缆敷设与绝缘检测记录
			综合类	合格焊工登记表，开箱检验记录，设备/材料质量证明文件一览表
6	消防设备	设计类文档	消防专业	消防设计说明、综合材料表、消防设备表、消防车配置表、主要的辅助器材配置表、文件目录、消防管道及仪表流程图、泡沫灭火系统管道及仪表流程图、其他自动灭火系统(水喷淋、水喷雾、气体、干粉)管道及仪表流程图、消防管道平面布置图、消防设施布置图、消防工艺管道及仪表图例符号、消防管道(设备)安装详图、消防水泵站布置图、灭火器布置图
7	建构筑物	设计类文档	工艺专业	工艺设备数据表或规格书、分类工艺设备表、工艺流程图(PFD)、公用物料流程图(UFD)、工艺管道及仪表流程图(P&ID)、公用工程管道及仪表流程图(UID)
			静设备专业	静设备设计说明、静设备设计规定、技术条件、装置设计说明书、单体设备说明书(必要时)、风险评估报告(仅限Ⅲ类压力容器)、计算书、静设备数据表、容器(类)汇总表、文件目录、工程图(必要时)、装配图(总图)、部件图、零件图、预焊件图(必要时)、管口方位图(必要时)
			管道专业	设备和管道绝热设计规定、设备和管道涂漆设计规定、设备布置图、竖面布置图
			电气专业	爆炸危险区域划分图
			建筑专业	建筑设计规定、建筑设计说明、单体设计说明书、材料表(必要时)、建筑物一览表、文件目录、主要建筑物平面图、立面图、剖面图、详图
		采购类文档	设备	压力容器制造许可证，压力容器监检证书，产品合格证/质量证明书，材料质量证明书/材质单，材料复检报告(必要时)，无损检测报告(RT/UT/MT/PT)，热处理报告，耐压试验报告，铭牌复印件，备品备件清单，竣工图
		施工类文档	土建	设备基础复测记录
			设备	块体式设备基础允许偏差项目复测记录
			综合类	防腐工程质量验收记录，防腐工程质量验收记录，安全附件安装检验记录

第三节 设计软件及平台选择

（一）智能设计软件的选择

在设计集成的工具软件及交付平台上，本质上的软件架构主要有两种，鹰图的 SP 系列(SPPID、SP3D、SPEL、SPI)和 COMOS 平台(COMOS FEED、COMOS P&ID、COMOS EI&C)+PDMS(前者是西门子产品，后者是 AVEVA 产品)。交付平台也有两种，即鹰图的 SPF 和 AVEVA 的 aveva. net 技术。目前 SEI、宁波工程公司等大型工程公司都采用的是鹰图的 SP 系列软件及 SPF 平台。

目前鹰图公司是全球排名第一的设计及集成数据管理软件供应商(图 7-9)，服务于炼油、化工、电力、矿山等多个行业。SP 系列软件拥有完整的产品链，是国际上通用的工厂集成设计软件。中国石化 SEG 及石工建等各设计单位也较多地使用 SP 系列软件。

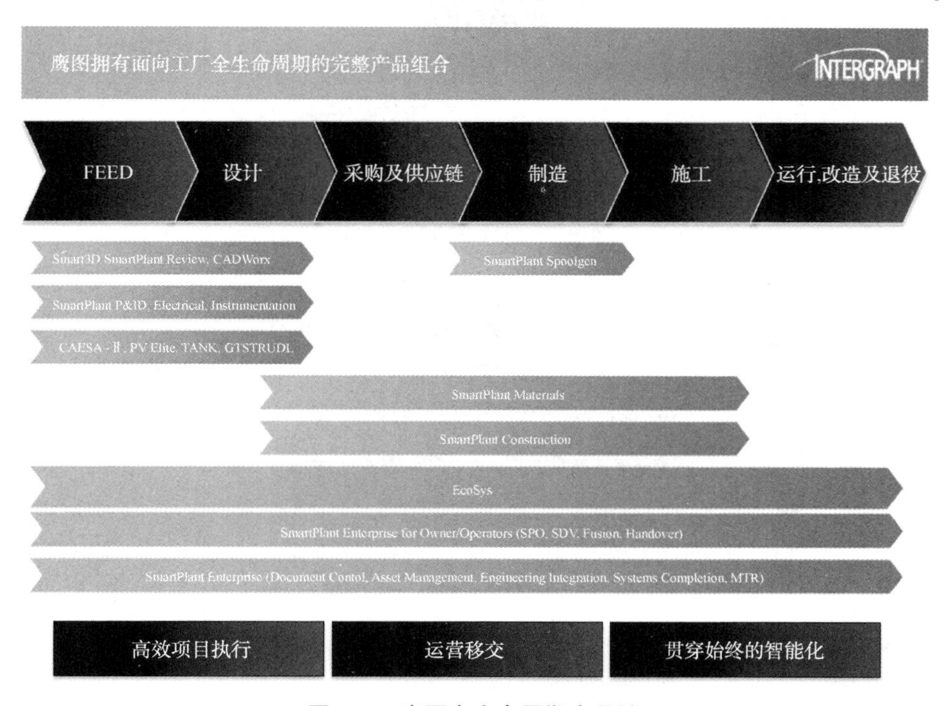

图 7-9 鹰图全生命周期产品链

文 23 储气库项目数字化交付工具软件拟采用鹰图 SP 系列软件，工艺软件 SPPID、三维配管软件 SP3D、自控软件 SPI、电气软件 SPEL 及平台软件 SPF。系统架构及数据流向见图 7-10。

（二）基础技术平台

鹰图的数字化工厂接收平台，核心技术平台是 SPO(图 7-11)，可以将非智能的文档及智能的设计数据统一进行管理并以位号为核心建立关联关系，通过在工程项目的各个阶段保持关联关系并管理变更，实现数字化移交。

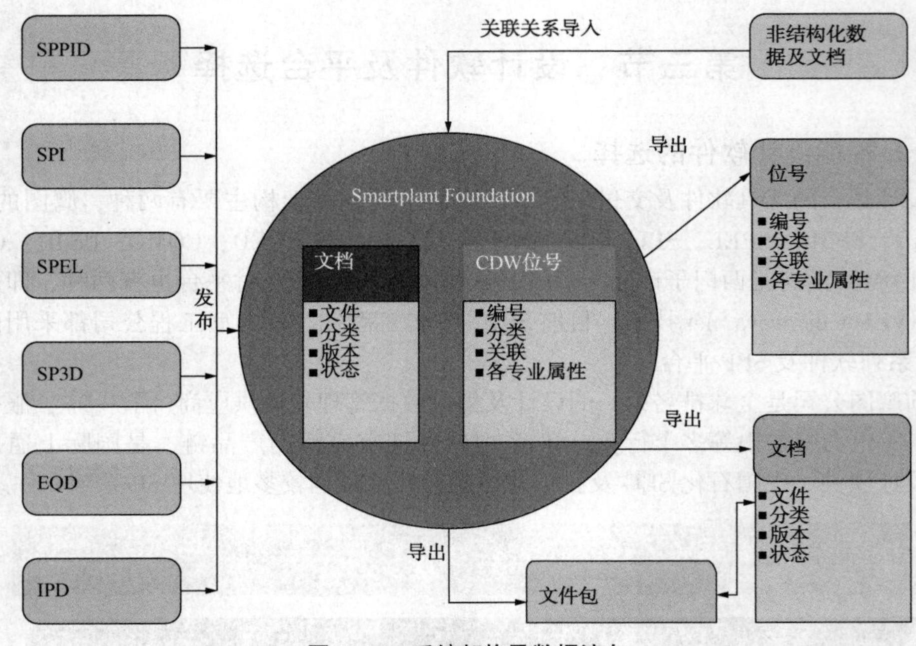

图 7-10　系统架构及数据流向

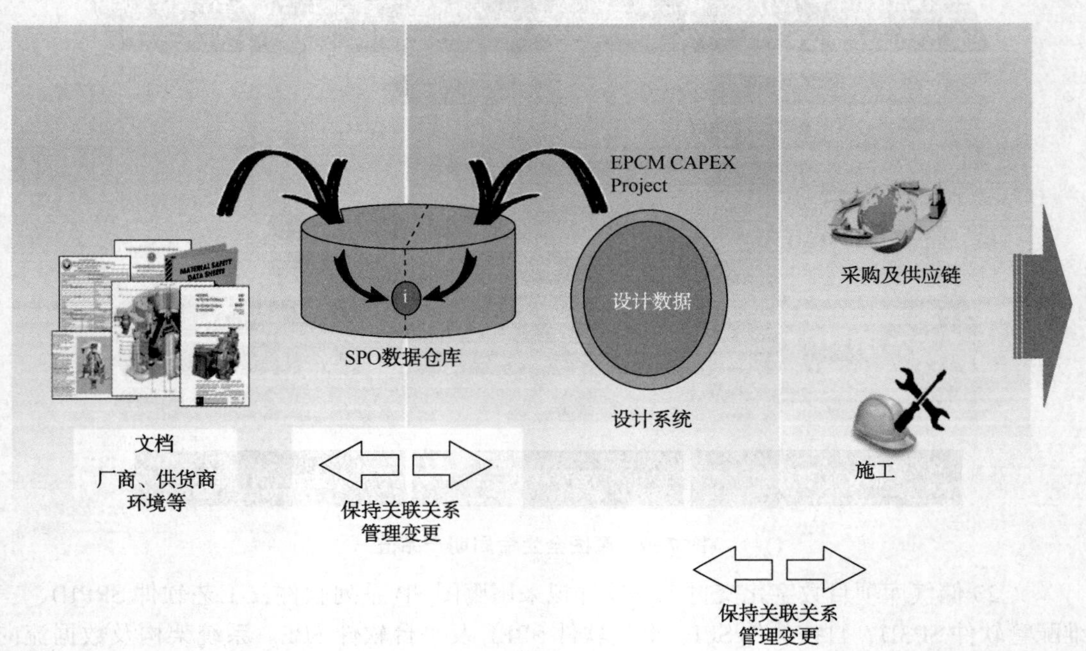

图 7-11　鹰图数字化工厂核心技术平台 SPO

SPO 整体方案是架构在 Smart Plant Foundation 软件平台基础上。SPO 可提供以下内容：开箱即用且经过预先配置的关键业主运营商工作流程；与维护、可靠性与 DCS 等方面的其他主流第三方业主运营商系统相集成的功能；公用门户网站。此外，还提供与承包商和供应商进行数据交换的机制，以协助整个项目价值链中的项目执行(图 7-12)。

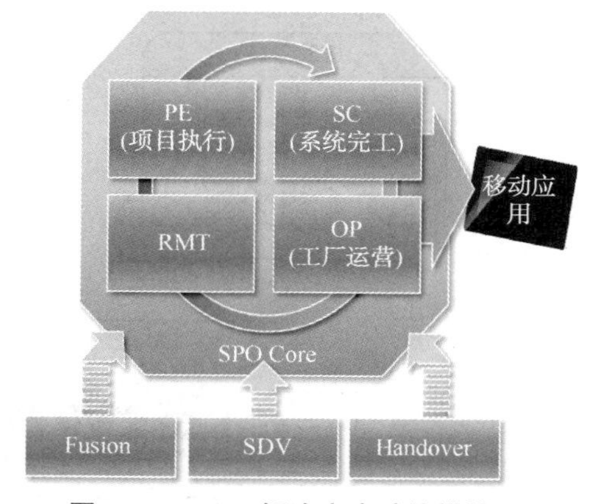

图 7-12　SPO 解决方案功能模块

SPO 能够实现管理工厂分层结构和位号管理、文档管理、数据加载/QC 等同整个工厂生命周期相关的工作流程。

工厂分解结构管理;

位号、资产和模型管理;

工程位号管理;

工程文档管理(包括三维模型);

工作流传送单管理;

电子档案(复合文档);

工作包管理;

风险降低管理。

Smart Plant Foundation(简称 SPF)是鹰图公司工程信息管理平台整体解决方案的核心软件。SPF 定位于工厂生命周期的信息管理，应用于工厂设计，建造，运营，维护和扩建等各个阶段，服务于从设计到退役的整个工厂生命周期。SPF 能够在一个系统内实现文档和数据管理，并将二者关联管理。SPF 支持在客户、承包商以及供货商之间的全球协同工作，共享通用的信息，这将有助于优化业务流程。无论信息来源于何种应用系统，这些通过内部和外部价值链的综合协同的工作流程都能够将高质量的信息传递到用户桌面；记录行为和签署，以确保完成并支持规范要求的查看；同时加强了跨专业、跨越多种参考数据和索引的决策。SPF 的“数据域”技术可协助分离，比较和管理整个工程结构中的信息及其一致性，减少用于人工检查信息完整性方面所花费的时间(图 7-13～图 7-15)。

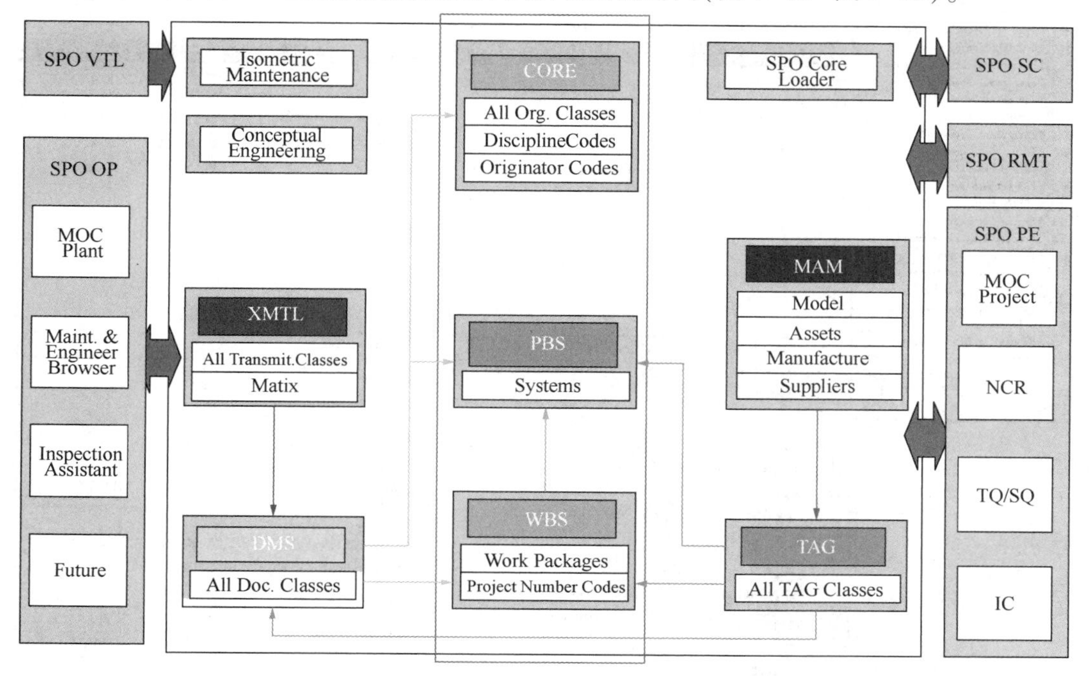

图 7-13　Smart Plant Foundation 系统架构图

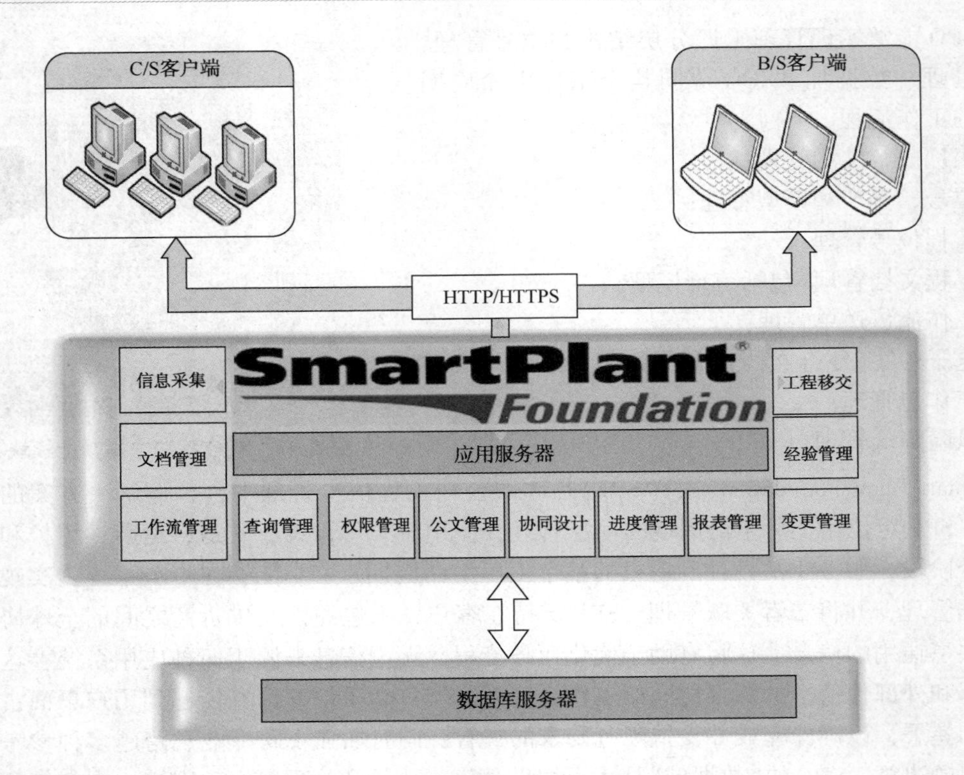

图 7-14 Smart Plant Foundation 系统架构图

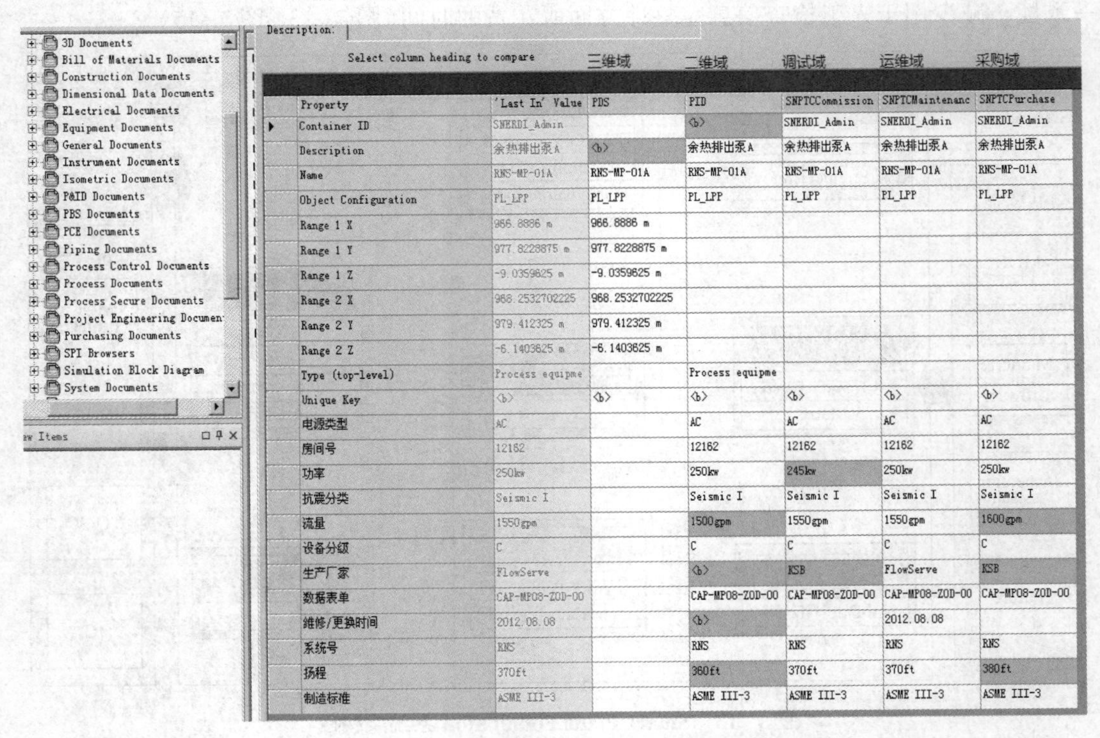

		三维域	二维域	调试域	运维域	采购域
Property	'Last In' Value	PDS	PID	SNPTCCommission	SNPTCMaintenanc	SNPTCPurchase
Container ID	SNERDI_Admin		<b>	SNERDI_Admin	SNERDI_Admin	SNERDI_Admin
Description	余热排出泵A	<b>	余热排出泵A	余热排出泵A	余热排出泵A	余热排出泵A
Name	RNS-MP-01A	RNS-MP-01A	RNS-MP-01A	RNS-MP-01A	RNS-MP-01A	RNS-MP-01A
Object Configuration	PL_LPP	PL_LPP	PL_LPP	PL_LPP	PL_LPP	PL_LPP
Range 1 X	966.8886 m	966.8886 m				
Range 1 Y	977.8228875 m	977.8228875 m				
Range 1 Z	-9.0359625 m	-9.0359625 m				
Range 2 X	968.2532702225	968.2532702225				
Range 2 Y	979.412325 m	979.412325 m				
Range 2 Z	-6.1403625 m	-6.1403625 m				
Type (top-level)	Process equipme		Process equipme			
Unique Key	<b>	<b>	<b>	<b>	<b>	<b>
电源类型	AC		AC	AC	AC	AC
房间号	12162		12162	12162	12162	12162
功率	250kw		250kw	245kw	250kw	250kw
抗震分类	Seismic I		Seismic I	Seismic I	Seismic I	Seismic I
流量	1550gpm		1500gpm	1550gpm	1550gpm	1600gpm
设备分级	C		C	C	C	C
生产厂家	FlowServe		<b>	KSB	FlowServe	KSB
数据表单	CAP-MP08-ZOD-00		CAP-MP08-ZOD-00	CAP-MP08-ZOD-00	CAP-MP08-ZOD-00	CAP-MP08-ZOD-00
维修/更换时间	2012.08.08		<b>		2012.08.08	
系统号	RNS		RNS	RNS	RNS	RNS
扬程	370ft		360ft	370ft	370ft	380ft
制造标准	ASME III-3		ASME III-3	ASME III-3	ASME III-3	ASME III-3

图 7-15 Smart Plant Foundation 数据域管理

SPF/SPO 交付平台具有如下特点：

（1）对工程建设期所有的工程数据进行统一集中管理。

（2）基于智能 PID 整合 EPC 各阶段信息数据及关联性。

（3）对数字化交付过程进行管理和追溯。

（4）充分考虑建设单位典型场景应用，最大限度满足不同建设单位的交付要求。

（5）编码映射和设备分类结构帮助建设单位实现资产信息移交。

（6）属性过滤和补录满足建设单位运维管理需求。

第四节　数字化交付方案

（一）交付方式

典型的交付方式有两种：整体移交和交付物移交。

整体移交是指采用平台移交，通过数字化交付集成设计平台集成数据、模型、文档信息，将数字化集成设计成果导出移交文件包，移交给建设单位的应用平台（图 7-16）。这种方式建设单位不需要再进行二次关联。

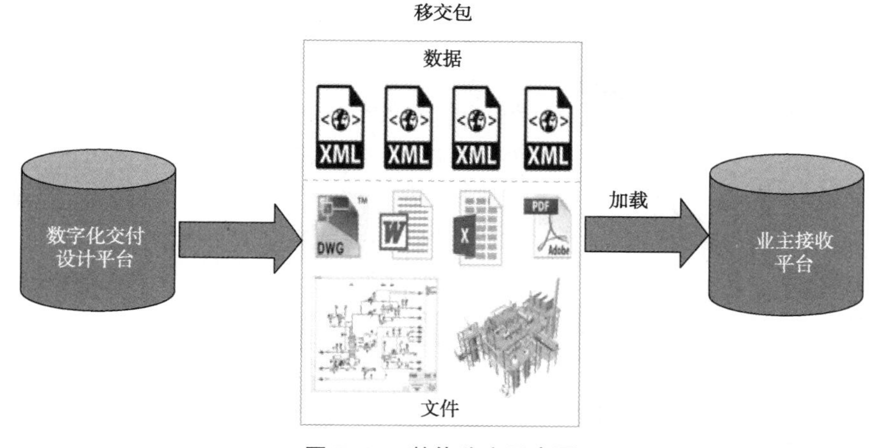

图 7-16　整体移交示意图

交付物移交是指以交付物的形式将通用的模型、PID 图、非结构化文档以及相互之间关联的关系文件，整体移交给建设单位，并由建设单位通过第三方接收平台进行上传及关联，从而完成数字化交付过程（图 7-17）。这种方式比较适合建设单位已建立了数字化接收平台，基于建设单位的接收平台，接收交付物。

由于建设单位目前尚未建立数字化接收平台，因此建议采用平台整体移交方式。

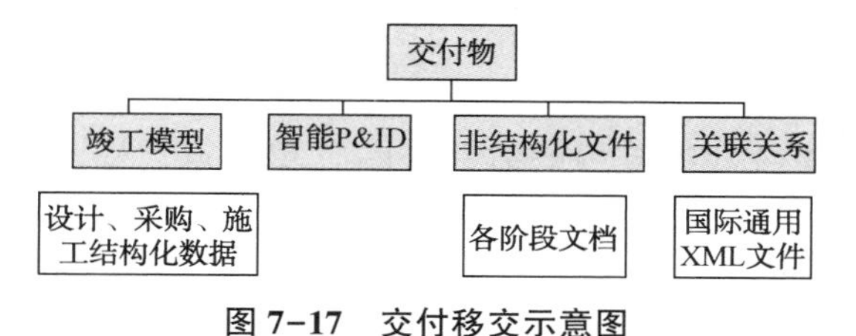

图 7-17　交付移交示意图

(二) 交付方案总体架构

由于目前储气库公司尚无交付平台，建议储气库公司与EPC单位一起建立数字化交付与接收平台。基于数字化交付平台，EPC承包商和储气库公司在同样的集成环境中完成数据交付。首先EPC单位与储气库公司协商制定交付规范及种子库文件，EPC承包商将储气库公司的要求维护至工程项目管理系统中并进行工程项目实施。EPC承包商完成工程项目后，按照储气库公司交付要求通过数字化移交系统直接将项目的数据库移交至储气库公司工程项目管理部。储气库公司便可以获取工程项目实施期生成的完整数据及数据间的关联关系，经过数据验证后便可以进行运行维护期的基础应用，包括查询、文档管理、位号管理、变更管理、生成报告等(图7-18)。同时，也可基于工程数据及业务需求进行其他定制化应用的开发。

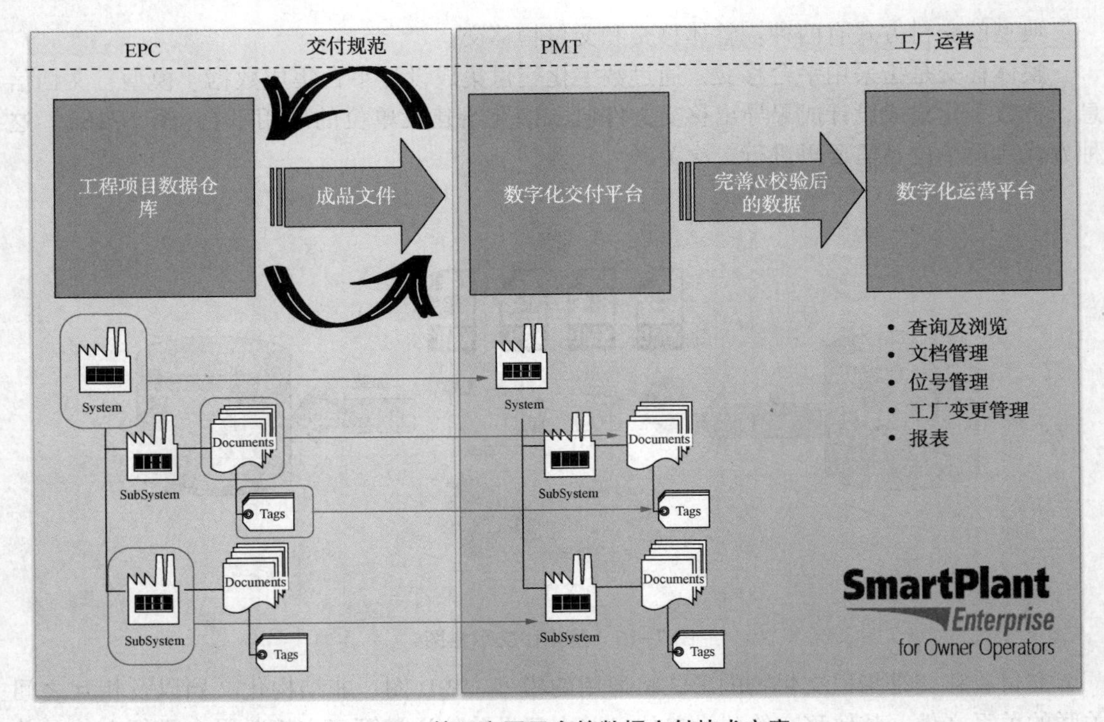

图7-18 基于鹰图平台的数据交付技术方案

对于智能数据交付物，经由统一的三层技术架构完成数据库级的智能交付。三层技术架构由EPC、储气库公司和二者之间的工程项目管理部门(PMT层)构成。PMT(中间层)负责工程项目移交数据的接收、质量控制、数据转换和加载工作(图7-19)。

对于非智能工具生成的数据，采用工具抽取和手工采集相组合的方式进行数据交付：

(1) 存在于信息化系统数据库中的需移交的工程项目数据，采用数据抽取工具进行采集。

(2) 对于非结构化文档，通过手工采集平台进行采集(图7-20)。

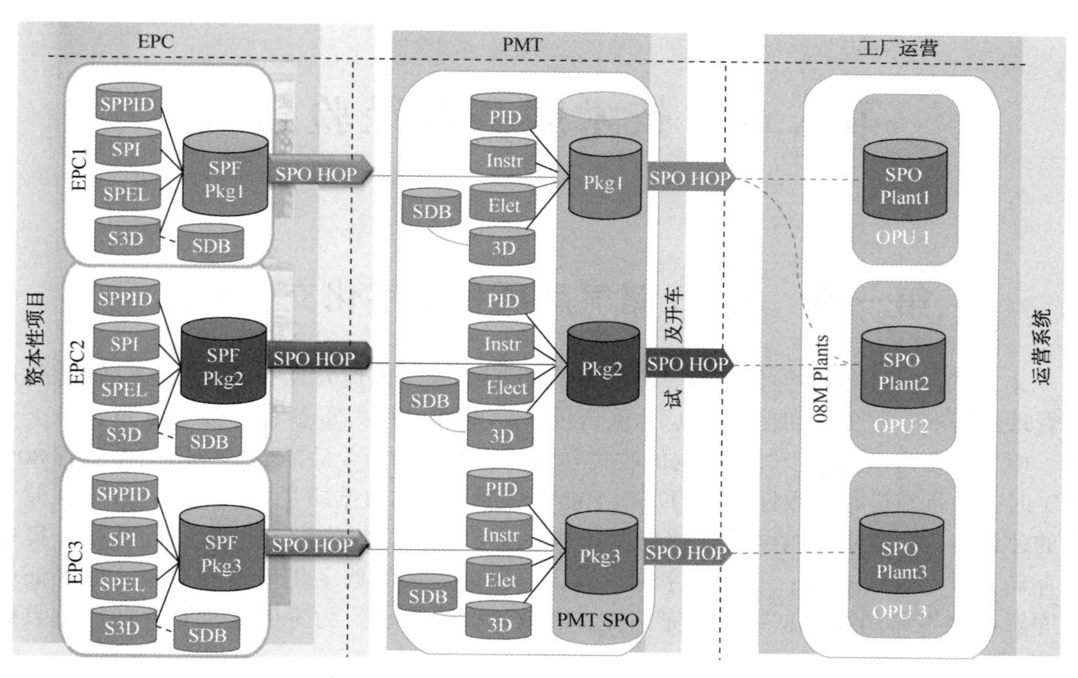

图 7-19 智能数据交付架构

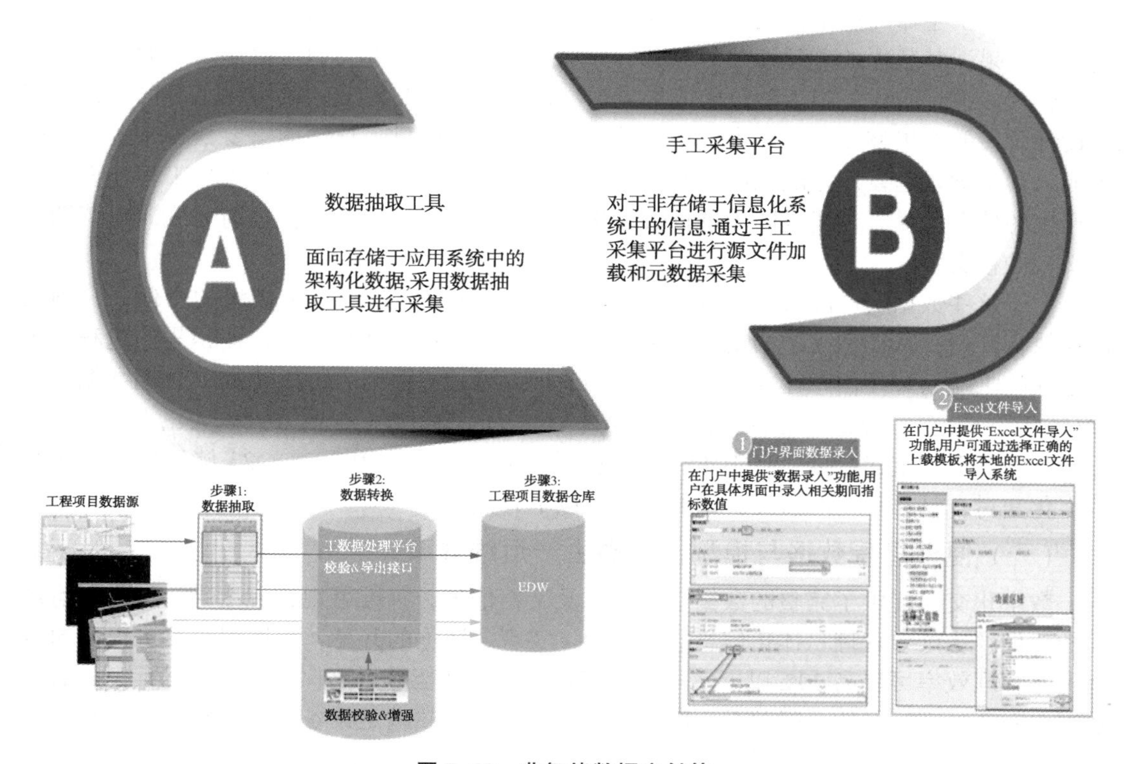

图 7-20 非智能数据交付策

第八章　技术服务及经验总结

第一节　文 23 储气库项目数字化交付意义

文 23 储气库作为新建储气库，需要在建设期统筹考虑运营期智能化工厂、智能化运营管理的需求，避免后期使用数据时重新投入大量人力物力重新整理甚至是重建各类数据、模型。在建设期同步进行数据的收集与整理工作可以为今后的数据应用工作节省 80%的工时，并且在进行一致性验证的基础上能够保证较高的数据质量。因此在建设期，储气库的建设与应用需求对“存数据”提出更高的要求：能够对各阶段交付物进行统一、集中的存储，并且便于查询；基于数字化设计提升设计成果的数字化传递能力；能够保证储气库资产全生命周期信息数据的完整性、有效性和准确性，为生产运营服务并支撑数据回流。

文 23 储气库项目生命周期的推进，会产生大量的设计、施工建设数据及文档。在数字化工厂的全生命周期中，设计成果数据和施工建设成果数据是构成建设期数据中心的关键阶段成果，其数据的可延续性对各自下一阶段的工作有着重要的支撑作用。如何能够收集、管理好设计阶段、施工阶段的成果数据，是建立全生命周期的数字化工厂的关键。其中设计阶段的成果移交主要是为工程建设服务的，也是项目工程期的重要数据来源，而施工成果移交则是运营期智能化应用的基础数据源。基于工程建设管理平台将工程建设过程中产生的信息，随工程建设同步进行数字化转化，并在项目投产运营之前完成向运营期管理平台的移交。

对于这些数据资产的管理和利用，将为文 23 储气库的运营带来极大的价值。自项目启动执行开始，从技术需求的提出到物理资产的形成过程，都是信息快速积累的过程。现实中这些末端的海量信息往往在各个交付环节被忽视，并逐渐丢失。工程项目期数据的缺失(或者不规范)，导致在运营维护中缺少真实有效的基础数据，需要投入大量人力物力去重新整理甚至是重建数据，且很难保证数据质量和正确性。因此对文 23 储气库项目进行数字化交付，具有重要的意义，主要体现在以下几点：

（一）便于查看数据与模型，提高生产运维效率

数字化交付提供了完整的数据、模型以及文档信息，三维可视化程度高，并且具有统一的建设、运维、管理一体化信息共享平台，实现了数据的共享，数据利用率可提高 50%以上，管理效率可提高 20%以上。由于数字化交付的智能数据不仅具备丰富的信息，各类数据之间还具有较好的关联关系。因此在生产运维期间，满足设备运行管理要求，可以及时查看与工厂对象相关的数据信息，并通过链接的文档和位号，极大缩短数据检索时间。当发生安全应急事件时，可以对事件进行快速、准确分析和应急指挥。

（二）支撑检维修、设备完整性管理

数字化交付后，工程建设期的数据均保存在数据共享平台上，以设备及其维护管理为核心，建立标准、统一、完备的设备信息数据库，并利用企业内部网络实现设备管理技术资料的共享，从而实现了设备档案的动态管理。技术管理人员和维修部门能随时掌握设备运行状况，并对设备状况提前作出分析与判断，这有利于提高设备维修质量，快速排除设备故障，减少设备临时停机，提高设备完好率。

准确且完整的数字化信息与数据可以复用，在设施改造、扩建、故障维修时，完整准确的数据能够提高设施改造、扩建、故障维修工程效率。

承载数字化交付成果的运营平台还可以与移动技术相结合，通过移动设备或可穿戴设备实现移动巡检。现场工程师可以摒弃传统的纸质文档，通过移动端获取实时准确的数据，并及时将巡检结果更新至平台中，实现工厂设备信息更新的闭环管理。

（三）仿真培训、模拟

依托数字化工程平台，采用 VR、AR 等手段，对工厂进行全面仿真，让运维人员能够沉浸式交互体验虚拟工厂，实现模拟拆装、运行维护、培训、应急演练等功能，节约成本，为生产建设进一步发展提供更大的空间，发挥数据资产的价值。基于数字化交付的三维模型进行轻量化处理，还可以在远期形成全厂整体模型及其他厂区信息的挂载，使数字化工厂三维模型具备丰富信息和轻量化外观两种形态，分别支持不同需求的仿真、模拟、培训、专家远程会诊、工厂变更的远程校审等应用。

图 8-1　仿真培训模拟

（四）提高建设项目管理水平

通过构建数字化交付平台，实现设计、采购、施工等其他参建单位的一体化管控，对设计成果数据、采购数据、施工技术数据、业务管理数据进行整合，为实现工程项目的五大要素控制和外部资源管理提供高效手段。同时，通过从一开始就执行通用规范和数据字典，可以降低项目数据供应链各环节不断对一致性进行检查所带来的时间损失，从而提升效率；项目交付成果通过数字化交付平台实现渐进式移交，提升业主对项目过程的可视化程度，进而提升交付成果数据质量。从项目建设初始到竣工交付，为业主工程项目的管控奠定坚实的数据基础。

（五）为智能化应用开发提供基础

数字化交付所提供的静态数据在数据整合、信息检索等方面具有天然优势。由于交付的结构化和非结构化文件采用了通用的标准数据格式XML文件，与建设单位的后期运行维护系统、生产管理系统、ERP系统、设备资产管理系统等均可以无缝接入，可以有效降低成本，提高管理效率，对于后期开发建设数字化工厂、智能化工厂的意义重大。

在建设期统筹考虑运营期智能化工厂、运营管理的需求，做到数据与建设过程同步收集、保证数据的及时性、准确性、完整性，供后期管理运营需要。通过数据的积累与挖掘分析，对工厂的运营状况进行智能化预测，辅助决策层制定合理有效的管理策略，从而实现储气库建设运营收益最大化的目标。

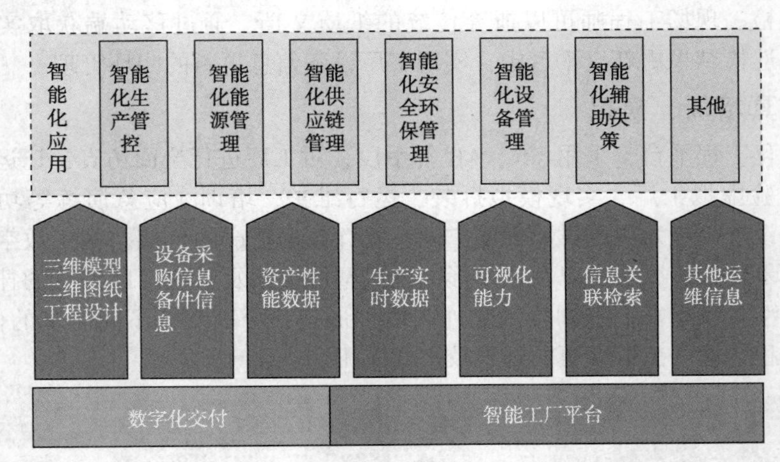

图8-2 数字化交付为智能化应用开发提供基础

第二节 现场服务范围及原则

一、服务范围

（1）组织设计交底、设计变更管理、设计现场服务、外部接口的协调。

（2）负责施工、采办过程中的技术变更确认。

（3）组织有关设计质量、进度、技术方面的协调会，协调和处理存在的问题。

（4）负责建立设计质量管理体系，负责处理设计质量事故。

（5）配合相关部门进行投产方案编制。

（6）配合工程的过程验收及竣工验收。

二、服务原则

（一）技术支持

（1）各专业设计人员积极配合设备材料采办及现场施工，做到谁设计，谁负责技术交流，负责技术协议的签署等。

（2）做到谁设计，谁负责施工技术支持。

（3）提前确定相关专业施工现场代表，即时响应现场发现的问题。

（二）现场服务

为了保证施工顺利开展，做到设计代表每天进驻现场进行现场办公，坚持“小事不隔天，大事不过三”的原则。

第三节　设计变更管理程序及措施

一、目的

为了提高设计部门施工图纸的设计质量，最大限度降低设计变更的次数，控制因设计变更带来的工程费用增加、工期延误及施工错误等风险，保证文23地下储气库地面工程EPC项目建设的顺利进行，对设计变更进行规范化管理，特制定本程序。

二、适用范围

本程序适用于文23地下储气库地面工程EPC项目详细设计、采购及施工各阶段全过程设计变更管理。各部门及单位应严格按照本管理程序执行设计变更流程。

三、定义

设计变更是指详细工程设计和工程实施过程中由于设计条件、采购条件等发生变化（与批复的基础工程设计文件相比较）或由于施工条件、材料采购、合理化建议等因素而需要修改设计的过程，它是工程建设中的一个重要组成部分。

四、设计变更的分类

设计变更的责任划分分为设计原因变更和非设计原因变更两种。

（一）设计原因变更

设计原因变更是指因设计部门的原因造成的对设计文件的修改。包括：

（1）施工过程中因设计问题出现的设计漏项、设计错误、设计改进等，致使设计内容必须修改，方可进行下道工序等。

（2）因设计原因在采购订货或者施工管理中失误造成设计变更。

（二）非设计原因变更

非设计原因变更是指非设计原因发生的变更，是中天合创能源有限责任公司（以下简称“业主”）、监理公司、施工单位、上级部门要求，或设计条件发生变化的设计变更，统称为非设计原因变更，包括：

（1）因业主或监理公司合理要求造成设计变更。

（2）施工人员提出合理化建议，有利于提高工效、节约投资、促进工程进度进行的设计变更。

（3）因业主负责的采购订货造成设计变更。

（4）上级部门提出的要求或设计条件发生变化的设计变更等。

五、设计变更提出人、编制人

（1）设计变更提出人可以是设计部门，也可以是业主、项目采购部或施工部，但除设计部门外，其他部门或个人无权直接要求设计部门作出设计变更。业主、监理、项目采购部及施工部门等如果认为设计图纸有错误或其他原因应该设计变更，应向项目部提出变更请求，由项目部设计管理部负责组织设计、质量等相关部门人员对提出的变更申请进行审核。施工单位、监理单位等出于不正当的意图私自要求(未告知项目部)设计部门进行设计变更的，设计部门必须予以拒绝。如业主对设计人员提出增加设计范围的要求，设计人员应告知业主先向项目部就增加部门提出设计变更申请。

（2）设计变更编制人只能是原设计或业主另外委托具有相应资质的设计部门。业主、监理公司、EPC 项目部、施工单位及其他任何单位或个人都无权对施工图进行修改。

六、设计变更申报规定

（1）本项目所有的设计变更(包括设计原因和非设计原因)造成工程费用改变的，都需要经过项目部的审批。只有变更申请得到项目部审批通过后，设计部门方可进行设计变更。设计部门不得擅自进行变更。

（2）对于造成费用改变的设计变更申请，项目相关部门及领导审批权限规定如下：

① 变更费用变化≤1 万元的，由计划控制部审批。并将工程变更申请单报项目部主管领导。

② 变更费用变化>1 万元，≤10 万元的，由项目部主管领导审批。

③ 变更费用变化>10 万元，≤50 万元的，由项目部项目经理审批。

④ 变更费用变化>50 万元，提交设计公司总经理审批(该审批单另做表单)。

七、设计变更申请审批程序

本项目所有的设计变更(包括设计原因和非设计原因)需按照下列程序要求办理相关手续：

第一步：变更申请。

设计变更申请人向项目部设计管理部提交 3 份设计变更申请单(原件)。

设计原因变更申请人为设计部门。非设计原因变更申请人可为业主、项目采购部和施工部。

第二步：变更正确性审查。

设计管理部接到变更申请单后，在 2 天内组织设计管理部、质量管理部、施工管理部(必要时可邀请业主、监理单位、施工单位、采购部门、供应商等)对变更申请的正确性进行审查。如果会审方一致认为无须变更，则变更终止。如果会审方认为需要变更，则在变更申请单上签署意见。

第三步：变更审批。

根据设计变更造成费用变化的不同，申请部门应在1天内根据审批权限的不同将变更申请分别提交给项目计划控制部、项目主管领导、项目经理。审批不通过，则变更终止。

第四步：告知设计部门。

设计变更申请得到审批通过后，报送设计管理部、计划控制部各一份存档和备案；根据需要报送业主主管部门一份。同时由设计管理部根据对变更申请的审批内容告知设计部门变更详细设计工作。

第五步：编制设计变更。

（1）对设计文件的任何修改（包括材料代用、工程量等的变更），都必须编制设计变更单。

（2）设计变更编制包括变更申请单及《设计变更单》（含必要的图纸、清单等设计附件），设计变更原则上只能由原设计部门用其统一格式、统一编号的设计变更单编写，其他非原设计部门一律无权出具设计变更单。

（3）设计变更单的内容包括项目名称和项目编号、主项名称、原图纸编号、专业编号、变更依据、变更原因、变更内容及必要的附图。

（4）设计变更应注明设计原因变更单或非设计原因变更单，1万元以下（包括1万元）由设计部门设计代表、专业审定人员和设计总代表三级签字，超过1万的设计变更除三级代表签字外，应由公司主管该专业的副总工程师以上领导签字，并加盖公司设计变更通知单专用章。设计变更单的份数根据设计合同的要求确定。

（5）1万元以下（包括1万元）设计变更编制以2个日历日为原则，超过20万元的设计变更编制一般应在3~5个日历日内完成。

第六步：送达设计变更。

设计部门完成设计变更，应立即将设计变更单送项目设计管理部。由设计管理部核准后发综合文控部，再由综合文控部发送相关业主、相关部门及实施单位。

八、设计变更管理

（1）设计部门及设计项目团队应对设计文件的设计质量负责。

（2）设计部门必须坚持原则，从严控制设计变更，凡达到设计要求，满足安、稳、长、满、优正常生产的，不予变更。

（3）设计交底、图纸审查、现场协调等会议的会议纪要不是设计变更，可作为设计部门可编制设计变更的依据。

（4）对于设计部门故意不按分类标准进行分类或采用图纸升版方式，规避业主审查的变更，一经发现，项目分部和设计管理部代表业主有权否决，并视情况报请项目主管领导，对相应的责任单位进行处罚。

（5）施工单位必须按照施工图施工，无权擅自修改设计图纸。如果设计部门对原施工图作出设计变更采用设计变更单，施工单位应结合施工图和所有设计变更单施工。

九、设计变更的责任

（1）设计原因变更引起的进度、费用和人工时耗所产生的影响，原则上由设计部门本身负责。

(2) 非设计原因变更中，业主原因造成的由业主承担因设计变更造成的费用变化或工期延误带来的影响，工期应予以适当顺延。

(3) 非设计原因变更中，施工单位原因造成的由施工单位自行承担因设计变更造成的费用变化，并通过自行赶工弥补工期延误带来的影响。

十、考核

文23EPC项目部对设计部门和施工单位对本程序定的执行情况进行考核。

(1) 考核设计部门执行对本程序的情况包括但不限于下列款项：

① 施工图的错误是否严重，设计变更是否频繁，设计变更是否及时。

② 设计变更是否执行规定的审批程序。

③ 设计变更是否对工程质量、工期、费用等造成影响。

④ 设计变更是否采用了设计变更单形式。

⑤ 是否应施工单位及监理单位私下不正当的请求擅自进行了设计变更。

(2) 考核施工单位执行对本程序的情况包括但不限于下列款项：

① 施工时是否遗漏了设计变更。

② 图纸会审是否提出意见。

③ 是否对设计变更进行有效的管理。

(3) 项目部根据设计部门和施工单位过错程度的不同对其分别作出限期整改、通报批评、罚款、赔偿的处罚决定。

第四节　经验总结

一、如何进行设计变更及现场问题处理

(一) 设计变更单的出具方式

(1) 设计变更主要采用两种处理方式：设计变更单和技术核定单。

(2) 由于现场施工属于一个动态过程，随时会遇到问题，但专业设计人员又比较分散，所以处理问题分为两种方式：

① 对于影响不大且急需解决的工程变更，采用技术核定单进行即时处理(不超过一天)；联络方式采用电话沟通，并通过传真或邮件进行书面答复。

② 对较大设计变更，提前一天通知专业工程师，第二天进行现场结合、处理，并及时出具设计变更单。

(二) 设计变更的管理方法

(1) 严格执行业主已批准的设计变更和现场签证管理办法。

(2) 严格执行变更的八步原则：①相关方提出变更。②团队评估分析影响。③与业主沟通变更申请及影响。④按流程提交相关主管部门审批。⑤保存变更文件并报请控制部门

更新计划。⑥通知所有相关方变更的内容。⑦下发已批准的变更。⑧文件归档，并总结经验教训。

（3）对设计变更单按专业分类进行台账管理。

（三）如何处理现场出现的问题

遇到问题首先需诊断归纳：

（1）疑似问题：设计符合标准规范要求，但业主从表象上认为设计存在不合理。

处理措施：在会上尽量不要抵触此类情况，下会后由专业工程师从专业的角度及规范要求给业主进行解释，答疑。

（2）施工单位未按图施工导致的问题。

处理措施：不要急于推卸责任，从实际的角度（图纸的内容及标准与施工的现状进行对比）向业主进行合理的说明，同时提出解决问题的建议性意见，顺带提出此问题的责任界面。

（3）设计失误导致的问题。

对于设计失误导致的问题进行细分归类：

① 设计专业之间会签不严导致的问题（专业间设计打架等最为常见）及措施。

分析原因，勇于承担错误及责任；

向业主汇报产生此问题的原因；

及时提出解决办法，出具设计变更单，修改图纸；

对问题的整改情况进行动态跟踪直至最终落实，关闭问题。

② 本专业内考虑不周导致的错误（埋深过浅、配管高度不合理、管线打架等）及措施。

勇于承担错误，虚心接受业主的指正；

积极主动想解决的办法并提出合理化建议；

结合施工现场实际情况，及时处理，使问题造成的影响控制至最低。

③ 由于不可抗力或非设计范畴出现的问题（如：地方关系不允许，环保要求不允许使用沥青路面的铺设、油漆，现场喷砂等）及措施。

如实汇报，分析导致的原因；

提合理化建议；

若需要进行变更，严格执行变更的八步原则，积极配合业主方、施工方进行合理化变更，以便后期的变更索赔。

二、如何进行现场服务

（一）做好沟通，积极跟进，动态跟踪

（1）在项目管理中，沟通是第一位的。在项目的实施过程中，一定要多汇报，有困难要向项目领导反映，不要捂着，办法永远比困难多，集体的力量是无穷的，在遇到困难的时候一定要借助组织、求教专家，多采取专题会的方式解决问题，同时做好会议纪要，必要时保存影音资料，这些都是可追溯的资料，也是学习教案；在现场，我们作为设计要以学生的态度去学习，向施工单位、监理、运行单位、业主各方学习，学习他们的实操技

能、项目管理技能，学习如何控制进度、如何节约成本、如何进行工序管理、如何合理安排作业面等，只有这样，我们才能做到与各相关方在同一频道上用工程的语言去对话，做到更好地沟通，做好技术服务。

（2）服从EPC设计管理部统一安排，做到谁设计，谁负责施工技术支持；设计总代表提前确定相关专业设计代表，即时响应现场发现的问题；做到设计总代表每天到现场进行现场办公，坚持“小事不隔天，大事不过三”的原则。

（二）提高责任意识，做好品牌服务

（1）在项目建设中，要做到“你中有我，我中有你”，要做到“一家人、一条心、一股劲”，用主人翁的态度去对待每一个项目，你所付出的努力各方都会看在眼里，都会从心里去尊重你，哪怕再苛刻的业主也会认可你所做的成绩。

（2）品牌、口碑在很大程度上是在此阶段得以实现的。我们设计人常常忽略或不重视这个环节，往往认为我们做完项目的施工图，设计工作就基本完成，基本不会去重视后期的施工服务。然而，要做好施工服务，不仅要对图纸上的技术进行梳理，更是工艺技术的回炉升华，这也体现了对自身设计产品及业主的负责，从出图到图纸的建成落地更能体现系统、科学的项目管理，在施工阶段，我们作为设计方一定要积极主动的跟踪现场，乐于处理问题，确保问题处理的及时、不拖沓。

（3）在工作中，一定要做到对事不对人，不要平添个人的主观色彩，要学会解读规范，不要照搬死搬规范，在规范允许的范围内变通，要多想解决问题的办法，这是业主最希望看到的。设计就是业主的参谋，是解决问题的，是帮业主出谋划策的，而不是出难题的，因此，业主出资建项目，就是要求我们要有把业主当“衣食父母”的服务意识，不要摆“设计是龙头”的高姿态。随着行业的竞争越来越激烈，我们一定要与时俱进，一定要转换观念，我们身为市场经济的一员，一定要有忧患意识，对业主投以优质的服务，只有这样，我们才能承接更多的业务，才能做好中原设计公司这个品牌。

参考文献

[1] 丁国生，李春，王皆明，等. 中国地下储气库现状及技术发展方向［J］. 天然气工业，2015，35(11)：107-112.

[2] 周志斌. 中国天然气战略储备研究［M］. 北京：科学出版社，2015.

[3] 贾承造，赵文智，邹才能，等. 岩性地层油气藏地质理论与勘探技术［M］. 北京：石油工业出版社，2008.

[4] 徐国盛，李仲东，罗小平，等. 石油与天然气地质学［M］. 北京：地质出版社，2012.

[5] 蒋有录，查明. 石油天然气地质与勘探［M］. 北京：石油工业出版社，2006.

[6] 周靖康，郭康良，王静. 文23气田转型储气库的地质条件可行性研究［J］. 石化技术，2018，25(5)：175.

[7] 胥洪成，王皆明，屈平，等. 复杂地质条件气藏储气库库容参数的预测方法［J］. 天然气工业，2015. 1：103-108.

[8] 李继志. 石油钻采机械概论［M］. 东营：石油大学出版社，2011.

[9] 孙庆群. 石油生产及钻采机械概论［M］. 北京：中国石化出版社，2011.

[10] 刘延平. 钻采工艺技术与实践［M］. 北京：中国石化出版社，2016.

[11] 金根泰，李国韬. 油气藏型地下储气库钻采工艺技术［M］. 北京：石油工业出版社，2015.

[12] 袁光杰，杨长来，王斌，等. 国内地下储气库钻完井技术现状分析［J］. 天然气工业，2013，11(2)：61-64.

[13] 林勇，袁光杰，陆红军，等. 岩性气藏储气库注采水平井钻完井技术［M］. 北京：石油工业出版社，2017.

[14] 李建中，徐定宇，李春. 利用枯竭油气藏建设地下储气库工程的配套技术［J］. 天然气工业，2009，29(9)：97-99，143-144.

[15] 赵金洲，张桂林. 钻井工程技术手册［M］. 北京：中国石化出版社，2005.

[16] 赵春林，温庆和，宋桂华. 枯竭气藏新钻储气库注采井完井工艺［J］. 天然气工业，2003，23(2)：93-95.

[17] 丁国生，王皆明，郑得文. 含水层地下储气库［M］. 北京：石油工业出版社，2014.

[18] 许明标，刘卫红，文守成. 现代储层保护技术［M］. 武汉：中国地质大学出版社，2016.

[19] 张平，刘世强，张晓辉. 储气库区废弃井封井工艺技术［J］. 天然气工业，2005，25(12)：111-114.

[20] 丁国生，王皆明，郑得文. 含水层地下储气库［M］. 北京：石油工业出版社，2014.